AIGC 视域下虚假评论识别感知与治理研究

王 平 编著

U0212068

科学出版社

北京

内 容 简 介

面向 AIGC 视域下虚假评论的新特点及其影响，本书首先从理论角度探讨虚假评论的产生原因、动机、识别技术方法及监管体系，归纳虚假评论识别与治理的相关理论与方法，然后基于实验与实证角度，从技术与用户的双元视角深入探讨虚假评论识别、感知与治理问题。具体而言，一方面从技术视角探索基于不同模型的虚假评论客观特征提取及其识别方法，在此基础上，进一步研究用户如何感知、评价并采纳虚假评论，以及用户视角下虚假评论的特征；另一方面，综合技术和用户视角的研究成果，从多个角度探讨 AIGC 视域下虚假评论的治理路径，本书的诸多发现为解决新技术背景下的虚假评论识别及治理问题提供了理论与实践参考。

本书可供信息科学、心理学和管理科学等领域的研究人员阅读。

图书在版编目（CIP）数据

AIGC 视域下虚假评论识别感知与治理研究 / 王平编著. -- 北京 : 科学出版社, 2024. 11. ISBN 978-7-03-079718-6

Ⅰ. TP393.407；G203

中国国家版本馆 CIP 数据核字第 2024BN8538 号

责任编辑：王 哲 / 责任校对：胡小洁
责任印制：师艳茹 / 封面设计：蓝正设计

科学出版社 出版
北京东黄城根北街 16 号
邮政编码：100717
http://www.sciencep.com
北京天宇星印刷厂印刷
科学出版社发行 各地新华书店经销

*

2024 年 11 月第 一 版 开本：720×1000 1/16
2024 年 11 月第一次印刷 印张：17 1/2 插页：1
字数：350 000
定价：139.00 元
（如有印装质量问题，我社负责调换）

前　言

　　社会化媒体与电商平台的深度融合创造了全新的信息环境,带来了用户消费观念和消费模式的双重转变。随着互联网用户和在线门户网站的增加,用户逐步习惯在社交媒体和电子商务平台上发布他们的意见来分享经验,产品、服务等评论的数量也与之成比例地迅速增加。在电子商务环境下,用户不仅是大量评论信息的发布者,更是评论信息的接收者、采纳者。评论信息对消费者或用户获取信息和进行决策起到了至关重要的作用,用户评论已成为电商领域买卖双方交易决策的重要基础。与此同时,大量虚假评论的出现对营造风清气正的网络环境、创建健康的营商环境以及稳定的社会环境产生了严重的负面影响。随着生成式人工智能(artificial intelligence generated content,AIGC)技术的快速迭代,大模型自动生成的评论信息在正确性、真实性、安全性和可信度方面存在局限,对电子商务环境和社会经济环境产生了复杂而深远的影响。此外,由于 AI 生成文本越来越注重对人类意识和认知的模拟,这导致对虚假评论的识别难度大大增加,现有模型的推理和判别能力尚且不足以有效辨别 AI 生成的虚假评论信息。当前,低质量的 AI 生成虚假评论充斥网络空间,严重威胁互联网生态的安全与健康发展。

　　为了探讨如何应对 AIGC 视域下的虚假评论泛滥问题,本书首先从理论层面对虚假评论的产生原因、动机、识别技术方法及监管体系等方面进行了梳理总结,在此基础上聚焦于 AIGC 视域下的虚假评论识别、感知与治理。在虚假评论识别方面,本书旨在应对现有研究中存在的模型的泛化能力尚需提升、算法的适应性有待增强、缺乏对生成评论与真实评论混合情景的处理能力等一系列挑战,对 AIGC 视域下的虚假评论识别方法进行进一步的深入挖掘。在虚假评论感知方面,当前的多数研究仅考虑评论信息的客观特征,并未将包括场景、评论主客体等在内的多元富维信息纳入考量,难以为从根源上解决虚假评论问题提供行之有效的方向与方案。因此,本书旨在关注用户在感知虚假评论等过程中的意图、情绪、决策等心理机制以及行为模式,通过综合虚假评论的客观表征与主观感知特征构建识别框架。在虚假评论的治理路径方面,当前研究已经从消费者、商家、平台等多个角度出发,提出多元共治的治理思路。然而,针对 AIGC 视域下虚假评论治理中出现的新难题,较少有研究深入探讨这些问题带来的技术挑战和应对策略，因此，本书将结合 AIGC 视域下虚假评论的新特征，有针对性地提出更加科学、系统的虚假评论综合治理路径，本书的研究结论有助于为解决新技术背景下虚假评论的识别及治理问题提供理论与实践参考。

本书是作者主持的国家自然科学基金面上项目"融合特征图谱与图神经网络的用户虚假评论意图场景化识别与预测研究"(编号：72074171)和"智能创作时代人工智能生成文本交互式判别与伦理失范纠偏模型研究"(编号：72374161)成果之一。全书共分为 9 章。第 1 章绪论主要介绍本书的研究背景、研究意义、研究现状、研究内容、研究方法和研究创新点。第 2 章介绍了 AIGC 视域下的虚假评论感知治理理论与虚假评论识别的技术方法。第 3 章全面分析了虚假评论客观特征与主观感知行为，探索如何构建融合主客观特征的虚假评论特征体系。第 4 章构建了基于对比学习框架 SimCSE 的虚假评论识别模型。第 5 章探索了基于大语言模型上下文学习的虚假评论识别方法。第 6 章提出了融合用户与 AI 生成内容的虚假评论意图识别预测框架。第 7 章从用户视角出发，探讨了用户如何理解人工智能生成的评论以及对其感知决策有何影响。第 8 章探讨了 AIGC 视域下的虚假评论治理路径。第 9 章对全书的内容进行总结并基于研究不足提出后续研究的展望。

在本书的写作、修订过程中，课题组成员李樵、侯景瑞、杨寒沁、刘春凤、谭植航、李雪依、李欣欣、谢雨霏、王旌羽、谢鹏鑫、凌商、胡磊、周香含、朱亦菲、曾婧怡、席与凡、廖俊伟、朱凌娇、张耀怡、李梦垚、王靖晶、肖思铭、张锐燊等承担了大量文献搜集、数据整理、实验操作、内容校对等工作，在此对他们的工作表示真诚的谢意。感谢所有在本书编写过程中给予支持和帮助的朋友们，正是你们的鼓励与建议，使得本书得以顺利完成。另外，在编写本书的过程中，我们借鉴了大量国内外的研究成果和实践经验，并结合具体案例进行剖析，力图为读者呈现一个全面、深入且富有实践指导意义的虚假评论识别感知与治理框架，在此向所有提供参考借鉴的文章作者表示衷心的感谢，希望本书的结论能够为共同解决虚假评论治理相关领域的挑战添砖加瓦。同时感谢科学出版社的编辑为本书出版付出的辛勤劳动。

最后，由于作者水平及精力有限，本书难免存在一些不妥之处，在此恳请广大专家学者与读者们批评指正。

王　平
2024 年 8 月 6 日

目　　录

第1章 绪　　论

1.1　研究背景及意义

1.1.1　研究背景

随着信息技术和互联网的飞速发展，信息呈现爆炸式增长，海量信息通过各类社交媒体和电商平台渗透到普通民众的日常经济与社会生活中，信息化和数据化趋势日益突出。在接收大量信息的同时，平台用户也成为内容的生产者，促使当前舆论的生成和传播方式发生深刻改变。越来越多的用户倾向于通过互联网平台评论的方式表达和分享自己的观点，产生了大量评论信息。在此背景下，社会化媒体与电商平台的深度融合创造了全新的信息环境，带来了用户消费观念和消费模式的双重转变。随着互联网用户和在线门户网站的增加，用户对产品、服务等评论的数量也与之成比例地迅速增加[1]。用户评论是指消费者或用户在购买和使用产品或服务后，通过各种平台分享其体验和评价的内容。这些评论可以通过文字描述、评分、图片、视频、问答等形式，反映用户的满意度、意见、建议以及情感反应。这些评论主要分布在电子商务平台(如亚马逊、淘宝、京东等)、社交媒体平台(如 Facebook、Instagram、Twitter 等)、专门的评论网站(如 Yelp、TripAdvisor、Trustpilot 等)、视频网站(如 YouTube、Bilibili)、垂直行业论坛和社区(如 Reddit、知乎)以及移动应用商店(如 Apple App Store、Google Play Store)上。当前，独特的社交环境与媒介传播结构引领了不同以往的消费者决策过程，用户主观感知的评论信息潜移默化地影响着潜在消费者的心理和决策行为[2]。庞大的用户群体通过发表评论分享观点和看法，这些发布于网络平台的评论数据具备海量性、多样性、泛在性、主观性和价值稀疏性等特征[3]。

随着当前电子商务与社交媒体平台的发展，评论信息对消费者或用户获取信息和进行决策起到了至关重要的作用，用户评论已成为电商领域买卖双方交易决策的重要基础，用户评论的广泛存在和影响力显著改变了传统的消费模式，尤其在电子商务平台上，大量的产品用户通过图文、视频等多媒体形式分享产品体验，使评论更加生动和可信，这些用户评论和评分直接影响产品的销售表现和用户的选择倾向，消费者在购买前通常会参考其他用户的评论来判断产品的质量和可靠性。调查显示，52%的在线消费者使用互联网搜索产品信息，而其中 24%的人在购买前使用互联网浏览产品，互联网上的产品评论对于消费者的购买决策有重大影响[4]。随着当前以人工智能生成内容(artificial intelligence generated content，AIGC)技术为代表的自动化、规模化内容生成技术的深刻变革，用户评论信息呈现出数量急剧增加、多样化、个性化程度攀升的新特点，给信息透明度和用户决策效率带来一系列变化，但同时也带来了虚假评论的泛滥和信息可信度的下降等新的挑战。AIGC 技术使得评论生成更加便捷，但同时也使得评论信息在质量和真实性方面参差不齐，对电子商务环境和社会经济环境产生了复杂而深远的影响。

然而，只有可信的评论才会对消费者的购买决定产生积极的影响[5]。用户评论中蕴含的巨大价值也无形中诱发了投机者通过在相关平台或系统散布虚假评论以扰乱视听的强烈动机[6]。由于网络平台评论信息的技术门槛和发布成本极低[7]，匿名化和便捷化的创作模式带来了自由与无序，使用户评论质量参差不齐，而评论的主观属性则加剧了信息价值的不均衡。大量互联网评论信息中存在的误导性、错误性和虚假性带来了巨大风险和潜在隐患[8]。虚假评论是当前网络虚假信息的重要组成部分[9]，也是网络空间安全治理的重点对象，它主要指用户主观上出于商业目的或其他不良动机，对产品或服务进行不合实际的鼓吹或诽谤的不真实评论。一些商户为了牟取利益，使用不道德的手段，通过各种商业或技术手段撰写对其企业或竞争对手的虚假评论来提高他们的在线声誉[10]。在利益驱使下，部分企业与商家利用"推销式虚假评论"大肆包装和推广自身，或是采用"诋毁式虚假评论"故意贬低和损害竞争对手的声誉，由此甚至催生了"网络水军"、"刷单"等成熟的灰色产业链[11]。

随着深度学习技术的发展和应用，基于大规模语言模型和深度神经网络的AIGC 技术快速迭代。AIGC 具有能够自动生成高质量的文本、图像、音频和视频内容的能力，使得智能化创作逐渐成为可能并逐步得到应用[12]。这一技术的广泛应用，既为社会带来了诸多便利，也引发了一系列新的挑战，特别是在虚假评论的生成和识别方面。AIGC 视域下的虚假评论呈现出新的特征，其所产生的影响也具备一定的特殊性，引发了一系列关注。当前，人工智能生成内容的规模呈现急剧增长的态势，引导着互联网用户的感知与决策[13]。然而，当前以ChatGPT 为代表的 AI(artificial intelligence)生成文本在正确性、真实性、安全性和可信度方面存在局限[14]。这些局限助长了虚假信息传播[15]，并增加了社会歧视的风险[16]，进而对以电子口碑为核心的网络消费信息内容生态构成潜在威胁。AI通过获取大量文本数据，对相关人员进行分析研究，能够模仿特定的语言风格快速进行内容生产，其话语结构、用词特点等与真人高度相似。这种特性容易被用于舆论操纵等场景，产生潜在的社会危害[17]。在虚假评论生产方面，随着数字技术的开源开放，AI 文本生成技术使用成本不断降低，因此大量企业及商家或用户在利益驱使下采用新一代技术生成虚假评论，导致虚假评论生成方式和手段逐步多样化[18]。由于 AI 生成文本越来越注重对人类意识和认知的模拟，生成内容更加生动、流畅且符合用户价值观，现有模型的推理和判别能力尚且不足以辨别 AI 生成的虚假评论信息。这导致虚假评论的产生机制和传播原理日趋复杂，识别难度也大大增加[19]。当前，AI 生成虚假评论充斥网络空间，严重威胁互联网生态的安全与健康发展[20]。

整体而言，虚假评论，尤其是由 AI 生成的虚假评论，具备以下几个特点：①生成速度快，AI 可以在短时间内生成大量虚假评论，极大地提高了虚假评论的数量和覆盖面。②内容质量高，基于深度学习的 AIGC 模型能够生成语法正确、逻辑连贯、情感真实的评论内容，使得这些虚假评论难以被人工和传统算法识别。③多样性强，AI 能够生成多样化的评论内容，避免了传统虚假评论中常见的重复和模板化问题，从而提升了虚假评论的迷惑性。④识别难度大，AI 生成的虚假评论密切模仿人类写作风格和真实评论内容，使它们更难被从真实的评论中辨别出来。这些特点使得 AIGC 生成的虚假评论对电商平台、社交媒体和消费者都构成了新的威胁[21]。鉴于虚假评论的隐蔽性、识别难度高等特征，其对于营造健康的市场环境有着极大的危害，因为它们不仅欺骗消费者购买可能是低质量的产品，而且还侵蚀了对在线市场繁荣至关重要的评论平台的长期信任[22]。这些虚假评论对营造风清气正的网络环境、创建健康的营商环境以及稳定的社会环境产生了严重的负面影响。在网络空间环境方面，虚假评论的泛滥使得信息质量严重下降，消费者难以辨别真实信息，导致整体网络环境的公信力下降，不仅影响了用户的在线体验，还削弱了公众对网络平台和信息来源的信任，阻碍了互联网的健康发展。在营商环境方面，虚假评论不仅扰乱了用户的认知，还对平台的信誉造成了损害，对市场公平竞争构成了巨大威胁，恶意的虚假评论可以打击竞争对手的声誉并误导消费者，从而破坏市场秩序、抑制良性竞争。在社会环境方面，虚假评论信息会影响社会经济与政府管理活动的正常秩序，同时可能引发公众信任危机等社会问题和公共舆论的混乱，进而影响社会的和谐与稳定。

如今，电商网站的虚假评论已呈泛滥之势，这样的"舞弊"风气不但严重损害了消费者切身权益，更扰乱了公平、公正的市场秩序，动摇了互联网经济高质量发展的诚信基石。虚假评论在社交平台的持续滋生与蔓延，成为了虚假信息无孔不入的帮凶，更有可能造成网络生态的极端恶化和互联网空间秩序的崩坏。因此，亟须采取相关治理手段抑制虚假评论信息的泛滥。从《互联网跟帖评论服务管理规定》《互联网论坛社区服务管理规定》到《网络信息内容生态治理规定》，政府管理层面对虚假信息的治理监管给予高度重视，《网络信息内容生态治理规定》更是对网络信息内容服务使用者和网络信息内容生产者、网络信息内容服务平台利用人工方式或者技术手段实施发布虚假信息、扰乱市场秩序的行为明确禁止[23]。

为进一步规范人工智能生成内容，2023 年《生成式人工智能服务管理暂行办法》明确提出"提供和使用生成式人工智能服务，不得生成虚假有害信息等法律、行政法规禁止的内容"[24]。然而，AIGC 智能创作时代下虚假评论信息的治理规范相关办法仍旧处于初步阶段，现有的法律法规和监管机制尚未完全覆盖这一新兴领域的复杂性和多样性。传统的治理手段在面对 AI 生成内容时显得力不从心，无法及时有效地识别和遏制虚假评论的传播。尽管《生成式人工智能服务管理暂行办法》等相关规范已经提出了初步的监管框架，但具体的实施细则和执行力度还有待加强。此外，技术层面的创新和发展速度远超监管的进展，这使得治理工作面临更大的挑战。因此，亟须在考虑传统环境下虚假评论的治理问题的同时，更加关注 AIGC 智能创作时代下虚假评论信息呈现出的新特点，有针对性地对 AI 生成的虚假评论信息识别与治理研究展开突破。

在研究层面，当前国内外众多学者已发表一系列研究及相关专著，旨在对虚假评论的识别方法、用户感知与治理路径进行探讨。在技术探索层面，已有研究提出并采用虚假评论特征提取、模型构建等机器学习与深度学习方法对虚假评论进行识别检测。随着深度学习算法的不断完善，提供足够且高质量的数据往往能够训练出预测效果更好、泛化能力更强的模型。因此，越来越多的研究开始使用深度学习方法，通过构造虚假评论特征框架训练出检测模型来识别虚假评论。例如，亚马逊开发的虚假评论监测工具 Fakespot，由评论来源、公司和商品评论等级、分析概述、点评数量、价格趋势跟踪和评论概要等几部分构成检测依据，通过 Fakespot 提供的额外洞察力，淘汰不可靠的评论，以帮助购物者对产品、应用做出更明智的决策[25]。在识别方法层面，当前被广泛采纳的解决思路是将其视为一个二分类问题，即主要通过评论文本[26]和评论者[27]两个角度，将评论内容简单地判定为虚假与否。在治理手段方面，多数国家采用出台相关法律法规等方式进行规范，如中国国家互联网信息办公室发布了《互联网跟帖评论服务管理规定》，要求跟帖评论服务提供者严格落实管理责任，包括实名认证、信息保护、审核管理、违法信息处置等方面的义务[28]。有学者提出了构建虚假评论多元共治的治理机制，包括在线销售商家、虚假评论中介、消费者以及在线商品交易平台四个部分，通过多方合作与良性竞争，最终营造良好的虚假评论治理环境[29]。

然而，当前的研究与实践存在一系列缺陷。首先，在虚假评论的识别方法方面，虚假评论识别技术已经取得了显著进展，主要依赖于机器学习和深度学习的方法。然而，研究中仍面临数据稀缺和数据集不平衡等一系列挑战，限制了模型的训练效果和泛化能力。现有技术主要关注特征提取和分类算法的改进，通过引入多模态数据和复杂网络结构来提升识别精度。在 AIGC 的背景下，虚假评论的生成技术不断演变，生成内容更为复杂和真实，这给现有的识别技术带来了新的挑战。现有研究面临模型的泛化能力尚需提升、算法的适应性有待增强、缺乏对 AI 生成评论与真实评论混合情景的处理能力等一系列挑战。因此，本书将对 AIGC 视域下的虚假评论识别方法进行进一步的深入挖掘。在虚假评论的用户感知方面，已有研究指出，虚假评论从感知到影响决策的过程中用户扮演着重要角色，用户是虚假评论的重要生成者，也是虚假评论被采纳进而产生社会影响的关键环节[30]，厘清用户对虚假评论的感知对于虚假评论治理至关重要。然而，多数研究仅考虑评论信息的客观特征，这样的思路惯性地把虚假评论置于孤岛式的独立位置，忽视了评论本身产生过程的复杂性、动态性及联系性，并未将包括场景、评论主客体等在内的多元富维信息纳入考量，更难以为从根源上解决虚假评论问题提供行之有效的方向与方案。因此，关注用户在与虚假评论交互过程中的意图、感知、决策等心理机制以及行为模式，综合虚假评论的客观表征与主观感知特征构建识别框架，有助于开发一套更科学、全面的虚假评论识别与治理方法。在治理方法层面，当前虚假评论治理相关研究从消费者、商家、平台等多个角度出发，提出多元共治的治理思路，为虚假评论治理提出了可行框架[29]。然而，针对 AIGC 智能创作时代下虚假评论治理与监管中出现的新难题，较少有研究深入探讨这些问题带来的技术挑战和应对策略。在 AIGC 智能创作时代，虚假评论问题变得更加复杂且具有隐蔽性。AI 生成的虚假评论可以通过自然语言生成技术生成高度逼真的文本，这些文本在形式和内容上都难以与人类评论区分。这对现有的识别算法提出了更高的要求，需要结合深度学习等多种技术手段，提高模型的辨识能力和准确性。因此，在 AIGC 智能创作时代背景下，有针对性地探讨虚假评论的新特征及其识别、感知与治理方法，有助于弥补当前的研究缺陷，为推动虚假评论治理规范、营造健康良好的网络信息治理环境提供一定参考。

针对当前的现实问题与研究不足，本书面向 AIGC 视域下虚假评论呈现出的新特点及其影响，从理论视角探讨虚假评论产生的原因、动机、识别的技术方法及监管体系。在数据视角下，本书旨在探索基于不同模型的虚假评论的客观特征提取及其识别方法，通过充分利用多模态技术和新兴大语言模型(large language model，LLM)的技术优势，实现对虚假评论的多元化异构表征，提出基于对比学习的电商平台虚假评论识别、基于上下文学习的不平衡虚假评论识别以及融合用户与 AI 生成内容的虚假评论意图多模态识别预测的一系列方法，进而满足互联网广域环境下细粒度、精确性、场景化的虚假识别预测需求，达到标本兼治的效果，同时也将为虚假评论的识别与治理体系提供可行的建设思路。在用户视角下，本书在技术识别的基础上，采取用户实验等方式，进一步探索用户如何感知评价并采纳虚假评论，深入地探讨用户的心理机制，以及用户视角下虚假评论的特征。最后综合数据及用户视角下的虚假评论及其生成与传播特征，提出基于虚假评论生态因子分析的 AIGC 智能创作时代下虚假评论治理策略，为解决新的技术背景下虚假评论的识别及治理问题提供理论与实践参考。

1.1.2　研究意义

1.1.2.1　学术意义

(1) 有助于丰富 AIGC 视域下虚假评论识别感知与治理相关研究的理论框架。

首先，本书对 AIGC 智能创作时代背景下虚假评论的相关概念进行了厘清，深入探讨了虚假评论的产生原因、影响、识别方法及用户感知等多方面的内容。通过详细梳理现有研究，本书对虚假评论监测与治理的相关理论进行了全面的归纳总结。在全面梳理相关理论研究的基础上，本书系统地分析了虚假评论的多维特征，揭示了其在新技术环境下的独特表现形式。书中讨论了机器学习、自然语言处理等先进技术在虚假评论识别中的应用，并探讨了这些技术在提高识别精度和效率方面的巨大潜力。此外，本书还审视了用户对虚假评论的感知及其对采纳行为的影响。通过实验研究和数据分析，我们揭示了虚假评论对用户决策过程的深远影响。这些研究不仅帮助我们理解用户在面对虚假评论时的心理和行为反应，还为制定更有效的治理策略提供了重要的依据。结合实证研究，本书从信息生态理论出发，进一步阐述了关键生态要素对虚假评论生成与传播的影响路径与机制，由此提出了系统全面的虚假评论治理策略，既包括宏观层面的政策法规建议，也涵盖微观层面的技术手段和用户策略。通过结合理论分析与实际数据，本书构建了一个综合性的虚假评论治理体系，这不仅丰富了 AIGC 视域下的相关研究，也为未来的学术研究和实际应用提供了新的思路和方法。

(2) 有助于为研究虚假评论识别感知与治理提供数据与用户方向相结合的新视角。

本书通过融合数据视角与用户视角，提供了研究虚假评论识别、感知与治理的新方法。首先，从数据视角出发，本书总结了基于不同技术的虚假评论识别方法。这些方法包括基于对比学习的电商平台虚假评论识别模型、基于上下文学习的不平衡虚假评论识别方法，以及融合用户与 AI 生成内容的虚假评论意图多模态识别预测框架等。这些技术方法不仅提升了虚假评论识别的准确性和效率，还揭示了虚假评论在不同平台和场景下的生成规律和传播特征。然而，虚假评论的实际危害和影响最终需要通过用户的行为来体现。因此，在技术识别的基础上，本书进一步关注用户如何感知和采纳虚假评论信息。通过用户实验和问卷调查，深入探讨了用户视角下虚假评论的特征及其采纳机制。本书研究发现，用户在面对虚假评论时的感知和行为反应，直接影响了虚假评论的传播效果和治理难度。为此，我们提出了一个融合用户视角与客观数据视角的虚假评论特征指标体系。这一体系不仅包括技术识别的客观特征，还涵盖了用户感知和行为的主观因素，从而提供了一个更加全面和细致的虚假评论识别框架。该框架结合了技术手段和用户行为两方面的研究成果，提出了一系列具体的治理策略和政策建议。通过融合技术识别与用户感知，旨在提高虚假评论治理的整体效果，既能够准确识别和过滤虚假评论，又能够提升用户的辨识能力和平台的信任度。

(3) 有助于为不同主体视角下的虚假评论治理提供理论路径参考。

在 AIGC 环境下，虚假信息的存在不仅破坏了市场的公平竞争环境，还降低了消费者对平台的信任度，导致评论信息的利用价值和可信度不断降低，形成恶性循环，威胁到平台的健康发展和长期可持续性。依靠大规模人工方式识别虚假评论，不但成本极高，而且难以满足动态化和可靠性的实际识别需求。因此，本书不仅关注技术层面的识别方法，更深入探讨了如何在海量数据中进行精细化、场景化的虚假评论挖掘和发现，从中提取有价值的信息来辅助用户消费决策。通过系统分析各类利益相关者在虚假评论生成和传播中的角色及其识别方法，本书为互联网用户及商家平台提供了丰富的理论支持和实用指导。我们详细研究了虚假评论的生成规律和传播机制，并结合最新的机器学习和自然语言处理技术，提出了多种识别方法。此外，本书还特别关注了虚假评论对用户感知和行为的影响，并提出了一系列针对性的治理策略。通过提升用户的辨识能力和增强平台的监管措施，可以有效减少虚假评论的传播，维护市场的公平和透明。本书的研究不仅为互联网用户提供了识别虚假评论的技术方法，还为商家提供了应对虚假评论的策略参考。通过对虚假评论的多维度分析和精细化识别，本书为各类平台提供了系统性的治理方案，有助于提升社会各界对 AIGC 时代虚假评论问题的认识和应对能力，促进市场的公平竞争和平台的可持续发展。

1.1.2.2　社会意义

(1) 有助于对接国家战略需求，推动净化互联网环境与完善网络空间治理。

我国历来重视互联网的发展和网络空间的治理，构建全要素、宽领域、多层级、高效率的虚假评论识别与治理框架，符合我国网信事业发展的现实需要与长远目标。特别是在面对重大公共事件时，谣言与虚假评论的蔓延严重干扰了公众的价值判断和情绪控制，及时的真实信息披露显得尤为重要。同时，有效的舆情纠错和正确的价值传导也离不开大量真实准确信息的支撑。本书以提升政府的数据辨识能力、信息管理能力和科学决策能力为根本导向，旨在为全面评估、实时监测、及时优化我国互联网发展环境提供先进的科学渠道与有力的技术工具。本书不仅探讨了虚假评论识别与治理的理论基础，还结合实际情况，提出了一系列可行的治理路径。为了实现长效管理，本书提出了系统化的虚假评论治理方案，强调了建立综合评估体系的重要性，为后续的政策制定和技术改进提供有力支持。本书所提出的策略旨在为解决共性问题提供可行路径，不但有助于形成多场景适用的虚假评论有效治理模式，切实监督与控制互联网平台用户评论质量，同时有利于建立全方位、多指标的虚假评论判断标准与综合评估体系，实现长效管理，保障我国互联网环境的净化与公平公正市场秩序的建立，为推动网信事业的健康发展贡献力量。

(2) 有助于营造良好的营商环境，助推社会经济水平持续发展。

随着电子商务的深度发展，平台上的产品评论信息在消费者购买决策中扮演着重要角色，而虚假评论的大量泛滥则会影响市场的公平竞争环境，降低消费者对平台和商家的信任度，进而影响市场经济的健康发展。本书结合当前的电子商务环境下广大商家、平台与用户的虚假评论相关动机与利益牵引，研究了虚假评论的生成规律和传播机制，同时通过分析当前的虚假评论相关平台管理与政策规定，提出了多种虚假评论识别与治理的方法和策略。通过研究虚假评论的生成规律，有助于帮助平台和监管机构更有效地发现和治理虚假评论，保护消费者权益，从而提升市场透明度。通过对虚假评论识别与治理的深入研究，本书不仅为电子商务平台和商家提供了切实可行的解决方案，还为政策制定者和监管机构提供了理论支持和实践参考，从而在整体上为促进社会经济持续发展提供支撑。具体地说，对企业而言，有效的虚假评论识别与治理有助于为其提供一个更加透明和公正的竞争环境，在公平竞争的环境中更加专注于提升产品质量和服务水平，而不必担心受到虚假评论的恶意攻击和不公平竞争。同时，消费者在一个真实可信的评论环境中，可以更安心地进行消费决策，增加对平台和商家的信任度，促进市场的良性循环。此外，营造一个良好的营商环境，有助于吸引更多的投资，推动经济水平的持续增长，提升社会整体福利。

(3) 有助于提升政府公信度以及公众对信息的信任度，促进社会和谐与稳定。

虚假评论不仅影响经济活动，还可能引发社会问题和公共舆论的混乱，进而影响社会的和谐与稳定。在 AIGC 视域下，虚假信息的传播速度和影响范围更加广泛，大量 AI 生成的内容强烈干扰用户的判断，因此，虚假评论的识别与治理成为一项重要的社会任务。首先，虚假评论泛滥会导致信息质量下降，进而影响公众对信息的信任度，当公众无法信任所获取的信息时，容易产生误解和误判，甚至导致社会恐慌和不安。其次，虚假评论的治理有助于维护社会的公正与公平。虚假评论不仅存在于商业领域，还可能涉及政治、社会等多个方面，甚至对公共政策和社会舆论产生重大影响。本书旨在探讨如何通过有效的虚假评论识别与治理，使得政府在虚假评论治理中积极作为，共同推进虚假评论的技术识别和治理，形成多方参与、协同治理的良好局面，从而提升政府的公信力。此外，虚假信息的传播往往会加剧社会矛盾和冲突，影响社会的和谐与稳定。本书提出的虚假评论的影响机制和治理措施有助于有效预防和化解这些矛盾和冲突，增加公众对公开信息的信任度。综上所述，虚假评论的识别与治理不仅是提升政府公信力和公众对信息信任度的重要手段，也是维护社会和谐与稳定的关键环节。本书通过深入研究虚假评论的生成、传播和治理，为政府、企业和公众提供理论支持和实践指导，从而推动社会的全面进步和持续发展。

1.2　国内外虚假评论研究现状

1.2.1　虚假评论产生原因与动机

虚假评论属于在线评论的一种，被称为 spam review、fake review、bogus review 或 spam opinion 等；发表虚假评论的用户被称为 review spammer、fake reviewer 或 opinion spammer[31]。虚假评论的概念最早由 Jindal 等[32]提出，分为伪造评论(untruthful opinions)、无关评论(reviews on brands only)和非评论信息(non-reviews)。虚假评论是指针对产品或服务有意发表的、虚假的、具有欺骗性质的评论[33]，其目的是提升或损害某一商品或服务的声誉与信誉，从而影响用户的观点或消费行为。探讨虚假评论产生机理，有助于为虚假评论意图识别与治理研究提供重要理论依据。虚假评论的发生和存在场景十分广泛，在线电商平台和移动社交平台是虚假评论的重灾区[34]。蓬勃发展的第三方点评网站、社交网络平台中同样存在着大量虚假评论，甚至有大量网络水军和职业虚假评论人[35]。例如，2012 年，英国广告标准局发现 TripAdvisor 参与了虚假评论的创建，其网站上大约有 5000 万条在线评论无法被验证为可信[36]。2013 年，韩国三星因对竞争对手 HTC 发布虚假负面评论而被罚款 34 万美元[37]。2015 年，美国亚马逊起诉了 1114 名身份不明的人发布虚假评论[38]。2018 年，中国著名旅游平台马蜂窝涉嫌点评欺诈，其行为包括复制竞争对手的在线点评，该平台随后承认存在虚假评论问题[39]。2020 年，国际顶尖医学期刊《柳叶刀》最新研究表明，其信息的误导性、错误性、虚假性带来的巨大风险和潜在隐患从未消减，在新型冠状病毒疾病(COVID-19)相关信息的传播中表现尤为明显[40]。研究发现，虚假评论在 Yelp 网站中约占 14%～20%[41]，大众点评网中超过 6%的评论为虚假评论[42]。在线评论是电子商务的一个重要且不可避免的方面。这些评论对消费者的购买决定以及消费金额有重大影响。然而，随着电子商务的发展，虚假评论也越来越普遍[43]。虚假评论的比例从 20%[44]、25%[45]到 33.3%[46]不等。早在 2012 年，约有 10.3%的在线产品遭受评论操纵[47]。

已有的部分研究重点关注虚假评论的特征，在虚假评论的一般特征方面，李璐旸等指出，虚假评论分布广泛、危害性大、人工识别困难，其存在领域广泛分布于食宿、旅游等点评网站及电子商务网站中[48]。在虚假评论的文本特征方面，沈超等指出商家诱导评论等虚假评论具有时间短、文字少、情绪积极、信息覆盖全的特征，且部分评论具有好评返现等字样[49]。在虚假评论的语言特征方面，虚假评论往往使用大量的重复性词汇和冗长的句子来填充内容，并且常表现出极端的情感，要么极度正面，要么极度负面[50]。在虚假评论的用户特征方面，Mukherjee 等提出虚假评论的相关用户具备活跃度低、评论频率高、缺乏个人资料等特征，虚假评论通常来自新注册或不活跃的用户账号或者在短时间内发布大量评论[51]。在虚假评论的时间特征方面，虚假评论往往在短时间内集中发布，以迅速影响产品评分[52]。在虚假评论的内容特征方面，Yoo 等指出虚假评论常提供大量细节，但这些细节往往不具体或与产品无关，并且多个虚假评论之间可能存在大量相似或相同的内容[53]。最后，在虚假评论的情感特征方面，虚假评论的情感表达与其他真实评论的情感一致性较低，呈现出情感波动较大，情感用词较为极端的特点[54]。更有研究在生成式人工智能的背景下开始探讨 AI 生成的虚假评论的特殊性，如周瑾宜等研究了人类与生成式 AI 所产生的虚假评论在语言行为上的差异。他们构建了六类语言线索体系，包括认知负荷、确定性、情感、事件的距离、感知情境细节和认知过程，并使用计算语言学及机器学习方法，建立了人类真实评论、人类虚假评论以及生成式 AI 虚假评论的解释性分类预测模型。研究通过比较三者在关键语言线索上的使用差异，探讨了生成式 AI 与人类在欺骗策略上的异同[55]。

虚假评论的发布者可以是评论主体(买方)或评论客体(卖方)，不同的用户主体具有不同的动机。基于主体关联的不同可将发布虚假评论的动机总结为两类：来源于评论客体的动机和来源于评论主体的动机。

(1) 来源于评论客体(卖方)的虚假动机。

主要是指从卖方角度出发，为达成特定经济利益目的而实施虚假评论行为。卖家发布虚假评论大部分出于两个目的：一方面是为了提升目标对象的名誉、进行推销，另一方面是为了打击目标对象、进行抹黑[56-58]。

用户评论是买卖双方的重要依据和决策基础，尤其对于卖方而言，用户的评论数据是非常具有价值的。庞大的用户群体以发表评论的方式分享观点和看法，这些针对不同领域、来源各异的评论数据具备以下特征：①海量性，由于人人皆可成为评论的创作者，用户评论能够在短时间内累积极大量级，例如，影视点评网站"豆瓣"[59]所评"2019 年最受关注影片头名"在短短数月即获得了 1359544 次评分与 475127 条短评。②多样性，评论数据内容多样、形式复杂，最常见的载体是文字，现今用户也普遍借助图片、音频和视频等多媒体形式分享自己的观点。③泛在性，在线用户评论不仅广泛存在于电商和购物平台，同时专门的评论社区及细分领域下的点评网站正蓬勃发展，此外，微博、Twitter等移动社交平台也广泛存在着用户评论信息。④主观性，评论信息中通常包含着行为主体对产品或服务的期望、质量、价值等评价内容，是用户在个人体验基础上做出的对评论客体是否满足自身需求程度的能动判断，其中的感受传递和情绪表达通常来源于个体感知，具有强烈的主观属性。⑤价值稀疏性，技术门槛和发布成本极低、匿名化和便捷化创作模式带来的自由与无序使评论质量参差不齐，具体评论的价值蕴含既不均匀也不饱和，只有通过对海量评论进行多维聚合，才能真正萃取和凝汇用户评论的巨大价值。正是上述特征使用户评论成为买卖双方的重要依据和决策基础。一方面，对消费者而言，这些第三方信息成为消除对产品不确定性并满足其客观信息需求的重要来源[60]，有助于缓解买卖双方信息不对称问题，以帮助消费者进行最优决策并获得良好的购物体验。调查表明，用户对某一商家形成认识前平均会阅读 10 条评论，64%的网购者阅读评论的时间在 10 分钟以上[61]，97%的人还会阅读商家对评论的回应[62]。同时正面的用户评论会让91%的消费者更有可能光顾一家企业，而82%的消费者会因负面评论而却步。另一方面，对商家而言，用户评论作为买卖双方天然建立的特殊联结渠道，已成为卖方增加客户黏性并最终实现其产品销售和企业价值增长的新窗口[63]。庞大的用户群体在网络平台上发表的评论充分借助社交网络便捷联通、即时更新的优势飞速传播。正面评价将帮助企业树立良好形象和口碑，有效提升购买转换率[64]，增加产品和服务营收及用户忠诚度；负面评价尽管会导致一定经济损失[65]，但也有助于商家了解产品真实的市场状况、获得消费者反馈并及时调整市场策略，避免更大的损失。用户评论所蕴含的巨大价值在无形中诱发了投机者通过在相关平台或系统散布虚假评论以扰乱视听的强烈动机。

　　具体而言，发布虚假评论的动机主要包括：①商家推销，韩立娜[66]研究发现正面评论的数量与消费者购买意愿呈正相关；郝媛媛等[67]通过研究证实评论的正向情感倾向与用户接受度存在关联。Michael[68]和 Hall[69]等发现餐馆、酒店的好评率与销售额、入住率之间存在正相关关系。因此商家会出于推销商品、提高销量的目的，对目标商品进行夸大的、不切实际的正面评价。②同行诋毁，心理学研究发现负面消息对用户造成的刺激要强于正面消息[70]。Ahluwalia[71]和王阳等[72]的研究也证实了这一结论在评论信息上的实用性，负面评论及其情感倾向比正面评论对购买意愿的影响更为显著[73,74]。因此，负面虚假信息对于消费决策影响更大，商家可能会选择发布诋毁性虚假评论对竞争者进行攻击，同时在遭受到来自其他商家的恶意评论时会出现报复式评论回击，导致恶性循环。③混淆干扰，孟美任等[75]通过实地调查分析发现，很多点评网或者网络社区中会存在很多广告、链接等评论。这些与商品本身毫不相关甚至错误的信息，其动机往往是干扰读者或者误导自动观点挖掘系统。例如，很多链出式作弊在评论页面中加一个链出链接，从而增加一个页面的中心程度，以提高广告页面在整个搜索引擎的权重。目前搜索引擎会采用一些链接算法如 PageRank 等来评价网页[76]。此外，不同评分、声誉和竞争优势的商家的虚假评论动机也存在细微差别[77]。有研究发现，虚假评论主要是由劣等企业发布的。拥有弱品牌、低评级且低质量产品的卖方更有动力发表虚假评论[78]。但也有案例表明，具有强大品牌、高评分、高质量和竞争优势的公司也可能在激烈的竞争下发布虚假评论[79]。Luca 等[80]研究发现声誉较差的餐厅更有可能发布虚假评论；而连锁餐厅不易实施虚假评论行为，同行竞争激烈的餐厅收到虚假差评的概率要高于竞争不太激烈的餐厅。

(2) 来源于评论主体(买方)的虚假动机。

从买家角度出发，探究影响买家发表虚假评论的因素，买方的虚假动机主要涉及外部动机和内部动机两个方面。外部动机是受到外部环境的影响，借助外界因素的推动而产生的。具体而言，主要有：①经济回报，经济奖励会影响在线商家的评级，个人消费者往往会为了寻求奖励发布虚假评论[81,82]。真实的网购者常常受到商家利益引诱，评论存在刻意夸大的现象，往往形成激励性好评[83]，"好评返现"现象显著影响了消费者对商品真实性的感知[84]，最终将导致消费者丧失对评论的信任。②外部骚扰，卖家对给予差评的买家进行电话、短信等骚扰，希望买家更改评论，买家不堪骚扰，被迫发表虚假评论[85]。内部动机是指由于买方自身内在因素，引发买方进行虚假评论的推动力。具体而言，主要有：①惩罚商家，由于商品评论带有消费者的主观感受与情绪，同时消费者的期望与属性、评论风格不同，同样可能故意给出对于商品或服务内容的虚假评论信息[86]，并对潜在消费者的消费决策产生误导。②营销水军，营销水军是受雇于网络营销公司，有组织有计划地发布大量虚假评论的网络人员[87]。励敏[88]指出在销售行业中存在的主要是营销类水军，并采用了基于文本、用户属性、用户社群联系等多个方法进行识别判断。③用户从众心理，在评论时易受到其他用户的影响导致评论具有趋向性，少数用户的评论起到方向性的引导作用。部分用户可能会通过发布极端的好评或差评来引起其他用户的注意，获得社交媒体上的关注和讨论。④无意义敷衍，出于此动机所发布的评论信息往往内容是不完整的、空洞的，甚至毫无意义的，如"不错！"、"还行！"、"挺！"、"烂"、"我就是不喜欢！"或者由于一些不满的情绪进行发泄的评论等。这样的评论信息中不包含任何对商品属性的评价，而只是单纯的情感表达，甚至是仅敷衍性应付流程[75]。例如，在淘宝中评论环节是紧接着确认收货环节的，很多买家根本还没有使用，甚至货物还没有拆封，确认收货后只是顺便进行评价，所以只写几个字敷衍一下。⑤用户机会主义心理，在没有任何外部激励的情况下，消费者可能会为了满足不健康的心理需求或不道德地从商家那里获取利益而发表虚假评论。机会主义可能是一种有效的心理学理论，可以解释虚假评论的潜在心理机制[89]。同时，虚假评论的发布可以是个人行为或群体行为，不同的用户主体的主客观因素会导致动机不尽相同，陈燕方[90]认为具体可分为职业虚假评论者、一般虚假评论发布者和正常评论者，同时归纳了不同的虚假评论发布路径；研究发现与有权势的人相比，无权势的人更倾向于撰写虚假评论[91]。

虚假评论的发布不仅涉及不同的主体，还涉及整体的政策环境、技术环境以及虚假评论的来源——各类发布平台。因此，除了评论主体(买方)或评论客体(卖方)的诸多动机导致虚假评论大量发布外，当前一系列的平台管理、政策、技术环境等因素也促成了虚假评论的泛滥。从不同视角出发，虚假评论泛滥的原因可总结为以下四类。

(1) 平台原因。

①发布成本低。很多平台的用户注册机制存在漏洞，导致创建大量账号发布评论的成本较低，甚至可以批量购买虚假账号。②网站匿名化带来的自由与无序使评论质量参差不齐。匿名化能隐藏用户身份，保护用户隐私，但也使得追踪虚假评论的发布者变得困难，大大增加了监管难度。③便捷化创作模式。很多平台通过简化发布流程，提供预设的评论模板或脚本，来打造便捷化创作模式，其初衷是为了便于用户发表评论，但也使得虚假评论的发表时间成本降低，在发布虚假评论时，传播者可以直接复制和略微修改已有的网络评论来制造虚假评论。④部分平台的虚假言论过滤算法还不成熟，对于评论内容的人工审核和监管缺乏有效机制。这些原因导致很多平台，尤其是电商网站的虚假评论呈泛滥之势，第三方评论可靠性识别网站"ReviewMeta"分析 700 万条亚马逊评论数据发现，虚假评论占评论总数的 30%以上，这一结果也得到了对亚马逊中 5000 余万条用户评论所进行的实证调查的验证，而点评网站同样已成为重灾区，研究发现国外最大点评网站 Yelp 中有至少 16%的评论信息是虚假评论信息，国内大众点评的诚信团队曾封禁违规马甲、水军账号 63 万余个，但造假、刷单仍屡禁不止。虚假评论传播者更喜欢在对此类行为处罚力度较弱的平台上发布虚假信息。对虚假评论敏感度低、处罚力度不恰当的平台也不太可能有效地解决无良传播者的问题。⑤吸引消费者参与以增加平台的佣金和广告收入。两种评论平台有很高的动机发布虚假评论：一种是迫切需要吸引消费者的参与，另一种是利润主要来自于佣金收入。

(2) 互联网的发展影响舆论生成及传播方式。

随着信息技术和互联网的飞速发展，信息化已渗透到普通民众的日常经济与社会生活中，"2019 Internet Trends Report"[92]指出全世界约有 38 亿互联网用户，占世界人口的 51%。而中国互联网络信息中心(China Internet network information center，CNNIC)发布的《中国互联网络发展状况统计报告》[93]显示，截至 2019 年 6 月，中国网民规模达 8.54 亿，互联网普及率为 61.2%，其中移动端用户已增至 8.47 亿，通过手机接入互联网的网民比例逾 99%。互联网的迅猛发展深刻改变着舆论生成及传播方式，越来越多的用户倾向于通过互联网平台表达和分享自己的观点，社会化媒体与电商平台深度融合所创造的全新信息环境带来了用户消费观念与消费模式的双重转变，独特的社交环境与媒介传播结构引领了不同以往的消费者决策过程，包含着对已购商品客观评价[94]和用户主观感知的评论信息潜移默化地影响着潜在消费者的购买行为[2]。

(3) 法律和监管不力。

① 法律法规不健全。在一些地区，关于虚假评论的法律法规并不完善[95]，甚至缺乏专门针对虚假评论的法律条文。这种法律真空状态使得虚假评论行为无法得到有效约束，商家和个人在发布虚假评论时无所顾忌。目前我国法律也没有相应的规范条文依据。在其他国家或地区的电商法并未明确规定虚假评论的法律责任，导致这一问题难以从法律层面得到解决。具体来说包括三个方面，一是法律关于评论者的权利与义务的规定缺失。发表评论是评论者的权利，但对于发表的评论内容，例如评论内容的合法性、正当性、客观性等，也应当承担其相应的义务。很多用户在点评过程中过于注重个人的体验，导致评论的主观色彩浓厚，甚至出于个人经济利益或者不健康的心理发表一些完全不符合实际情况的虚假评论，严重的时候可能会引起法律纠纷。如何处理这一问题，我国还缺乏系统成型的法律体系。二是网络评论的知识产权。网络评论资源目前存在着普遍保护不力的状况，尽管目前诉讼适用法律及相关司法解释有著作权法、著作权法实施条例、信息网络传播权保护条例和北京市高级人民法院关于确定著作权侵权损害赔偿责任的指导意见等，但实际上，目前我国法律在网络侵权诉讼上仍然有诸多空白点，例如网络侵权定义模糊，对于不同网络经营商的法律地位界定不明确，以及网络内容的举证困难问题，是当前法律实践中的挑战，电子邮件的真实性和完整性难以确认，可能存在伪造、篡改的风险。这就直接导致传播者可以直接复制网络上的评论进行传播，而不考虑评论知识产权问题。三是法律漏洞的存在。虚假评论行为者常常利用法律的漏洞规避责任。例如，通过跨境操作发布虚假评论，使得不同国家和地区的法律管辖权难以适用；或者通过虚拟身份和匿名手段，逃避法律追查。这些法律漏洞使得执法难度进一步增加，虚假评论问题更加难以根除。

② 执法力度不足。一是现行法律体系对虚假评论的认定和处罚存在一定的模糊性，导致执法过程中难以有效实施。虚假评论的定义通常依赖于主观判断，缺乏明确的法律标准，使得执法机关在处理此类案件时缺乏明确的依据和操作指南，进而影响执法效果。二是执法机关在打击虚假评论方面的资源和力量有限。虚假评论现象广泛存在于各种网络平台上，而执法机关的人力和技术资源往往不足，难以覆盖所有平台和评论，导致虚假评论屡禁不止。尤其在网络空间广阔、信息传播迅速的背景下，执法机关面临的监控和取证难度较大。三是虚假评论的

取证和认定也相对复杂，需要技术手段和法律专业知识的结合。例如，《消费者权益保护法》《电子商务法》等法律条文需要详细明确，才能为虚假评论的认定提供依据。然而，法律条文的解读和应用需要专业法律知识，确保在具体案例中能够合理适用；在取证过程中，证据的合法性和有效性也是关键，评论内容可以被轻易删除或篡改，取证人员需要保证证据的完整性和真实性；在取证和认定过程中，需要平衡打击虚假评论和保护评论者合法权益之间的关系。隐私保护和言论自由是法律必须考虑的重要因素，需要确保取证过程不侵犯评论者的合法权利。跨平台协调不足，虚假评论问题往往跨越多个平台，但不同平台之间的监管和执法协调不力，导致监管效果不佳。每个平台可能有自己的管理政策和执行标准，但缺乏统一的法律框架和协作机制，使得虚假评论行为在不同平台间转移和扩散。例如，某个电商平台打击了虚假评论行为，但相关行为者可能会转移到社交媒体或其他平台继续活动。四是处罚措施不严。在某些情况下，即使虚假评论行为被发现和确认，其处罚措施也相对宽松，无法起到应有的威慑作用。轻微的处罚和低成本的违法行为使得一些商家和个人铤而走险，继续从事虚假评论活动，这种高收益低风险的现状，进一步刺激了虚假评论的泛滥。例如，一些平台对虚假评论的处理仅限于删除评论或暂停账号，而并未对相关责任人进行实质性处罚。

(4) 现代信息技术发展带来的挑战。

①多样化的评论形式。随着多媒体、流媒体的发展，虚假评论可能通过文本、图像、视频等多种形式呈现，这就需要多样化的技术手段来识别和处理。例如，文本分析技术需要处理自然语言的复杂性，而图像和视频则需要图像识别和视频分析技术的支持。②复杂的评论模式。虚假评论发布者往往会通过不同的方式进行伪装，例如利用多账号、多 IP 地址进行评论，这增加了识别的难度。评论内容可能会被设计得非常逼真，难以通过简单的规则检测出来，这就需要机器学习和人工智能技术的介入，通过大数据分析来识别异常行为。人工智能的发展也推动了虚假评论传播。虽然很少有研究关注人工智能在虚假评论领域的作用，但事实上，人工智能在发布假新闻和具有新颖特征的假评论方面发挥着越来越重要的作用[96]。③自动化的评论工具。各种自动化评论生成工具和机器人可以大量生成虚假评论，在某些电商平台上，一些卖家使用基于人工智能的自动化评论生成工具，每天发布数千条好评，从而人为地提升商品的评分和销量。这些工具可以根据设定的关键词和模板自动生成评论，甚至可以模拟不同用户的评论风格。④动态变化的策略。虚假评论发布者会不断改变策略以规避检测，例如改变评论频率、内容模式等，这要求检测技术必须具备高度的适应性和更新能力。

1.2.2 虚假评论影响及危害

在数字经济的浪潮中,电子商务的迅猛发展无疑为全球市场注入了新的活力。在线市场的繁荣不仅为消费者带来了前所未有的便利,也为商家开辟了新的销售渠道。然而,随之而来的是在线用户评价系统的兴起,尽管其初衷是提供一个让消费者表达意见、分享购买体验的平台,却逐渐暴露出了一些问题。特别是虚假评论的泛滥,已经成为在线市场的一大隐患。虚假评论的存在,不仅误导了消费者,损害了他们的权益,更对商家的声誉、平台的运营乃至整个市场的秩序造成了不可估量的负面影响。这种现象的普遍性和危害性已经引起了学术界和业界的广泛关注。学者们从多个角度出发,深入研究虚假评论背后的机制和可能引发的后果,以期找到有效的应对策略。国内外学者对于虚假评论的影响及其危害的研究,可以从微观到宏观分为对消费者的影响、对商家和平台的影响,以及对市场和社会影响。

(1) 对消费者的影响。

在现有的研究中,有关虚假评论影响消费者购买决策的研究占绝大多数。一类观点认为,虚假评论可以诱导消费者的购买行为[97]。Mayzlin[98]指出,虚假评论会误导消费者,使其购买劣质产品,从而影响其购物体验和满意度。在这一过程中,虚假评论的发布者通过精心构造的语言和情感表达,创造出一种虚假的社会认同感,使消费者在不知不觉中受到心理暗示,从而在购买过程中偏离理性判断。这种现象在多个行业中均有体现。例如,在音乐行业中,为了推广新专辑,一些营销人员可能会发布积极的评论,以吸引消费者的注意力和购买欲望[99]。同样,在出版领域,一些书籍的出版商、供应商或作者也会通过操纵在线书评来提高销售额[100]。酒店业也采取了类似的策略,通过发布正面评论和高评级来吸引潜在客户,从而促进销售[101]。这些行为表明,虚假评论在不同行业中都可能对消费者产生误导作用,消费者依赖在线评论来评估产品或服务的质量,虚假评论通过夸大或贬低产品特性,误导消费者的购买决策,被虚假评论愚弄的消费者可能会做出次优选择[102]。此外,另一类研究则持有相反观点,认为虚假评论实际上会提升消费者在进行购买决策时的感知风险,尤其是对产品功能风险的感知,因为功能风险直接关系到产品能否满足消费者的基本需求和预期[103]。这种感知风险的增加,最终会对消费者的购买意愿产生负面的影响,因为消费者在面对可能的风险时,往往会采取更为谨慎的态度,避免做出可能导致损失的决策。Zhao 等[104]通过仿真模拟的方法,进一步证实了虚假评论会增加消费者在购买过程中的不确定性。这种不确定性源于消费者难以区分评论的真实性,从而降低了他们对产品或服务的信任,直接影响了消费者对购买决策的信心,使他们在做出选择时更加犹豫不决。在国内的研究中,宋嘉莹等[105]聚焦于"好评返现"这一现象，发现这种激励机制可能导致虚假好评的产生，进而降低了在线评论的可信度和商品的真实性。这种虚假好评的存在，不仅损害了消费者对在线评价系统的信任，也削弱了消费者对商品质量的判断力，从而降低了他们的购买意愿。崔耕等[106]则采用说服知识模型，探究了激励评论等虚假好评对消费者购买意愿的影响。对于那些说服知识水平较低的消费者，即那些不太能够识别和处理说服信息的消费者，虚假评论的感知欺骗性对他们的负面影响更大。这可能是因为这些消费者在面对虚假评论时，缺乏足够的批判性思维能力，更容易受到误导。还有一类观点保持辨证和中立的态度，这类观点认为虚假评论对消费者购买决策的影响是多维度和条件性的，强调了信息、信息系统本身以及消费者的主观能动性在购买决策过程中的重要性[107]。在信息和信息系统的层面上，当评论系统中的虚假因素较为隐蔽，未能达到消费者的警觉阈值时，消费者可能会被虚假评论所误导。这种误导源于消费者对评论信息丰富性的感知，错误地将大量的评论视为有用信息，从而增加了他们的购买概率[108]。然而，这种感知的有用性并不总是基于评论的真实性，而是基于评论的数量和多样性，这可能导致消费者对产品或服务的质量做出错误的推断。反之，当消费者能够察觉或正确识别出虚假评论时，他们对购买的风险感知会增加，对平台或产品的信任度降低，进而可能导致规避行为[109,110]。而当消费者理性时，虚假评论对消费者的影响并不显著。理性消费者在面对评论时，会进行更深入的分析和判断[111]，不仅仅依赖于评论的数量和情感倾向，而是会考虑评论的质量等因素从而做出更加明智的购买决策。

此外，学者也探讨了虚假评论对消费者信任和心理的影响。由于虚假评论的广泛存在增加了风险和情况的复杂性[112]，这会导致消费者对整个在线评论系统产生怀疑，降低信任度[113]。信任是消费者决策过程中的一个关键因素，它不仅影响消费者初次购买的意愿，还影响他们重复购买同一品牌或商家的产品的持续购买意愿[114-116]。当消费者对在线评论的信任度下降时，他们可能会对购买决策感到不安，在这种不信任感的影响相比之下是更加深远的[117,118]。虚假评论的存在还可能导致推荐的信息与消费者的真实需求不符，降低平台信息的整体质量，不仅减少了消费者对平台的满意度，还可能削弱他们对平台的信任度[119-123]。在面对潜在的风险时，那些信任倾向较低的消费者可能会更加倾向于产生负面看法[124,125]，对尝试新产品或服务的欲望较低[126]。信任的缺失还可能引发消费者的心理不适，如不安和焦虑，使其更加被动，感受到更大的压力[127]。对于那些价格敏感的消费者，如果他们购买了基于虚假促销的产品和服务，可能会感到心理上的负担，因为这种虚假促销造成的预期损失较大[128]。另一方面，享乐性购买的视角提供了对虚假评论动机的另一种理解。享乐性购买往往会增加消费者撰写虚假评论的意愿，在虚构故事和发布不实信息的过程中获得一种替代性的刺激和满足感[129,130]。出于这种目的的虚假评论虽然可能会为发布者本人带来某种程度的愉悦，但这种愉悦只能满足享乐动机的欲望，忽略了解决实际问题的功利需要，并且可能会给其他消费者带来误导[131,132]。

(2) 对商家和平台的影响。

消费者在做出购买决策或选择服务时，越来越把在线评论作为参考依据，这些评论不仅是消费者了解产品或服务质量的窗口，也对产品的声誉[133]、销售量和商家的利润[134,135]有着直接的影响。积极的评论可以显著提升产品的市场吸引力，吸引更多的潜在客户，而负面的评论则可能导致潜在客户流失，对商家的声誉和销售造成损害。例如，在酒店行业中，评论评级增加 1%就可能导致每间房的销售量显著增长大约 2.6%[69]。这一现象在其他行业也同样存在，表明了在线评论对商家业绩的重要性。因此，一些商家可能会出于增加销量和利润的目的，采取不正当手段，如发布虚假好评，以提高产品的市场表现[136]。特别是当产品的评价数量较少、评分较低或产品的净利润较高时，商家可能更倾向于通过操纵评论来获取更高的收益[137]。然而，这种通过虚假评论来谋取利益的做法并非没有风险。当消费者基于虚假评论做出购买决策，但实际体验与评论描述不符时，他们可能会对商家产生负面印象，从而减少未来的购买行为，还可能通过口碑传播影响其他潜在客户[138]。但随着研究的进一步深入，研究者发现由于虚假评论对商家声誉和盈利的影响并非简单的线性关系，虚假评论与真实盈利之间存在倒"U"形关系，即小范围操纵评论有助于绩效增长，当超过某个临界值后，虚假评论反而对收益产生负面影响，且临界值会因为店铺性质、产品特征等不同而有所不同[139]。因此，商家通过虚假评论来谋取短期利益是一种短视行为。最终，商家会因为业绩的惩罚而回归到一个真实的均衡状态[140]。这种均衡状态反映了商家真实的产品或服务质量，以及消费者的真实反馈。

虚假评论对商家的声誉和平台的可信度有着直接且深远的影响，在当今竞争激烈的市场中，即使是少量的虚假负面评论也可能对商家的声誉造成不可逆转的损害[141]。Hu 等[142]的研究表明，尽管商家可能通过发布虚假正面评论来暂时提升产品声誉和销售额，但这种行为一旦被揭露，会严重摧毁商家辛苦建立的正面形象和长期声誉，负面的声誉会导致商家与消费者之间的信任关系急剧减弱，这种信任的缺失不仅会阻碍商家的良性运营，还会对其长期发展构成严重威胁[143,144]。商家的声誉一旦受损，重建的过程将是漫长且艰难的，需要付出巨大的努力和成本。同时，平台在虚假评论问题上的态度和行动同样至关重要。一些平台在打击虚假评论方面存在疏漏，甚至在某种程度上默许这种行为，以增加平台的流量和用户黏性[145]。然而，这种短视行为最终会损害平台的品牌形象和市场声誉，影响用户的忠诚度和平台的持续发展[146]。虚假评论还可能导致消费者对平台上的所有评论产生怀疑，从而忽视或低估真实有用的信息[147]。这种现象不仅会降低消费者对平台的信任度[148]，还可能引发负面电子口碑的产生[149]，进一步加剧平台可信度的下降。Feng 等[150]进一步揭示了虚假评论对虚拟品牌社区的影响。虚假评论不仅会破坏社区成员之间的信任，还可能减少平台的信息采用，破坏社区氛围，降低用户参与度和活跃度[151,152]。这不仅影响了社区的健康发展，也对平台的整体吸引力和竞争力造成了负面影响。此外，虚假评论的存在还增加了平台审核的难度，影响了信誉系统的有效性[153]。虚假评论还可能降低推荐系统的精度[96,154]，不利于平台的整体运行和用户体验的长期发展。为了应对虚假评论带来的挑战，平台需要技术创新来提高识别和过滤虚假评论的能力，以维持平台长期发展。

(3) 对市场和社会的影响。

虚假评论是一种市场操纵手段，为了获取更多的财务收益，商家可能会雇佣虚假的评论者对自己产品发布有利的积极虚假评论，并对竞争对手的产品发布负面的虚假评论[52]。这种行为不仅破坏了市场竞争的公平性，还加剧了市场的紧张氛围，例如，Luca 等[80]发现，同类型餐厅竞争的加剧与负面虚假评论的增加有关。在这种环境下，如果出现一个竞争对手选择制造虚假评论，同一领域的其他商家为了不失去市场份额，也会被迫参与到这种不正当的竞争中[155]。尤其当同质产品价格接近时，虚假评论更是成为了商家争夺市场的一种手段。Gössling 等[69]提出，虚假评论行为在商家之间引发了"囚徒困境"，即每个商家都认为其他商家在发布虚假评论，从而纷纷效仿，导致整个市场的信任度下降[156]。评论操纵作为一种非合作行为可能只会产生短期优势[157]，但处于竞争中的商家可能无法意识到其长期的负面影响，不利于市场的良性循环和健康发展。虚假评论通过扭曲市场信号，降低了市场效率[158]。Lappas 等[159]研究了虚假评论对酒店行业在线可见性的影响，发现虚假评论会显著改变消费者对酒店的选择标准和偏好，使得一些本应受到市场青睐的酒店因为虚假评论而受到不公平的对待，形成了不健康的市场竞争环境。Zhang 等[160]的研究表明，当市场上充斥着虚假评论时，优质产品可能会因为不实的负面评论而被市场边缘化，失去应有的市场机会。相反，一些质量不高的产品可能因为虚假的正面评论而获得不应有的关注和销量。这种现象导致了资源的错配，使得市场上的资金和注意力没有流向最有价值的产品和服务，从而降低了整体市场的价值创造能力和创新动力。Akerlof[161]提出的"柠檬市场"理论指出，如果存在信息不对称，就相当于市场为不知情的消费者选择了次优的商品，当市场上存在大量劣质产品时，买家可能会对市场上所有产品持有怀疑态度，导致整体市场价值的下降。在极端情况下，如果市场缺乏信息共享和高质量可变性，市场可能会被彻底摧毁[162]。

虚假评论的泛滥不仅在经济层面上扭曲了市场信号，降低了市场效率，更在社会层面上引发了更深层次的问题。它损害了市场的公平性，对社会福利产生了负面影响，增加了市场交易的不确定性[45,163]。这种不确定性不仅影响了消费者的购买决策，也对整个经济系统的稳定性和预测性构成了威胁。Zhang 等[160]指出，当消费者频繁遭遇虚假评论时，他们可能会对在线信息产生普遍的怀疑态度，这种怀疑不仅局限于特定产品或服务，还可能扩展到整个在线购物体验。这种不信任感破坏了社会的信任基础，削弱了信息传播机制的有效性，使得真实、有价值的信息难以被有效传播和接受。同时由于虚假评论对消费者心理健康的负面影响逐渐显现，消费者在面对虚假评论时可能会感到困惑、焦虑，甚至产生购物恐惧，这些负面情绪的累积增加了社会的整体焦虑和不确定感，对社会的和谐与稳定构成了潜在威胁[164]。总之，虚假评论对社会提出了新的挑战，相关部门需要制定有效的政策来打击虚假评论，同时保护消费者权益和市场公平竞争。

尽管虚假评论的问题已经得到了广泛的关注和研究，但随着技术的发展和市场环境的变化，现有研究仍然面临着一些挑战和不足。首先，从研究设计的角度来看，尽管已有研究深入探讨了虚假评论对消费者即时购买决策的影响，但对于虚假评论如何影响消费者的长期行为模式和品牌忠诚度的研究相对较少。长期影响的探讨对于理解虚假评论的深远后果至关重要。未来研究需要更多地关注这些长期效应，以便更全面地评估虚假评论对消费者行为和市场动态的影响。其次，从研究方法的角度来看，现有的研究多采用定量分析方法，这种方法虽然能够揭示虚假评论的普遍性和部分影响机制，但可能受限于样本选择偏差和数据分析方法的局限性。定量研究往往侧重于数据的统计特性和相关性分析，而较少深入探讨虚假评论背后的原因、动机和具体情境。因此，未来研究应该采用更为多样化的研究方法，如案例研究、深度访谈等定性研究方法，以获取更为丰富和深入的数据资料。这些方法可以帮助研究者更深入地理解消费者的感知、态度和行为背后的复杂心理和社会因素。最后，随着技术的发展，虚假评论的形式和手段也在不断演变。因此，未来的研究也需要关注虚假评论的新趋势和新特点，以及它们对消费者行为和市场动态的潜在影响。通过不断更新和完善研究方法和技术手段，研究者可以更好地适应市场和技术的变化，为解决虚假评论问题提供更为有效的策略和方案。

1.2.3　虚假评论识别方法

鉴于虚假评论日益增长的危害和 AIGC 技术对虚假评论的潜在影响，大量学者采用多种技术手段对虚假评论的识别进行了广泛的研究。本章从技术发展的两个阶段入手，对基于机器学习和深度学习技术的虚假评论识别方法的相关研究进行回顾。

1. 机器学习阶段

虚假评论识别本质上是一个二元分类问题，因此，机器学习方法主导了早期的研究[165]。虚假评论检测的关键问题在于标记数据集，根据数据集的可用性，机器学习检测方法可以分为三种类型，即监督学习(基于标记数据)、半监督学习(基于标记和未标记数据)和无监督学习(基于未标记数据)。

(1) 基于监督学习的机器学习技术。

基于标记数据的检测方法是现有研究中应用最广泛的方法。传统的监督式机器学习技术包括支持向量机(support vector machine，SVM)、逻辑斯蒂回归(logistic regression)、朴素贝叶斯(naive Bayes，NB)、K-近邻(K-nearest neighbor，KNN)、决策树(decision tree)、随机森林(random forest，RF)等，通常基于评论文本特征、评论者和其他以评论者为中心的行为特征等特征工程来表征虚假评论[166]。例如，Ott 等[167]使用单元组(unigrams)、双元组(bigrams)、三元组(trigrams)、语言查询和字数统计(linguistic inquiry and word count，LIWC)、词性(part of speech，POS)等语言特征作为预测特征，构建了用于虚假在线评论检测的 NB 和 SVM 模型，并在从 Amazon Mechanical Turkers 收集的数据集上对其进行了测试。Shojaee 等[168]利用词汇特征，采用具有顺序最小优化(sequential minimal optimization，SMO)的 SVM 和 NB 方法对评论进行虚假和真实分类，所得 F1 得分结果分别为 81%和 70%。随后，他们通过合并词汇和句法特征增强了 SMO 模型的性能，达到了 84%的 F1 得分。Li 等[169]利用监督贝叶斯方法提出一种稀疏加性生成模型并提取三种类型的特征——单元组、LIWC 和 POS 识别虚假评论，其中 Unigram 特征识别欺骗性评论的准确率最高为 81%。Budhi 等[170]提出了一种多类型分类器集成模型，融合使用多个自定义的机器学习分类器(包括 Logistic 回归、线性核支持向量机、多层感知器、卷积神经网络)作为其基本分类器，结合基于文本的特征方法以检测虚假评论，实验结果表明，MtCE 在准确性和其他测量方面优于其他单一和集成方法。在相关工作中，Hernández-Castañeda 等[171]研究了在分类任务中使用 SVN(support vector networks)检测单域、混合域和跨域虚假评论的效率，结果表明，WSM(word-space model) 和 LDA(latent Dirichlet allocation)的组合在多类域中取得了最佳效果。Sedighi 等[172]则提出了一种检测虚假评论的决策树方法。他们使用传统的特征选择技术来选择合适的特征并对其进行评估。在选择合适的特征时，从数据的相关性方面考虑改进了所提出的模型。在 Khurshid 等[173]提出了一种基于内容特征和原始特征的监督机器学习模型来检测虚假评论。该模型使用五个分类器对评论进行分类，在真实数据集上的结果表明，使用综合特征的 AdaBoost 比其他分类器表现更好，准确率达到 73.4%。受此启发，Khurshid 等[174]扩展了之前的工作，提出了一种基于选定特征的集合学习模型来检测虚假评论。

(2) 基于半监督学习的机器学习技术。

半监督学习(semi-supervised learning)是一种机器学习方法，由于手动数据标记的成本很高，标记过程也是一个耗时且繁琐的过程，标记良好的评论数据集非常稀缺[175]。因此，半监督学习方法也被应用于虚假评论检测，与基于监督学习的机器学习技术相比，将未标记的数据与少量标记数据结合使用可大大提高准确性。半监督机器学习技术包括正无标记学习方法、基于阈值的检测方法、共同训练方法、基于混合阳性无标记学习的方法和特征共同训练方法[89]。

　　Manaskasemsak 等[176]提出了一种半监督图分区方法(behavioral graph partitioning approach，BeGP) 及其扩展(behavioral graph partitioning approach extension，BeGPX)，以区分虚假评论者和正常评论者。BeGP 的主要思想是首先构建一个行为图连接具有共同特征的评论者，并捕捉收集评论者的相似行为，通过迭代计算不断扩展已知虚假评论者的子图，从而识别可疑评论者。此外，为了提高虚假评论检测的性能，BeGPX 对评论中表达的语义内容和情感进行了额外的分析。特别是，使用深度神经网络来学习词嵌入表示和基于词典的情感指标，以便集成到图构建过程中。在 Yelp 的两个真实世界评论数据集上证明了 BeGP 和 BeGPX 的有效性。积极的无标签学习方法已被广泛应用于文本分类，并取得了良好的效果，Yafeng 等[177]提出了一种新颖的正面无标签学习法，称为混合群体和个体性质 PU 学习(positive and unlabeled learning)法，用于检测虚假评论。从无标签数据集中识别出一些可靠的负面例子，为 Dirichlet 和 KMeans 的整合提供了一些具有代表性的正面例子和负面例子。根据 Dirichlet 过程混合模型，所有虚假评论都被分为不同的组别。他们混合了个体性质和群体性质两种方案，来识别虚假评论的群体标签，最终的分类器是利用多核学习建立的。实验结果表明，所提出的模型在准确性方面优于之前的 PU 学习模型。Hai 等[178]的另一项研究引入了一种多任务方法来检测虚假评论。他们使用拉普拉斯逻辑回归(Laplacian regularized logistic regression，LLR)来利用无标签数据，并通过拉普拉斯正则化逻辑回归引入了一种半监督多任务方法。所提出的模型通过使用另一个类似任务的训练中所涵盖的知识，改进了单一任务的学习。他们从数据集中随机选取了 10000 条无标签评论，包含三个领域(医生、酒店和餐厅)。实验结果表明，在医生、酒店和餐厅这三个领域中，SMTL-LLR 的准确率优于最先进的方法，分别为 85.4%、88.7%和 87.5%。但是，所提出的模型忽略了可以提高分类模型的性能的评论者信息。

　　(3) 基于无监督学习的机器学习技术。

　　由于很难创建准确标记的数据集，监督学习并不总是合适的。无监督学习可以解决这个问题，因为无监督机器学习方法不需要标记训练数据，它根据训练数据集输入的特征学习自动模型。无监督机器学习技术包括无监督主题-情感联合概率模型、统一无监督评论偏差模型、无监督矩阵迭代算法、基于统计的无监督聚类算法和基于词典的无监督模型等[169]。

　　例如，Santosh 等[179]通过使用无监督方法和特征，依赖于多个持续时间之间的时间积分, 提供了一种文本挖掘模型。此外, 该模型还与用于发现虚假评论评论的语义语言模型集成。Liu 等[180]提出了一个基于评论偏差的无监督框架来检测虚假评论, 该方法的设想是虚假评论者因为没有购买商品将显示许多方面的异常和与预期值的偏差, 其在亚马逊不同数据集的准确率为 71.18%~78.62%。You 等[181]提出了一种基于密度的异常值检测方法, 生成情绪词典来计算评论的方面评级, 并提出一个方面评级局部异常因子模型(aspect-rating local outlier factor model , AR-LOF)来识别虚假评论。TripAdvisor 上的实验证明了所提出模型的高效率和智能性。

Lau 等[182]提出了一种无监督模型, 并引入了语义语言模型(semantic language model, SLM)来检测虚假评论, 提出的模型遵循 Jindal 和 Liu[52]提出的假设, 即两条重复评论被标记为虚假评论, 使用余弦相似度方法来识别虚假评论, 然后进行人工确认。相反, 与其他评论的余弦相似度没有超过一定阈值的评论则被视为真实评论, 不进行人工审核。来自亚马逊网站的数据集包含 54618 条评论, 其中 6%被标记为虚假评论。使用 SLM 方法给每条评论打分。实验结果表明, 所提模型的 AUC(area under curve)得分为 0.9987, 优于 SVM。此外, SLM 在检测虚假评论方面也很有效。

2. 深度学习阶段

深度学习方法是使用词嵌入表示和融合深度学习模型, 以监督或无监督形式自动学习表示虚假评论的一种识别方法。深度神经网络克服了基于文本的语言统计特征在实现全面表征方面的局限性, 可以从高维数据中提取更具复杂性和抽象性的特征。相对于机器学习检测方法更能提高检测效果, 此类方法是当前虚假评论识别与检测的最新研究趋势。

(1) 基于卷积神经网络的虚假评论识别。

卷积神经网络(convolutional neural network, CNN)是一种深度学习算法, 主要用于处理具有网格状结构的数据, 如图像和视频。它是受生物的视知觉机制启发而构建的, 能够进行监督学习和非监督学习。卷积神经网络是计算机视觉领域中使用的一种特殊类型的神经网络。卷积神经网络在捕获对自然语言处理任务分类至关重要的局部特征方面发挥着重要作用。卷积神经网络由于其较强的局部特征提取能力, 可用于提取相邻评论之间的相似特征。卷积神经网络被引入到矩阵分解模型中, 通过从评论中提取所需的特征量, 对评论进行评分预测, 并利用概率矩阵分解实现特征提取, 从而在虚假评论识别方面取得了重要突破。

Zhao 等[183]提出使用传统 CNN 完成虚假评论识别, 在原有架构的基础上将文本特征进行向量嵌入, 并将特征输入至 CNN 的卷积层和池化层, 并保留词序特征, 从而完成短文本分类和虚假评论检测。使用递归卷积神经网络识别同样可行, 该方法提出一种结合单词上下文语义特征的模型架构 DRI-RCNN(deceptive review identification by recurrent convolutional neural network)，其主要思想在于通常虚假评论和真实评论分别是由没有实际经验和有实际经验的作者撰写的，因此评论作者对所描述的目标应具有不同的上下文知识。为了区分在线评论中体现的欺骗性和真实性语境知识，研究者将评论中的每个单词用六个分量表示为一个递归卷积向量，分别表示来自虚假和真实评论的训练数字单词向量和经过递归卷积神经网络得出的上下文向量，此外，研究者还采用了最大池化和 ReLU 滤波器，通过提取评论中单词的递归卷积向量特征元素，将单词的递归卷积向量转换为评论向量。实验证明，该方法的虚假评论检测能力取得了最优结果。

　　为了提高分类模型的性能，在卷积神经网络的基础上引入其他方法也是可行的[184]。Wang 等[185]在 CNN 的基础上引入了注意力神经网络方法，以指出评论是行为误导还是语言误导，或者两者兼而有之。所提出的模型通过观察行为和语言模式的训练，使用动态权重作为衡量标准，使用注意力方法来学习语言和行为特征的动态权重。在 Yelp 数据集上的实验结果表明，所提出的模型在酒店领域的准确率为 88.8%，在餐厅领域的准确率为 91%，优于现有方法。此外，注意力机制在提高分类模型性能方面发挥了重要作用，所提出的模型更侧重于语言特征而非行为特征，而这些特征不足以识别虚假评论。Jain 等[186]提出了分层 CNN-GRU(convolutional neural network-gated recurrent unit)深度学习方法，并提出了多即时学习(multi-instance learning，MIL)方法来处理虚假评论检测中评论长度不一的问题。他们利用三层 CNN 提取局部 n-gram 特征。而 GRU(gated recurrent unit)则用于学习从 CNN 提取的特征之间的语义依赖关系。在多个实例中，输入文本被分为多个实例，如果单词长度小于 15 个，则丢弃最后一个实例。在多个基准数据集上对所提出的模型进行了评估，包括四城市数据集、Yelp Zip 数据集、欺骗性垃圾邮件语料库、药物评论数据集和大型电影评论数据集。实验结果表明，MIL 和 CNN-GRN 在所有数据集上的表现都优于经典 CNN 和 RNN(recurrent neural network)。不过，所提出的模型只在短文本中效果良好。Zhang 等[187]通过利用具有单词上下文的递归卷积神经网络，提出了针对虚假评论的 DRI-RCNN 识别模型，并在 AMT 和欺骗数据集上对此模型进行了评估。结果表明，与其他现存的方法相比，在 AMT 数据集上所提出的模型取得了最佳结果，准确率达到 82.9%。此外该模型在欺骗性数据集上表现同样出色，准确率达到 80.8%。Hajek 等[188]基于亚马逊电子产品评论数据集，构建了两个深度神经网络——CNN 和深度前馈神经网络(deep feed-forward neural network，DFFNN)以检测虚假评论，它们集成了传统的词袋以及文本内容的语义含义和情感，包括 n-gram、单词嵌入和各种基于词典的情感指标，其结果表明，在准确度方面，CNN 和 DFFNN 在四个虚假评论数据集上的表现都优于此前最先进的方法。

(2) 基于循环神经网络的虚假评论识别。

循环神经网络(RNN)是一种处理序列数据的神经网络。与传统的前馈神经网络不同，RNN 具有内部状态，能够处理输入数据的序列依赖性。循环神经网络由于其强大的序列数据处理能力，常被应用于捕获远距离特征。理论上，循环神经网络可以保存长序列的信息。但实际上，由于梯度爆炸或梯度消失问题，循环神经网络只能运行几步。因此，研究人员开发了新的模型来克服循环神经网络的局限性，如长短时记忆(long short-term memory，LSTM)、门控递归单元(GRU)、双向长短期记忆、堆叠长短期记忆和带有注意力方法的长短期记忆等。

Cao 等[189]探索了一种将粗粒度特征(主题、句子和文档)和细粒度特征(单词)相结合的虚假评论检测框架，通过深度学习模型 TextCNN、LSTM 和 BiLSTM(bidirectional long short-term memory)来学习细粒度特征，从而推导出了三个模型。在混合域数据集和平衡或不平衡域内数据集上的实验结果表明，组合模型均优于相应的基线模型。Zeng 等[190]发现通常首句和末句比中间上下文表达更强烈的情感，因此他们将评论分成首句、中间上下文和末句三部分，然后，使用四个独立的双向长短期记忆模型，将评论的开头、中间、结尾和整篇评论编码成四个文档表征，并通过自我注意机制层和注意机制层将四个表征整合为一个文档表征。基于上述方法，在三个领域数据集的领域内和混合领域实验结果表明，该方法的性能相较于过去的检测方法准确率有所提升。Baishya 等[191]使用了三个深度学习模型：Convolutional 2D、BiLSTM、Multichannel CNN1D + LSTM，来分析使用亚马逊电子商务评论的大型数据集测量的情绪。结果表明，这三种模型与传统模型和聚类方法相比具有更高的准确性。

为了克服循环神经网络的局限性，Liu 等[192]引入了双向长短期记忆模型来学习评论的文档级表示，从而检测虚假评论。该模型基于 AMT 数据集进行了评估。实验结果表明，所提出的模型优于段落平均法、SWNN(sentence-weighted neural network)、SWNN-POS-I、BiLSTM 和基本 CNN-POS-I。在混合域中，所提模型的准确率为 83.9%，优于现有方法。最后，在单一领域的结果优于最新方法，在酒店相关数据集中的准确率为 83.9%，在餐厅相关数据集中的准确率为 85.8%，在医生相关数据集中的准确率为 83.8%。然而，所提出的模型需要较高的计算资源。Dhamani 等[193]引入了神经网络和迁移学习来处理社交媒体虚假信息。他们提出了一种结合长短期记忆和字符级卷积神经网络的集合方法。所提出的方法显示了将知识从一个领域的标签数据转移到另一个领域的能力。Wang 等[194]利用长短期记忆循环神经网络检测垃圾邮件发送者。通过一个由三层组成的多层感知器：输入层(作为神经元接收数据)、LSTM 层(用于降低维度的隐藏层)和一个神经元的输出层检测垃圾邮件发送者。神经元的值决定了评论者是普通还是垃圾邮件发送者。所提出的模型发现，长短期记忆比 SVM 更有效地检测出欺骗性评论，准确率高达 89.4%。此外，由于长时记忆，LSTM 被认为优于 RNN。然而，所提出的模型并未与其他神经网络方法进行比较。此外，所提出的模型只关注文本，而忽略了可提高性能的行为和元数据特征。

(3) 基于图神经网络的虚假评论识别。

图神经网络(graph neural network，GNN)是一种专门处理图结构数据的深度学习模型。在许多现实世界的应用中，数据都是以图的形式存在的，例如社交网络、知识图谱、分子结构等。图神经网络能够有效地从这些结构化数据中提取特征并进行预测任务。基于图结构的方法吸引了许多研究人员，基于图的虚假评论评论检测模型是研究者使用的另一种技术，它使用迭代计算来分类虚假评论，并已成为寻找评论、评论者、商家和产品之间内在关系联系的重要方向[195]。

Wang 等[196]提出了异构评论图的新概念和一种简单但有效的算法来计算每个节点的分数，以量化评论者的可信度、评论的诚实性和商店的可靠性。Zhang 等[197]提出了一种基于竞争图神经网络(competitive graph neural network，CGNN)的虚假评论检测系统 eFraudCom，用于检测电商平台的虚假评论。Liu 等[198]设计了一个 GNN 框架 GraphConsis，通过将上下文嵌入与节点特征相结合，过滤不一致的邻近点并生成相应的采样概率，学习与采样节点相关的关系注意权重来解决虚假评论检测中的不一致问题。Bidgolya 和 Rahmaniana[199]开发了一个基于图的无监督模型来检测虚假评论。对于多个虚假评论场景，绘制包括评论、评论者和产品的图节点，以计算对评论者的信任得分、对评论的诚实得分和对产品的可靠性得分。然而，基于图结构的虚假评论检测模型效率取决于领域知识，如果不考虑所有的虚假评论场景，其性能会下降[200]。

(4) 基于其他神经网络的虚假评论识别。

除上述卷积神经网络、循环神经网络与图神经网络之外，还有许多研究人员通过其他神经网络模型来解决虚假评论检测问题。

Aghakhani 等[201]提出了一种半监督虚假生成对抗网络(FakeGAN)模型，以解决虚假评论检测数据集稀缺的问题。生成具有相同分布的样本的模型由一个生成模型和一个判别模型组成。为了解决生成器的收敛问题并创建一个更强大的生成器，提出了两个判别器。第一个判别器可区分虚假评论和真实评论，第二个判别器区分虚假评论分布样本和 LSTM 生成模型生成的评论样本。利用最大似然估计来训练虚假评论生成器。AMT 数据集上的结果表明，所提出的模型达到了89.2%的准确率。然而，所提出的模型并没有超越当时最先进的方法。此外，该结果还表明，由于生成对抗网络的稳定性，使用生成对抗网络进行文本分类的效果并不理想，因此超调整对于所提出的模型来说是一项具有挑战性的任务。You 等[202]利用深度学习技术，结合不同领域的固有属性，解决了虚假评论检测中的冷启动问题。他们提出了一个模型，对商品、评论者和评论以及它们的属性(如日期、价格范围和位置)进行编码。此外，还提出了一个三层领域分类器：第一层将各种属性整合到模型中，第二层捕捉三种关系，如(实体-实体)、(实体-属性)和(属性-属性)，第三层实施领域分类器以捕捉领域相关性。基于 Yelp Chi 数据集对所提出的模型进行了评估，提出的模型取得了比 SVM 更好的结果，在酒店领域的准确率为 80%，在餐厅领域的准确率为 75.6%。生成对抗网络有助于处理冷启动问题。然而，所提出的模型并未与其他嵌入方法进行比较。Liu 等[203]提出基于注意的多层次交互注意神经网络(multilevel interactive attention neural network with aspect plan，MIANA)模型，由句子级交互注意神经网络模块(sentence-level interactive attention neural network module，SIAN)和词级融合模块(word-level fusion module，WFM)组成，使用细粒度方面提供的信息和在评论、使用和产品之间推断的隐式模式来构建虚假评论分类器。张李义等[204]提出了一种结合深度置信网络(deep belief network，DBN)和模糊集的虚假交易识别方法，从"淘宝"评论数据集中进行特征提取，获得了高达 89%的识别准确率。

(5) 基于预训练模型的虚假评论识别。

预训练模型，如 BERT(bidirectional encoder representations from transformers)、GPT(generative pre-trained transformer)、RoBERTa(robustly optimized BERT pretraining approach)等，都是在大量文本数据上进行预训练，以学习通用的语言表示。采用预训练模型识别虚假信息也是如今研究虚假信息检测的一种方法。

刘美玲等[205]对用户在评论文本中表现出的行为模式及文本特性进行了深入分析。他们运用了类间可分性的概念来计算自动学习的代价敏感矩阵，有效解决了模型处理不平衡数据集时的难题。此外，该团队还借助 BERT 算法对评论文本进行编码，从而优化了模型性能。王江涛[206]则从 Data Fountain 平台搜集了 10 万条新冠疫情初期微博评论的标注数据，并对情感词汇的重要性进行了增强处理。他通过在 BERT 模型中引入注意力机制的掩码学习操作，创新性地提出了 BERT-Masked Att-BLSTM 模型，显著提升了文本情感分类的准确度。Li 等[207]通过实验指出，BERT 在词嵌入过程中未能充分挖掘语义信息，他们采用将 BERT 生成的向量映射到标准高斯分布的方法，有效解决了单词各向异性的问题。Su 等[208]随后发现，采用简单的线性转换在语义相似度任务中也能达到与 BERT-flow 相似的效果，并且通过降维技术，实现了在更小内存空间中更快的数据检索。基于预训练模型的虚假评论检测是一个不断发展的领域，随着模型和算法的进步，这种方法在识别和防御虚假评论方面展现出越来越高的效率和准确性。

Raj 等[209]使用 Glove 嵌入进行文本表示，并通过预训练模型(如 BERT、RoBERTa)提供更强大的文本表示能力捕捉更深层次的语义信息。此外将预训练的图像模型(如 VGG、ResNet)作为 Image-CNN 模块的起点，进一步提升图像特征提取能力。在 TI-CNN 数据集上，TextCNN 和 VGG16 的组合模型的准确率达到了 98.93%，TextCNN 和 VGG19 的组合模型的准确率达到了 98.40%。Lu 等[210]提出了一个名为 BSTC(BERT-SKEP-TextCNN)的模型用于检测虚假评论。BSTC使用了 BERT 模型、SKEP 模型和 TextCNN 模型，结合了预训练语言模型和卷积神经网络的优势。BERT 模型用于提取评论的通用语义信息，生成动态词向量，有效捕捉词语在不同语境下的多义性，从而更好地理解评论的语义。SKEP(sentiment knowledge enhanced pre-training)模型通过分析评论中的情感和观点表达，采用无监督学习自主挖掘情感知，从而更全面和准确地捕捉评论中的情感信息。BSTC 模型在医生、酒店和餐厅这三个领域数据集中准确率分别达到了92.86%、93.44%与91.25%。

1.2.4　虚假评论监管体系

近年来，许多学者从多个角度对虚假评论信息的治理进行了深入研究，包括治理目标、治理对象和治理途径。他们普遍认为，治理虚假评论信息需要多方面的配合：高效的虚假评论信息识别模型是核心动力，完善的法律制度提供坚实保障，健全的信用体系作为重要支撑，而评论用户的正向反馈则是治理成效的重要体现。这些研究为我们理解和应对虚假评论提供了丰富的理论基础和实践指导[211]。因此，接下来将从监管对象即虚假评论的类型和特征、实施监管的主体、监管方式和途径三方面进行探讨和梳理，以了解当前虚假评论监管体系的现状。

(1) 虚假评论的类型及其特征。

虚假评论作为一种网络欺诈行为，广泛存在于各种在线平台，扰乱了正常的市场秩序。根据文献，虚假评论可以大致分为机器生成的虚假评论和人工虚假评论两大类，每种类型都有其独有的特征和生成方法。机器生成的虚假评论主要依赖于先进的自然语言处理技术，尤其是生成对抗网络(GAN)。蔡丽坤等[212]提出了一种融合局部语义特征和全局语义特征的判别方法，通过提取文本的关键性信息和上下文依赖关系，提升了虚假评论文本的流畅性和语义一致性。类似地，吴正清等[213]提出了一种基于 GAN 的中文虚假评论数据集生成方法，通过增加分类器和重构器，实现了生成大量通顺且健壮的虚假评论数据。这些研究表明，GAN 在生成高质量虚假评论方面具有显著优势，特别是在数据有限的情况下，其性能优于传统的监督和半监督技术。

除了 GAN，其他自然语言处理技术也被广泛应用于虚假评论的生成和检测。Stanton 等[214]提出了 spamGAN，一种利用有限标记数据检测垃圾评论的方法。spamGAN 不仅能够检测垃圾评论，还能生成类似于训练集的评论。在实验中，spamGAN 在标记数据有限时的表现优于最先进的监督和半监督技术。Pascual 等[215]提出了一种用于受控语言生成的即插即用解码方法，该方法通过在概率分布上添加一个偏移词汇来控制生成文本的语义相似性，从而实现了在保证生成文本流畅性的同时，强制引导词的出现。

人工虚假评论通常由人类直接撰写，目的性强，内容精细[216]。褚霞[217]的研究进一步指出，人工虚假评论主要分为三类：一是商家为了攫取商业利益而雇佣人员发布有利评论；二是恶评人员通过发布负面评论向商家勒索钱财；三是通过删除差评获取利益的职业删评人员。这些人工虚假评论往往通过高报酬吸引参与者，使得评论内容更具迷惑性和欺骗性。

陈燕方等[90]的研究指出，在线商家的虚假炒作一直是电子商务在线交易平台的顽疾。虚假炒作方式分为正面炒作和负面炒作，前者通过雇佣人员发布好评，后者通过发布恶评或删除差评获取利益。在治理虚假评论时，传统的检测方法往往将检测定义为虚假评论信息直接过滤删除，但新的研究则提出了基于评论可信度进行排序的检测模型。该模型按照一定的阈值将可信度较高的评论展现给用户，而可信度较低的评论则存储起来，以便在更多评论进入时重新计算可信度。这种方法可以降低检测误差导致的判断失真。

虚假评论者的身份也呈现多样性，主要分为正常评论者、一般虚假评论者以及职业虚假评论者。正常评论者通常是被商家或平台误导而发布虚假评论的一般用户，而一般虚假评论者则是偶尔参与虚假评论活动的人群，职业虚假评论者则是专门从事虚假评论活动的专业人员。在线商家通过虚假评论获取利益的方式多种多样，包括直接雇佣人员发布评论、通过第三方中介发布评论以及利用技术手段自动生成评论等。

总体来看，虚假评论无论是机器生成还是人工撰写，都具有一些共同特征。首先，虚假评论通常带有较强的主观性和目的性，旨在误导消费者或平台。其次，虚假评论的内容往往经过精心设计，具有一定的语言流畅度和语义连贯性，以增加其可信度。此外，虚假评论的发布频率和数量也常常不合常理，容易形成集中的评价趋势。通过对虚假评论类型和特征的研究，学者们为后续的识别和治理体系构建提供了重要的理论基础和技术支持。

(2) 虚假评论的监管主体。

政府机构在虚假评论的监管中扮演着重要角色。为了规范互联网跟帖评论服务，维护国家安全和公共利益，保护公民、法人和其他组织的合法权益，中国国家互联网信息办公室发布了《互联网跟帖评论服务管理规定》[23]。该规定要求跟帖评论服务提供者严格落实管理责任，包括实名认证、信息保护、审核管理、违法信息处置等方面的义务。这有助于净化网络空间，维护用户的合法权益。通过法律法规的制定与执行，政府机构可以有效打击虚假评论，提升网络环境的整体质量。

此外，陈瑞义等[29]提出了构建虚假评论多元共治的治理机制。虚假评论多数是商家和消费者之间的博弈，平台主动履行主体责任，能够使各个主体更快地演化至各自最理想的稳定状态，使得三方都能以最低的成本实现最理想的结果。虚假评论治理应从多个方面考虑，多方共治，打造更加绿色的网购环境。在线商品虚假评论形成路径的基本要素包括在线销售商家、虚假评论中介、消费者以及在线商品交易平台四个部分。减弱虚假评论形成路径的促进因素主要在于交易主体具有不可见性以及评论内容的主观性。此外，现有信用评价体制在评价的权威性、细化度等方面的缺失也培育了虚假评论信息滋生的温床。

在国际层面，Shukla 等[218]指出，政府组织(例如联邦贸易委员会)的监管是推动电子商务巨头和在线评论平台采用身份管理和验证服务以及虚假评论检测技术等解决方案的关键因素。联邦贸易委员会有权监管市场上的欺骗行为，包括使用虚假评论。在过去的几年里，联邦贸易委员会对虚假消费者评论采取了强硬立场，对在亚马逊上购买虚假评论的公司提起诉讼。这些法律诉讼指控此类做法具有欺骗性并违反了消费者保护法。通过追究参与在线评论相关的欺骗或欺诈行为的个人和公司的责任，这些诉讼可以为消费者和企业提供重要的保护，并增强评论过程的完整性。

与此同时，Hunt[219]指出，英国广告标准局对虚假评论的监管也在不断加强。澳大利亚的法律强制评论网站使用最佳实践检测软件和实践，这将有助于虚假评论检测。虽然澳大利亚的法律尚未将其范围扩大到所有领域，但任何不足之处都可能使商业评论平台基于对网站的控制而在未来承担潜在的责任。政府的介入不仅能够直接打击虚假评论行为，还能够通过政策和法律的制定，为平台和用户提供明确的行为规范。

在具体的执行过程中，平台的作用至关重要。张芳等[220]的研究表明，平台需要在技术上不断创新，提升虚假评论识别的准确性，并在管理上健全审核和惩戒机制。陈燕方等[211]强调，针对这一问题，平台和政府需要联合起来，通过技术手段和法律法规，共同打击虚假评论行为，维护公平公正的市场环境。

综上所述，虚假评论的监管主体主要有政府、平台、商家和消费者。通过多方协同治理，可以有效减少虚假评论的发生。

(3) 虚假评论的监管方式和路径。

在对监管对象和实施监管主体进行分析后，也有多位学者对虚假评论的监管方式和路径进行了深入研究，为治理虚假评论提供了多种策略。

陈瑞义等[29]在研究中提出，虚假评论的存在主要是因为商家和平台未能恰当承担社会责任，导致了虚假评论的滋生。如果商家和平台中任一方能积极承担起责任，就能有效遏制虚假评论的产生。他们指出，消费者的客观评论和平台的有效监管是商家诚信经营的关键。这表明消费者的客观评论对促进商家诚信经营具有显著影响。

与此同时，陈燕方等[211]从虚假评论形成的路径入手，指出虚假评论主要由商家、中介、消费者和平台四大元素构成。他们认为，虚假评论的形成与交易主体的隐蔽性及评论内容的主观性密切相关。为此，他们建议通过激励消费者提供真实评论并优化虚假评论识别模型的准确率来改善这一问题。

张芳等[220]则关注电商预售期间的虚假评论问题。发现提高消费者的真实评论概率有助于促进供应商的诚信经营。他们建议，电商平台应增强对不诚信经营的处罚力度，以维护电商环境的健康发展。具体而言，专家学者们提出的监管方式和路径主要分为以下四个部分。

第一，法律法规。邓胜利等[221]提出，利用法律手段对参与虚假评论的商家及中介进行严厉惩罚，同时建立独立的第三方信用评价机制来对平台进行监管。政府机构应不断完善相关法律法规，为运营商的评论监管提供坚实的法律基础，以保障用户的合法权益。

马梓雨等[222]在研究网络社交平台评论治理时指出，近年来，中国出台了多部互联网管理法律法规，如《计算机信息网络国际联网管理暂行规定》、《互联网信息服务管理办法》、《关于互联网安全的决定》和《互联网电子公告服务管理规定》等。这些法规为网络评论的治理提供了法律依据。然而，随着互联网的快速发展和新问题的不断出现，相关部门需要及时修订和完善现有法律法规，以适应新的形势，为运营商的评论监管提供强有力的法律支持，并保护用户的权益。

陈瑞义等[29]进一步强调，通过提高对虚假评论参与者的惩罚力度，可以有效抑制其不法行为。在虚假评论生态系统中，消费者和商家作为直接参与者，其行为受利益驱动。制定严厉的奖励和惩罚政策，将对其行为产生显著影响，因此，加大惩罚力度是构建健康网络生态的重要举措。

Shukla 等[218]指出，尽管 Yelp 和亚马逊等平台采取了多种措施打击虚假评论，但这些努力在某些情况下效果不佳，甚至可能加剧问题。随着人工智能技术，特别是生成式人工智能的发展，生成类似人类的虚假评论变得更加容易，这为虚假评论监管带来了新的挑战。Sahut 等[223]的研究强调了更严格的法规和国际合作的重要性，他们呼吁在全球范围内，特别是在旅游业等跨国行业，制定和执行更严格的法律法规，以打击虚假评论。

第二，技术手段。在虚假评论的治理中，技术手段的应用扮演着重要角色。马梓雨等[222]指出，网络社交平台除了增加功能外，还应进一步加强对评论内容的管制，特别是针对"不良"评论和无关评论。通过开发后台程序，对评论内容和关键词进行抓取和分析，可以显著提高对"不良"评论和无关评论的识别能力。同时，建立健全用户信誉机制，对发布"不良"评论的用户进行相应的惩罚，如封号、禁言和标识等，从而增强监管的有效性。

邓儿枫等[224]强调，网络媒体平台应完善评论审查机制，引入人工智能技术，扩大自动化技术在评论区的应用范围。利用先进的计算机算法，对评论进行筛选与排序，进一步增强其多语种评论的审核能力。在像新浪微博这样的大流量平台上，可以通过扩展算法中敏感词的范围，先识别出可能涉及违规言论的评论，然后由运营审核团队进行人工审核，以确保评论内容的准确性和合法性。邓胜利等[221]建议，通过采用半结构化文本，可以提高虚假评论信息的制作成本，从而增加虚假评论的难度。他们还提到，引入更完善的学习模型可以优化文本识别技术，深入洞察用户评论行为，以提高虚假评论的识别率。这不仅能有效识别虚假评论，还能根据识别情况对发布者采取相应措施。陈燕方等[211]指出，实现对虚假评论的有效治理需要依赖高效的检测模型，这些模型应采用适当的测度指标，具有普适性，并对现有的二分类识别方法进行改进，以实现基于评论可信度排序的识别方法，而不仅仅是简单地判断评论的真伪。

Shukla 等[218]介绍了一种使用数字身份验证的新方法，该方法通过代表个人的各种形式的数字信息来验证用户身份。他们讨论了数字身份验证作为解决虚假评论问题的潜在方案的优点和挑战。在线市场可以实施由第三方组织提供的身份管理服务，允许用户安全、私密地验证自己的身份。另一个潜在的解决方案是使用区块链技术来实现可验证和透明的评论系统，通过区块链技术，在线评论平台可以创建去中心化且不可篡改的评论记录，使用户能够验证评论的真实性和完整性。

Hunt[219]指出，未来可能会广泛部署软件解决方案来应对虚假评论问题。例如，Yelp 已开发出复杂的技术来过滤虚假评论，并通过消费者警报向用户发出警告。Yelp 的自动评论过滤器利用不断发展的算法，旨在保护用户免受偏见、虚假和恶意评论的侵害。Yelp 的工程师不断改进算法，以应对试图绕过自动过滤器的行为。总之，利用先进的技术手段可以显著提高虚假评论的识别和管理效率，从而有效遏制虚假评论的传播，保障网络环境的健康。

第三，社会监督。虚假评论监管过程中，用户的参与必不可少，邓胜利等[221]提出，应该提高用户对网络虚假评论的辨识能力，并引导用户积极对评论进行反馈和表态。这不仅能提升用户的参与度，还能有效过滤虚假信息，增强监管的有效性。马梓雨等[222]指出，网络社交平台应赋予用户更多的评论管理权限，提升评论举报的处理速度，并提供便捷的用户后台管理工具。通过大数据技术，对评论内容进行情感分析和自动分类，生成评论分析报告，从而提高用户在评论管理中的效率和参与度。

邓儿枫等[224]认为，面对海量的网络评论，实现真正的精细化运营是极为困难的，因此发动用户的力量成为平台治理的重要手段。网络媒体平台可以引入评论表态机制，让用户对评论进行评价。用户可以对积极的评论表达支持，对存在冒犯性、误导性或争议的评论表达反对态度。平台可以对被广泛认可的评论进行奖励，而对引起不适的评论进行惩罚。例如，Facebook 在部分地区引入了评论表态机制，鼓励用户通过选择"赞"或"踩"来表明态度，吸引更多用户参与评论管理。网络媒体平台在保障用户言论自由的同时，也要引导用户对自己的言论负责。张芳等[220]提出，可以采取第三方评价管理机制，以避免"刷单"行为带来的虚假好评或"职业差评师"的恶意竞争。消费者不直接进行在线评论，而是将反馈提交给第三方机构，由机构进行集中评价，从而提高评论的公正性和可信度。

Sahut 等[223]强调了行业标准和道德规范的重要性，建议制定自愿性行业标准以审查真实性，包括企业如何处理评论以及评论平台如何检测和披露虚假评论的指南。此外，还应制定和推广审稿人道德准则，强调虚假评论对信任和市场动态的长期损害。总体来说，社会监督通过提高用户的参与度和辨识能力，以及引入第三方管理机制和行业标准，可以有效地减少虚假评论的影响，促进网络环境的健康发展。

第四，平台自律。除社会监督外，更重要的是平台自身进行审查。邓儿枫等[224]认为，网络媒体平台应完善评论审查机制，实现精细化运营。网络评论是拉近平台与用户距离的重要媒介，用户通过评论参与到公共讨论中。因此，平台需要将评论区打造成一个平等讨论和多元互动的空间。正如《纽约时报》编辑 Etim 所言，"平台应该像对待内容一样对待评论。"为此，网络媒体应扩大运营审核团队，提高审核人员的内容管理水平，引进具有丰富经验的传媒专业人员，确保面对大量不同观点时，审核团队能保持公正和客观。朱莹[225]提出针对产品质量属性、部分顾客理性和多期动态决策的虚假评论监管策略，当虚假评论的负面影响较小时，可以设置中等强度的惩罚，引导电商选择阶段性操控在线评论，因为此时评论夸大产品质量的程度较低，在线评论反映的产品质量接近真实质量。这种操控行为促使消费者进行更多评论，扩大评论池，抵消负面效应，从而最大化消费者剩余和社会福利。当虚假评论的负面影响较大时，监管者应采取更严厉的策略，禁止电商操控评论行为，以防损害消费者利益和减少社会福利。

陈瑞义等[29]指出，平台应确立虚假评论治理的主体责任。在虚假评论的形成过程中，平台基于自身利益考虑，存在"偷懒和纵容行为"的动机。特别是在消费者或商家一方积极抵制虚假评论时，平台可能退化为不积极监管。因此，建立和健全平台主体责任机制是防止其责任滑坡的关键。张芳等[220]建议，电商平台应制定合理的奖惩机制，对供应商的不诚信行为加大罚金，对诚信经营的供应商给予适度奖励。此外，平台可以改进信用评价体系，引入黑名单制度，以规范供应商行为，减少虚假评论的发生。

Chen 等[226]提出，政府可以根据直播平台的行为给予相应的惩罚或奖励。例如，对规范运营、保护消费者利益的平台给予奖励；对存在不规范行为的平台进行惩罚。直播平台应规范主播行为，保护消费者利益，建立信用评价体系和黑名单制度，对用户评价和投诉较多的主播减少浮动奖励，通过减少支持和宣传限制其不良行为。他们还指出，在推广或交易阶段，改变利他偏好比强化互惠偏好更有利于直播治理。弱化平台的利他偏好可以加速各主体的行为策略向有利于治理的方向发展。例如，强化政府的利他偏好或弱化平台的利他偏好，有利于政府和平台策略的演进和稳定。具体措施包括：政府完善平台的进入激励措施、提高进入平台的成本标准、及时报告平台内的不良行为。

Liu 等[227]的研究表明，在 B2B 平台中，惩罚和激励对平台绩效的影响显著。对卖家的严厉和快速的惩罚措施以及对卖家的激励，可以显著抑制卖家的机会主义行为，提高买家对平台的信任度和平台绩效。虽然对买家的激励对其信任度影响不显著，但买家对平台的信任能够调节惩罚与平台绩效之间的关系。因此，电商平台在制定奖惩机制时，应注重惩罚的严厉程度和速度，以提高平台整体绩效。总之，平台自律不仅需要完善的审查机制和合理的奖惩制度，还需要政府的政策支持和监管，以构建公平、公正的网络环境。

1.2.5　研究现状小结

综上所述，在探讨虚假评论这一复杂且日益重要的研究领域时，国内外学者们都给予了高度关注。从虚假评论的产生机制及其影响，到识别方法与监管体系的构建，研究逐层深入，旨在实现对虚假评论的全链条管理与治理。然而，面对不断变化的现实环境和快速发展的技术，现有研究仍显滞后，存在诸多不足与空白，限制了对虚假评论的全面深入理解和有效治理策略的制定与实施。

一是虚假评论的产生原因与动机。当前的研究对虚假评论的定义特征、产生动机、泛滥原因等进行了较为深入的解读。具体地说，虚假评论作为在线评论的一种异常形式，最早由 Jindal 等提出，特指针对产品或服务有意发表的、虚假的、具有欺骗性质的评论，旨在通过提升或损害特定商品或服务的声誉与信誉，进而影响消费者的观点或购买行为。评论因其海量性、多样性、泛在性、主观性、价值稀疏性等特征，成为交易的重要环节，这触发了评论客体(卖方)产生虚假评论，对内可以提升目标对象的名誉、进行推销，对外可以打击目标对象、进行抹黑。而对于交易的另一方评论主体(买方)而言，可能在经济回报、外部骚扰等外界因素的推动下产生虚假评论，也可能是在惩罚商家、营销水军、从众心理、无意义敷衍、机会主义心理等内在因素的影响下产生虚假评论。在现代信息技术发展的背景下，互联网的发展改变了舆论的生成及传播方式，评论发布平台低质且庞杂，而配套的法律尚未出台，监管体系不完备，无一不推动了虚假评论的泛滥。整体而言，对虚假评论的产生原因及动机的一系列探讨有助于后续的模型开发在识别虚假评论时更具针对性，提升识别的准确性和有效性，同时在治理层面有助于管理者从源头入手，在治理虚假评论方面实现精准施策。然而，当前研究对于 AIGC 视域下虚假评论的新特征及产生机理的探讨尚未深入展开，本书将在借鉴以往对于虚假评论产生动机的研究基础之上，结合 AIGC 视域下虚假评论的新特点进行进一步的探讨。

二是虚假评论的影响及危害。当前研究从消费者、商家等主体出发探讨了虚假评论的巨大危害。对于消费者而言，虚假评论增加了购买决策的复杂程度。一方面，虚假评论可能误导消费者，通过心理暗示促使消费者购买劣质产品，损害购物体验和满意度。另一方面，虚假评论也提升了消费者的感知风险，增加购买过程中的不确定性，降低购买意愿。信任度的降低进一步影响消费者决策，可能引发不安和焦虑。对于商家及平台而言，虚假评论直接影响其声誉、可信度等利益。积极评论能提升产品吸引力，促进销量增长；而负面评论则可能导致客户流失，损害商家声誉。因此，商家为追求短期利益，可能采取发布虚假好评的策略，但这种行为存在风险，一旦消费者发现实际体验与评论不符，将引发信任危机，影响长期销售。此外，学者们还探讨了虚假评论与真实盈利之间的复杂关系，揭示了适度虚假评论可能短期提升绩效，但超过临界值后将适得其反的现象。对于市场及社会而言，虚假评论作为市场操纵手段，商家通过雇佣虚假评论者操纵产品评价，破坏市场竞争公平性，加剧市场紧张。这种行为导致商家间陷入"囚徒困境"，市场信任度下降，影响市场健康循环。虚假评论扭曲市场信号，降低效率，使优质产品边缘化，资源错配，阻碍市场价值创造与创新。同时，引发"柠檬市场"现象，整体市场价值受损。虚假评论泛滥还损害社会信任，增加交易不确定性，影响经济系统稳定。消费者因频繁遭遇虚假评论，对在线信息产生怀疑，购物体验受损，心理健康受负面影响，社会整体焦虑感上升。整体而言，当前研究全面探讨了虚假评论对消费者、商家及平台的影响，揭示了其在不同主体中的具体危害，为本书进一步探讨 AIGC 视域下的虚假评论识别、感知与治理提供了重要的理论与实践基础，在 AIGC 背景下，虚假评论的产生与影响模式正在发生深刻的转变，本书将进一步关注当前背景下虚假评论的新危害，有针对性地提出虚假评论的识别与治理路径。

三是虚假评论识别方法研究。虚假评论检测技术领域的研究近年来的发展十分快速，这表明了学界对于这一问题的持续关注和深入探索。研究者们从机器学习和深度学习两个主要技术方向出发，提出了多种创新的方法和模型，以应对不断增长的虚假评论问题。在机器学习方法中，监督学习利用标记数据进行训练，包括传统的算法如 SVM、朴素贝叶斯和决策树，能够有效识别虚假评论，但依赖于标记数据的质量和数量。半监督学习则结合有限的标记数据和大量未标记数据，通过正无标记学习和阈值策略提高了识别的准确性，尤其在标记数据不足的情况下表现突出。无监督学习技术则不依赖于标记数据，采用主题-情感联合概率模型等算法来探索文本数据的结构和模式，尽管准确性相对较低，但解决了标记数据不足的挑战。另一方面，深度学习方法通过深度神经网络(如 CNN、LSTM)自动学习评论中的抽象表示。CNN 通过在不同窗口大小上应用卷积操作，能够有效地探测评论中的重要片段，这些片段可能暗示了虚假信息的存在。而 LSTM 则适合处理评论的上下文信息，通过其设计的记忆单元可以有效地捕捉到评论中词语之间的长程依赖关系。这种能力使得 LSTM 能够更好地理解评论的整体语义和逻辑，从而更准确地区分真实和虚假评论。近年来的研究进展表明，通过引入注意力机制、多层网络结构以及改进的混合模型，如 BERT 等预训练模型，能够进一步提高虚假评论检测的精度和鲁棒性。总体而言，虚假评论的识别面临数据稀缺、数据集不平衡等挑战，但结合机器学习和深度学习的多种技术方法已经取得了显著进展，这些算法模型为当前的虚假评论识别研究奠定了较为深厚的技术基础以及数据准备。未来的研究方向包括结合当前 AI 生成的虚假评论特征进一步优化模型的泛化能力、提高算法的适应性，并应对不断演变的虚假评论生成技术和社交媒体平台的挑战。

四是虚假评论监管体系与现状。当前的研究正在探讨形成多元共治虚假评论治理格局的构建。一个高效、全面的虚假评论监管体系的建设需汇聚政府、平台及消费者等多方主体的力量，实现多元共治的良好格局。学者们强调，要实现虚假评论的有效监管与治理，首要任务是建立健全相关法律法规体系，明确界定虚假评论的法律边界，加大违法惩处力度，为监管提供坚实的法律支撑。同时，随着技术的飞速发展，技术手段在虚假评论治理中的作用日益凸显，应不断完善和优化技术手段，提升虚假评论的自动识别与过滤能力。此外，增强社会监督力量也是不可或缺的一环。通过加强公众教育，提升消费者对虚假评论的辨识能力，引导用户积极对评论进行反馈和表态。同时，促进平台自律也是治理虚假评论的重要途径，平台应建立健全内部监管机制，加大对虚假评论的打击力度，维护平台生态的健康发展。整体而言，当前研究从政府监管、法律制定、平台管理等各个角度提出了一系列的治理策略，为后续研究提供了较为全面的策略参考，本书将在梳理归纳当前虚假评论治理举措的基础之上，针对虚假评论发展状况以及 AIGC 视域下的新特征，探讨完善法律法规的实施细则和覆盖范围、加强消费者教育和参与、探索平台自律的监督和激励机制等进一步改进的地方，通过研究综合治理模式，构建一个高效、全面的虚假评论监管体系。

综上所述，针对虚假评论的现有研究展现出显著的集中趋势，国内外研究在内容深度、视角广度、结构体系完整性及方法论多样性上均存在不同程度的局限性。从研究内容维度审视，当前研究对虚假评论独特性的剖析尚显浅薄，与 AIGC 智能创作时代背景的融合探索不足，尤其在治理策略的实践操作性与创新性构建上存在明显短板。系统性地剖析虚假评论的特殊性及其对社会经济活动的深层影响机制，以及精准识别 AI 生成评论的关键特征、感知差异，并据此提出高效且创新的治理策略，成为亟待深化的研究方向。在研究视角方面，单一视角的狭隘性限制了研究的全面性和深度。技术视角与社会心理学视角的孤立研究，未能充分融合技术实现与社会心理影响之间的复杂互动，对用户群体差异的深入分析亦显不足。宏观层面的政策法规与微观层面的技术细节之间缺乏紧密联结，综合视角的缺失阻碍了构建跨层次、多维度的分析框架。结构体系层面，理论与实证研究的割裂状态显著，数据样本的广泛性与代表性受限，制约了研究的整体效力和普适性。此外，缺乏一个涵盖虚假评论生成、传播、感知、识别与治理全链条的综合性研究框架，限制了研究的深度和广度。研究方法上，跨学科方法的融合不足，数据驱动方法的内在局限性，以及用户实验与问卷调查在设计、实施及解析上的局限，共同制约了研究结果的准确性和可靠性。未来研究应致力于促进多学科方法的深度融合，提升数据质量与隐私保护水平，并优化用户实验与问卷调查的设计，以增强研究方法的科学性和有效性。

　　鉴于此，本书旨在通过跨学科的综合分析视角，实现理论与实证研究的有机结合，构建全面而精细的研究框架，并灵活运用多样化的研究方法，深入剖析虚假评论的生成逻辑、传播路径、感知特性、识别技术及治理策略，为营造健康、公正的网络生态环境贡献理论智慧与实践指导。

1.3　研究内容及方法

1.3.1　研究内容

　　本书主要分为 9 章。

　　第 1 章主要介绍了研究背景和研究意义，聚焦于 AIGC 智能创作时代，明确将虚假评论信息作为研究对象，从虚假评论产生的原因与动机、社会影响与危害、识别技术与方法以及目前的虚假评论监管体系与管控实践等方面进行了国内外研究现状的详细综述，最后概括性地阐述了本书的研究内容和研究方法，并介绍了全书内容的总体框架以及创新点。

　　第 2 章从理论基础和技术支撑两个方面介绍了 AIGC 视域下的虚假评论感知治理理论与虚假评论识别的技术方法。内容包括虚假评论感知理论、虚假评论危机治理理论、传统机器学习方法和深度学习方法。感知理论部分深入阐释了信号理论、SOR 理论、认知失调理论、欺骗性传播理论和谣言模型。危机治理理论部分则重点梳理了社会信任理论、演化博弈理论、协同理论的相关内容。在技术方法方面，全面介绍了支持向量机、互信息与点信息、词向量等虚假评论识别的核心技术手段及其工作原理。

第 3 章从技术和用户两种视角全面分析了虚假评论的客观特征与主观感知行为，并在综合现有研究成果的基础上，构建了融合主客观特征的虚假评论特征体系。在虚假评论的客观特征方面，通过对评论内容和评论者行为的多维度分析，揭示了虚假评论在文本结构、情感表达、发布规律等方面的独特模式。在主观感知行为方面，从用户感知视角出发，探讨了虚假评论特征以及影响用户虚假评论感知与采纳行为的因素，通过解析用户在感知虚假评论后的行为策略，为后续探索虚假评论识别与监管路径提供了全面的研究视角与理论基础。

第 4 章将对比学习(contrastive learning，CL)的思想引入虚假评论识别，基于有监督的对比学习框架 SimCSE(simple contrastive learning of sentence embeddings) 构建虚假评论识别模型。该模型结合了具有强大语义理解能力的对比学习框架和深度学习双向自注意力预训练模型 BERT。通过从语义相似度的角度对评论文本进行分类，该模型克服了传统神经网络模型在捕捉相似语义表达和理解复杂全局信息方面的局限性。基于 Yelp 等黄金数据集的虚假评论数据进行的实验对比验证表明，所提出的模型相比多种经典文本分类领域的深度学习算法，具有更优的分类性能和更好的可扩展性。

第 5 章针对虚假评论识别中普遍存在的不平衡数据问题，探索了基于大语言模型上下文学习的虚假评论识别方法。该方法依托大语言模型在预训练阶段获得的强大语言建模能力，从多个评论示例中学习文本的潜在模式。与依赖反向传播更新参数的监督学习相比，上下文学习方法不需要训练以修改模型参数，可以直接利用预训练模型进行虚假评论预测。具体而言，本章首先验证了上下文学习在虚假评论识别任务中的适用性，进而构建了一个包含示例选择、示例排序和概率校准三阶段的基于上下文学习的虚假评论识别框架，通过多个数据集和多组实验验证，该框架在多场景不平衡数据环境下依然展现出高准确度的识别能力。

第 6 章提出了融合多模态上下文信息的虚假评论意图识别任务，即在检测评论内容真实性的基础上，进一步识别虚假评论内容背后的动机。本章通过文献梳理确定了虚假评论的四种主要意图，利用抖音平台自动采集的多模态数据，构建了一个包含人工撰写内容和人工智能生成内容的数据集，为探索多模态深度学习方法在此任务上的表现，本章开发了一个融合文本特征、图像特征和特征融合模块的预测框架。其中，文本表示模块采用了中文领域先进的大规模预训练语言模型：Chinese-BERT 与 Chinese-RoBERTa；图像表示模块则包括 ResNet 与 Vision Transformer。特征融合模块则采用了多种策略，如特征拼接(naive concat，NC)、特征加和(naive combine，NC)交叉模态注意力组合模型(cross modality attention combine，CMAC)、输出注意力编码(output transformer encoder，OTE)以及隐状态特征注意力编码(hidden state transformer encoder，HSTEC)。这些模块相互独立且互补，通过对比实验和统计分析，验证了该框架在上述任务中的优越性。

第 7 章从用户视角探讨了人工智能生成的评论如何被用户理解及其对用户感知决策的影响。具体地说,借鉴启发-系统式模型和信息采纳模型,构建了人工智能生成评论采纳的认知模型,研究了当评论被明确标注为人工智能生成时,用户如何细致分辨并感知该评论中的系统式特征和启发式特征,以及这些感知如何影响他们对该评论的采纳。研究结果不仅为优化人工智能在在线评论领域的应用策略提供了科学依据,还能指导如何改进人工智能生成内容的标注实践,以更好地引用户理解和接受这一新兴的信息创造和传播的方式。

第 8 章探讨了 AIGC 视域下的虚假评论治理策略。首先,系统总结了现有虚假评论治理思路与手段,并分析了 AIGC 视域下虚假评论治理呈现的新特征;其次,引入信息生态理论,全面把握虚假评论现象产生的整体性、动态性和复杂性,识别虚假评论治理语境中信息人、信息、信息技术及信息环境四个关键信息生态要素之间的相互作用、潜在的协同效应及其演化发展;最后,基于四个关键信息生态要素的复杂联系提出系统全面的虚假评论治理策略,强调形成系统高效治理格局、建立快捷响应机制、实现技术精准赋能与推动网络空间社会共治,从而建立开放与安全并重的评论信息生态,促进真实、有价值的评论信息的传播和共享。

第 9 章为本书的研究展望,对本书的内容进行总结并基于研究不足提出后续研究的展望。

总体而言,本书可分为研究问题、理论方法、实证研究三大部分。结合上述介绍的章节内容安排:第 1 章为绪论,主要提出本书的研究问题,对 AIGC 视域下虚假评论识别感知与治理的研究背景及意义、研究现状进行梳理,并进行客观述评,引出本书的内容及方法,总结本书的创新点;第 2 章介绍 AIGC 视域下虚假评论感知治理理论与虚假评论识别的技术方法,对虚假评论传播与被感知、虚假评论危机治理的相关理论进行介绍与梳理,对虚假评论识别中涉及的相关技术方法进行概述,为后续开展评估实证提供理论依据;第 3 章为 AIGC 视域下虚假评论客观特征与主观感知行为总结,从客观与主观两种视角切入,通过总结与梳理虚假评论客观特征与用户感知行为机理,明确虚假评论客观特征体系与用户感知的基本行动模型,从而为后续问题提供相应的理论基础;第 4~6 章为 AIGC 视域下虚假评论识别的实证研究,鉴于 AIGC 视域下的虚假评论具有新特点的同时保留原有特点,且目前包含 AIGC 的虚假评论数据集极度稀缺,本书在第 4 章和第 5 章中采用对比学习、上下文学习的方法对传统虚假评论识别问题进行探究,并在第 6 章中引入 AIGC 数据,结合多模态深度学习的方法对虚假评论意图识别开展实证研究;第 7 章为用户对 AI 生成虚假评论感知采纳过程的实证研究;第 8 章引入信息生态理论,提出系统化、协同化的虚假评论治理策略;第 9 章为本书总结与展望,基于本书现有研究发现的局限性,提出对未来相关研究的方向。本书的研究思路及内容框架如图 1.1 所示。

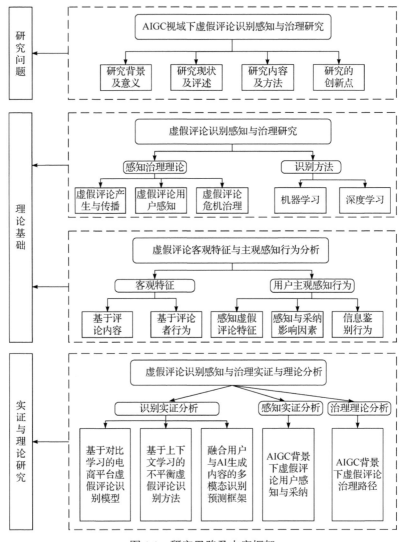

图 1.1　研究思路及内容框架

1.3.2　研究方法

(1) 文献调查法。

本书基于中国知网、Web of Science 数据库、谷歌学术搜索平台以及其他网络平台，广泛搜索与 AIGC 和虚假评论有关的中英文文献，对其进行筛选分类和阅读分析，并及时跟踪国内外最新研究动态，确定研究的出发点和落脚点。同时，基于以往研究确定与 AI 智能创作时代下虚假评论识别感知与治理相关的理论基础、模型与方法，如第 2 章的虚假评论感知理论、虚假评论治理理论、深度学习相关理论模型等，第 3 章的虚假评论识别技术视角与用户视角的归纳等，以及第 4～8 章也是在以往研究的基础上进一步展开研究。

(2) 实证研究法。

第 7 章基于电商平台用户对 AI 生成虚假评论的感知与采纳行为展开实证研究。第一，通过分析现有研究来发现不足，提出需要探究的问题。第二，针对这些研究问题，结合以往研究发现与相关理论提出研究假设，构建研究模型。第三，采取结构方程模型的方法对收集到的有效样本进行分析来验证所提出的研究假设。第四，将研究结果与以往的研究进行对比，探讨其相同与不同之处，并给出研究结果的合理性解释，进而提出研究的理论意义、实践意义以及局限性。

(3) 内容分析法。

通过网络爬虫、文本分析等计算机辅助手段进行大样本容量的数据采集。这种方式直接获取在线平台中的原始评论数据，不受用户或者分析者的主观成分影响，更加客观。可具体用于某一类型的在线评论进行实证研究，或进行不同实验环境下的比较分析。本书所使用的相关评论数据通过自主开发的网络爬虫程序，并按照一定的数据采集格式，同时对数据进行相应的过滤清洗等标准处理，以更好地探索在线评论的相应特征。

(4) 实验分析法。

实验分析法是一种重要的研究方法，可以通过实验验证理论研究的有效性和可行性。本书以虚假评论为实验对象，利用基于对比学习的模型、基于多模态上下文的框架、基于上下文学习的方法与传统神经网络算法在多个数据集上并进行对比实验和消融实验分析，证明所采用的虚假评论识别模型在准确性和鲁棒性方面具有显著的优势。

(5) 跨学科研究法(交叉研究法)。

本书融合社会学、心理学、计算语言学等学科，采用用户行为理论、机器学习和深度学习等多学科理论与技术方法，开展了有关 AIGC 视域下虚假评论识别、感知与治理的全方位研究，构建了 AIGC 视域下的虚假评论协同治理策略。

1.4　本书的创新点

本书致力于在 AIGC 智能创作时代背景下探究虚假评论的识别感知与治理，通过梳理当前的研究不足与现实需求，将研究重点聚焦于虚假评论这一重要领域。本书尝试从数据视角和用户视角相结合的路径出发，综合运用多学科的研究方法，如大数据分析、机器学习、自然语言处理以及用户行为分析等，提出了融合主观特征和客观特征的识别方法，旨在构建一个全面的虚假评论识别与治理框架，为学术界和实务界的虚假评论识别研究与治理提供新的思路和方法，推动虚假评论问题的解决，促进互联网环境的健康发展。与当前国内外虚假信息识别等相关研究及专著相比，本书在研究内容、研究视角、结构体系与研究方法等方面均存在一定的创新性。

(1) 在研究内容方面，以往国内外的相关专著大多聚焦于虚假新闻等虚假信息的传播与识别，较少深入探讨虚假评论的感知与治理问题。本书则聚焦于虚假评论这一重要的虚假信息领域，弥补了现有研究的不足。虚假评论相较于虚假新闻等其他形式的虚假信息，具备隐蔽性、多样性和复杂性等诸多特征，这使得其对各类平台的用户决策产生了更为直接和深远的影响。因此，探索虚假评论的识别与治理，不仅是对虚假信息识别领域的有益补充，也具有重要的现实意义。此外，当前较少有研究关注到在 AIGC 视域下虚假评论的特征及其识别。本书特别关注这一新技术背景下 AI 生成评论的关键特征及其识别、感知与治理，致力于揭示技术进步对虚假评论带来的新挑战和机遇。通过深入分析 AI 生成评论的独特属性，包括生成模式、语言风格和交互特征等，提出一系列针对性的识别和治理策略。整体而言，本书在研究内容上相较于以往的研究具备独特的创新性，不仅弥补了当前研究的不足，也为未来的研究提供了新的方向和思路。

(2) 在研究视角方面，当前同类书籍大多基于单一的技术视角或社会心理学视角，而本书则采用了双重视角，既聚焦于技术层面的虚假评论识别，又关注用户的感知特征。这一综合性视角使得本书不仅研究了虚假评论如何通过技术手段进行识别，还深入探讨了虚假评论对用户决策过程的影响，以及用户在面对虚假评论时的心理反应。通过这种双重视角，我们致力于搭建一个融合主观和客观特征的虚假评论识别指标体系，从而提供更加全面和精细的识别方法。此外，本书区别于以往主要从政策、法规层面的宏观纠偏与治理策略，聚焦于微观层面的细粒度判别与纠偏技术。我们深入挖掘了融合语义特征、感知特征等多维度的虚假评论识别与治理框架，旨在实现高性能的虚假评论内容预测与治理。这种研究方法不仅提升了识别的准确性，也增强了治理的针对性和有效性。通过技术和用户感知的双重视角，结合信息生态理论，本书构建了一个系统全面的虚假评论治理方案。整体而言，在技术与用户感知的双重视角下，本书在研究视角上丰富了虚假评论识别与治理的理论基础，为实践提供了可操作的解决方案。

(3) 在结构体系方面，以往相关书籍大多仅聚焦于理论层面或实证层面的探索，而本书则兼顾两者，提供了更加全面的结构体系。首先，本书从理论层面对虚假评论的概念内涵、传播机制、识别方法和治理现状进行了详细梳理，同时从数据与用户两种不同的视角出发，系统性地综述了相关研究理论现状。此外，本书通过开展一系列数据视角与用户视角的实证研究，对 AIGC 智能创作时代下虚假评论的识别、感知与治理进行了实验验证，在实证结果的基础上对虚假评论的识别与感知特征进行了深入探讨。基于理论框架与实证研究的相互补充与验证，本书设计了涵盖虚假评论技术特征与用户感知特征的多维度的虚假评论识别特征指标体系，全面、客观地衡量识别系统的实际效果，用于提高虚假评论识别系统的性能和效果，为后续优化提供数据支持。在此基础上，从虚假评论治理层面出发，构建了一套较为完善的虚假评论识别与治理路径方案。通过这种理论与实证相结合的综合性研究方法，本书为虚假评论治理提供了系统性、实用性和可操作性的指导，不仅在理论和实证研究层面取得了创新，还在实践应用上具有重要的指导意义。

（4）在研究方法方面，本书突破了以往研究的局限，采用了跨学科的综合方法。与多数基于单一学科的研究不同，本书融合了社会学、心理学、计算语言学等多学科的方法，结合用户行为理论、机器学习与深度学习等先进的理论与技术手段，采用了多种研究方法，包括文献调查法、实证研究法、数据挖掘、内容分析等，开展了一系列深入的理论探索与实证研究。具体而言，本书首先利用社交媒体和电商平台上的大量数据，详细分析了虚假评论的生成规律和用户交互模式。通过对这些数据的深入挖掘，我们从数据层面揭示了虚假评论的潜在特征和识别方法，探索了 AI 生成内容在虚假评论中的应用及其表现形式，这种数据驱动的方法为识别虚假评论提供了坚实的基础。此外，本书通过用户实验和问卷调查，深入了解了用户对虚假评论的感知和反应。用户实验有助于观察用户在接触虚假评论时的行为和心理变化，而问卷调查则提供了大量用户的主观反馈，不仅揭示了用户面对虚假评论时的心理机制，还为制定有效的治理策略提供了数据支持。整体而言，本书在研究方法上具备一定的创新性和多样性，使得我们能够从多个角度全面探讨虚假评论的生成、传播、感知、识别与治理问题，为当前虚假评论的治理提供切实可行的解决方案。

参 考 文 献

[1] Alamoudi E S, Al A S. Exploratory data analysis and data mining on yelp restaurant review//2021 National Computing Colleges Conference (NCCC), Damman, 2021: 1-6.

[2] 吴佳芬, 马费成. 产品虚假评论文本识别方法研究述评. 数据分析与知识发现, 2019, 3(9): 1-15.

[3] 崔滕. 基于深度学习的电商用户评论情感分析. 电脑知识与技术, 2023, 31: 34-37.

[4] Xu R, Xia Y, Wong K F, et al. Opinion annotation in on-line chinese product reviews//The International Conference on Language Resources and Evaluation, Marrakech, 2008.

[5] Chakraborty U, Bhat S. The effects of credible online reviews on brand equity dimensions and its consequence on consumer behavior. Journal of Promotion Management, 2018, 24(1): 57-82.

[6] Paul H, Nikolaev A. Fake review detection on online e-commerce platforms: a systematic literature review. Data Mining and Knowledge Discovery, 2021, 35(5):1830-1881.

[7] Siersdorfer S, Chelaru S, Nejdl W, et al. How useful are your comments? analyzing and predicting YouTube comments and comment ratings// Proceedings of the 19th International Conference on World Wide Web, Raleigh, 2010.

[8] Shu K, Sliva A, Wang S,et al. Fake news detection on social media: a data mining perspective. ACM Special Interest Group on Knowledge Discovery and Data Mining(SIGKDD) Explorations Newsletter, 2017 ,19(1): 22-36.

[9] Kumar S, Shah N. False information on web and social media: a survey. arXiv Preprint arXiv: 1804. 2018.

[10] Barbado R, Araque O, Iglesias C A. A framework for fake review detection in online consumer electronics retailers. Information Processing & Management, 2019, 56(4): 1234-1244.

[11] 姜孝虎, 欧毅飞. 电商平台不正当竞争行为法律规制困境及进路. 中国价格监管与反垄断, 2024, (4): 28-30.

[12] Ballardini R M, Kan H,Teemu R. Online Distribution of Content in the EU. London:Edward Elgar Publishing, 2019.

[13] 李白杨, 白云, 詹希旎, 等. 人工智能生成内容(AIGC)的技术特征与形态演进. 图书情报知识, 2023, 40(1): 66-74.

[14] 万小军. 智能文本生成: 进展与挑战.大数据, 2023, 9(2): 99-109.

[15] Bontridder N, Poullet Y. The role of artificial intelligence in disinformation. Data & Policy, 2021, 3: e32.

[16] "最邪恶" AI? 由一亿多条仇恨言论喂养, 很难与人类区分. https://view.inews.qq.com/k/20220610A04UBZ00?web_channel=wap&openApp=false, 2022.

[17] 郭海玲, 卫金金, 刘仲山. 生成式人工智能虚假信息协同共治研究. 情报杂志, 2024, 9: 1-10.

[18] 李荣基. 基于深度学习的中文虚假评论生成研究. 南京: 南京航空航天大学, 2021.

[19] 杨晓茜.人工智能技术对电子商务领域的影响探究. 无线互联科技, 2024, 21(7): 101-103.

[20] 王颖, 王盼. 人工智能技术的电子商务虚假评论者检测.甘肃科学学报, 2022, 1: 141-146.

[21] Luo J, Nan G, Li D, et al. AI-generated review detection. SSRN, 2023: 4610727.

[22] He S, Hollenbeck B, Proserpio D. The market for fake reviews. Marketing Science, 2022, 41(5): 896-921.

[23] 中国政府网.网络信息内容生态治理规定. https://www.gov.cn/zhengce/zhengceku/2020-11/25/content_5564110.htm, 2019.

[24] 中国政府网.生成式人工智能服务管理暂行办法. https://www.gov.cn/zhengce/zhengceku/202307/content_6891752.htm, 2023.

[25] Affelt A. How to Spot Fake News. All That's Not Fit to Print. London: Emerald Publishing Limited, 2019: 57-84.

[26] Xi Y. Chinese review spam classification using machine learning method// 2012 International Conference on Control Engineering and Communication Technology, Liaoning, 2012.

[27] Lim E P, Nguyen V A. Detecting product review spammers using rating behaviors// Proceedings

of the 19th ACM International Conference on Information and Knowledge Management, Toronto, 2010.

[28] 中国政府网.互联网跟帖评论服务管理规定. https://www.gov.cn/xinwen/2022-11/16/content_ 5727349.htm, 2022.

[29] 陈瑞义, 刘梦茹, 姜丽宁. 基于多方演化博弈的网络消费虚假评论行为治理策略研究. 软件工程, 2021, 24(11): 2-6, 23.

[30] 宋思根, 袁必凯. 在线评论特征对用户虚假评论感知的影响机制. 数字图书馆论坛, 2024, 20(3): 34-46.

[31] 刘璇. 虚假评论对消费者购买意愿的影响研究. 南京: 南京大学, 2015.

[32] Jindal N, Liu B. Opinion spam and analysis// Proceedings of 2008 International Conference on Web Search and Data Mining, 2008: 219-230.

[33] Clarisa H. Fake review and liabilities defect goods in e-commerce. The Lawpreneurship Journal, 2022, 2(1): 19-42.

[34] Liu G, Fei S, Yan Z, et al. An empirical study on response to online customer reviews and e-commerce sales: from the mobile information system perspective. Mobile Information Systems, 2020, (1): 8864764.

[35] Manek A S, Pallavi R P, Bhat V H, et al. SentReP: Sentiment classification of movie reviews using efficient repetitive pre-processing//2013 IEEE International Conference of IEEE Region 10 (TENCON 2013), Xi'an, 2013.

[36] Reporter T. TripAdvisor Told to Stop Claiming Reviews are 'Trusted and Honest'. https://www. dailymail.co.uk/travel/article-2094766/TripAdvisor-told-stopclaiming-reviews-trusted-honest-Ad vertising-Standards-Authority.html, 2024.

[37] Bates D. Samsung Ordered to Pay $340,000 After It Paid People to Write Negative Online Reviews About HTC Phones. https://www.dailymail.co.uk/sciencetech/article-2476630/Samsung-ordered-pay-340-000-paid-people-write-negativeonline-reviews-HTC-phones.html, 2024.

[38] Gani A. Amazon Sues 1,000 'Fake Reviewers'. https://www.theguardian.com/technology/2015/ oct/18/amazon-sues-1000-fake-reviewers, 2015.

[39] Zhao R. Mafengwo Accused of Faking 85% of All User-Generated Content. https://technode.com/ 2018/10/22/mafengwo-fake-comments-blog-comment/ ,2018.

[40] Garrett L. COVID-19: the medium is the message. The Lancet, 2020, 395(10228): 942-943.

[41] Ott M, Cardie C, Hancock J. Estimating the Prevalence of Deception in Online Review Communities. https://www.researchgate.net/publication/223966603_Estimating_the_Prevalence_of_Deception_ in_Online_Review_Communities, 2020.

[42] Li H, Chen Z. Liu B, et al. Spotting fake reviews via collective positive-unlabeled learning// 2014 IEEE International Conference on Data Mining, Shenzhen, 2014.

[43] Singh M K, Ahmed J, Alam M A, et al. A comprehensive review on automatic detection of fake news on social media. Multimedia Tools and Applications, 2024, 83(16): 47319-47352.

[44] Schuckert M, Liu X, Law R. Insights into suspicious online ratings: direct evidence from TripAdvisor. Asia Pacific Journal of Tourism Research ,2016,21 (3):259-272.

[45] Munzel A. Assisting consumers in detecting fake reviews: the role of identity information

disclosure and consensus. Journal of Retailing and Consumer Services, 2016, 32(9):96-108.

[46] Salehi-Esfahani S, Ozturk A B. Negative reviews: formation, spread, and halt of opportunistic behavior. International Journal of Hospitality Management, 2018, (74): 138-146.

[47] Hu N, Bose I, Koh N S,et al. Manipulation of online reviews: an analysis of ratings, readability, and sentiments. Decision Support Systems, 2012, 52(3): 674-684.

[48] 李璐旸, 秦兵, 刘挺. 虚假评论检测研究综述. 计算机学报, 2018, 41(4): 946-968.

[49] 沈超, 刘士伟, 徐滔. 电商平台商家诱导评论的特征与对策研究. 电子商务, 2019: (5): 47-49.

[50] Alonso M A, Vilares D, Gómez-Rodríguez C, et al. Sentiment analysis for fake news detection. Electronics, 2021, 10(11): 1348.

[51] Mukherjee A, Venkataraman V, Liu B, et al. What Yelp fake review filter might be doing?// Proceedings of the International AAAI Conference on Web and Social Media, 2013, 7(1): 409-418.

[52] Wang N, Yang J, Kong X, et al. A fake review identification framework considering the suspicion degree of reviews with time burst characteristics. Expert Systems with Applications, 2022, 190:116207.

[53] Yoo K H, Gretzel U. Comparison of deceptive and truthful travel reviews//Information and Communication Technologies in Tourism, Vienna, 2009: 37-47.

[54] Feng S, Banerjee R, Choi Y. Syntactic stylometry for deception detection//Proceedings of the 50th Annual Meeting of the Association for Computational Linguistics (Volume 2: Short Papers), 2012.

[55] 周瑾宜, 黄英辉, 李伟卿, 等. 生成式人工智能的虚假评论言语行为分析及人机比较研究: 可解释性机器学习方法//中国心理学会. 第二十五届全国心理学学术会议摘要集——博/硕研究生论坛, 2023.

[56] Luca M. Reviews, Reputation, and Revenue: the Case of Yelp.com. https://papers.ssrn.com/sol3/papers.cfm?abstract_id=1928601, 2020.

[57] Liu B. Web Data Mining. 北京: 清华大学出版社, 2009: 316-317.

[58] Narayan R, Rout J K, Jena S K. Review spam detection using opinion mining// Progress in Intelligent Computing Techniques: Theory, Practice, and Applications, 2018: 273-279.

[59] 豆瓣电影. 2019 年度电影榜单. https://movie.douban.com/annual/2019?source=navigation, 2020.

[60] Carr C T, Hayes R A. The effect of disclosure of third-party influence on an opinion leader's credibility and electronic word of mouth in two-step flow. Journal of Interactive Advertising, 2014, 14(1): 38-50.

[61] Hu N, Koh N S, Reddy S K. Ratings lead you to the product, reviews help you clinch it? The mediating role of online review sentiments on product sales. Decision Support Systems, 2014, 57: 42-53.

[62] BrightLocal. Local Consumer Review Survey.https://www.brightlocal.com/research/local-consumer-review-survey/#search-frequency, 2020.

[63] Bart D L, Fernbach P M, Lichtenstein D R. Navigating by the stars: investigating the actual and

perceived validity of online user ratings. Journal of Consumer Research, 2016, 42(6): 817-833.

[64] O'connor P. User-generated content and travel: a case study on Tripadvisor. com. Information and Communication Technologies in Tourism, 2008: 47-58.

[65] Ho-Dac N N, Carson S J, Moore W L. The effects of positive and negative online customer reviews: do brand strength and category maturity matter? . Journal of Marketing, 2013, 77(6): 37-53.

[66] 韩立娜. 正面在线评论对服装消费者购买意愿影响的实证研究. 沈阳: 东北大学, 2013.

[67] 郝媛媛, 叶强, 李一军. 基于影评数据的在线评论有用性影响因素研究.管理科学学报, 2010, 13(8): 78-88, 96.

[68] Michael A, Jeremy M. Learning from the crowd: regression discontinuity estimates of the effects of an online review database. The Economic Journal, 2012, 122(563): 957-989.

[69] Gössling S, Hall C M, Andersson A C. The manager's dilemma: a conceptualization of online review manipulation strategies. Current Issues in Tourism, 2018, 21(5): 484-503.

[70] Skowronski J, Carlston D E. Negativity and extremity biases in impression formation: a review of explanations. Psychological Bulletin, 1989,105(1):131-142.

[71] Ahluwalia R, Burnkrant R E, Unnava H R. Consumer response to negative publicity: The moderating role of commitment. Journal of Marketing Research, 2000, 37(2): 203-214.

[72] 王阳, 王伟军, 刘智宇. 在线负面评论信息对潜在消费者购买意愿影响研究. 情报科学, 2018, 36(10): 156-163.

[73] Wang Z, Li H, Ye Q, et al. Saliency effects of online reviews embedded in the description on sales: moderating role of reputation. Decision Support Systems, 2016, 87: 50-58.

[74] Cui G, Lui H K, Guo X. The effect of online consumer reviews on new product sales. International Journal of Electronic Commerce, 2012, 17(1) :39-57.

[75] 孟美任, 丁晟春. 虚假商品评论信息发布者行为动机分析. 情报科学, 2013, 31(10): 100-104.

[76] 陆钊, 李石君. 基于链接相似度和作弊系数的 Spam 网页识别算法. 计算机工程与科学, 2015, 37(10): 1983-1988.

[77] Zhang D, Zhou L, Kehoe J L, et al. What online reviewer behaviors really matter? effects of verbal and nonverbal behaviors on detection of fake online reviews. Journal of Management Information Systems, 2016,33(2):456-481.

[78] Hu N, Liu L, Sambamurthy V. Fraud detection in online consumer reviews. Decision Support Systems, 2011, 50(3): 614-626.

[79] Cardoso E F, Silva R M, Almeida T A. Towards automatic filtering of fake reviews. Neurocomputing, 2018, 309: 106-116.

[80] Luca M, Zervas G. Fake it till you make it: reputation, competition, and Yelp review fraud. Journal of the Institute for Operations Research and the Management Sciences, 2016, 62(12): 3412-3427.

[81] Wang C, Luo X. The effects of money on fake rating behavior in e-commerce: electrophysiological time course evidence from consumers. Frontiers in Neuroscience, 2018, (12):1-9.

[82] Ramendra T, Dena H, Summey J H. What motivates consumers to partake in cyber shilling?. Journal of Marketing Theory and Practice, 2018, 26 (1-2):181-195.

[83] 马淑. 网购评论操纵对消费行为的影响. 合肥: 中国科学技术大学, 2016.

[84] Wu P, Ngai E W, Wu Y. Impact of praise cashback strategy: implications for consumers and e-businesses. Production and Operations Management, 2023, 32(9): 2825-2845.

[85] 李京蔚. 在线商品垃圾评论发布动机影响因素研究. 企业技术开发, 2016, 35(5): 72, 75.

[86] Frick B, Kaimann D. The impact of customer reviews and advertisement efforts on the performance of experience goods in electronic markets. Applied Economics Letters, 2017, 24(17): 1237-1240.

[87] 王尧艺, 杨成成. 从网络水军现象看口碑营销.中国市场, 2013, (41): 29-31.

[88] 励敏. 微博水军识别研究. 上海: 华东师范大学, 2018.

[89] Wu Y, Ngai E W T, Wu P, et al. Fake online reviews: literature review, synthesis, and directions for future research. Decision Support Systems, 2020, 132: 113280.

[90] 陈燕方, 娄策群. 在线商品虚假评论形成路径研究. 现代情报, 2015, 35(1): 49-53.

[91] Choi S, Mattila A S, van Hoof H B, et al. The role of power and incentives in inducing fake reviews in the tourism industry. Journal of Travel Research, 2017, 56 (8): 975-987.

[92] Mary M. 2019 Internet Trends Report. http://ipoipo.cn/post/5426.html,2020.

[93] 中国互联网络信息中心(CNNIC). 中国互联网络发展状况统计报告. http://www.cac.gov.cn/2019-08/30/c_1124938750.html, 2020.

[94] 文秀贤, 徐健. 基于用户评论的商品特征提取及特征价格研究. 数据分析与知识发现, 2019, 3(7): 42-51.

[95] Barnes W R. The good, the bad, and the ugly of online reviews: the trouble with trolls and a role for contract law after the consumer review fairness act. Georgia Law Review, 2018,53:549.

[96] Poongodi M, Vijayakumar V, Rawal B, et al. Recommendation model based on trust relations & user credibility. Journal of Intelligent & Fuzzy Systems, 2019, 36(5): 4057-4064.

[97] Petrescu M, O'Leary K, Goldring D, et al. Incentivized reviews: promising the moon for a few stars. Journal of Retailing and Consumer Services, 2018, 41: 288-295.

[98] Mayzlin D. Promotional chat on the Internet. Marketing Science, 2006, 25(2): 155-163.

[99] White E. Chatting a singer up the pop charts. The Wall Street Journal, 1999.

[100] Harmon A. Amazon glitch unmasks war of reviewers. The New York Times, 2004.

[101] Hu N, Bose I, Koh N S. Manipulation of online reviews: an analysis of ratings, readability, and sentiments. Decision Support Systems, 2012, 52(3): 674-684.

[102] Mayzlin D, Dover Y, Chevalier J. Promotional reviews: an empirical investigation of online review manipulation. American Economic Review, 2014, 104(8): 2421-2455.

[103] Wu S, Wingate N, Wang Z, et al. The influence of fake reviews on consumer perceptions of risks and purchase intentions. Journal of Marketing Development and Competitiveness, 2019, 13(3): 133-143.

[104] Zhao Y, Yang S, Narayan V, et al. Modeling consumer learning from online product reviews. Marketing Science, 2013, 32(1): 153-169.

[105] 宋嘉莹, 王宁, 杨学成. "好评返现" 对用户感知评论真实性及购买意愿的影响. 北京邮电大学学报 (社会科学版), 2017, 19(3): 12.

[106] 崔耕, 庄梦舟, 彭玲. 莫让网评变为 "罔评": 故意操纵网络产品评论对消费者的影响. 营销科学学报, 2014, 10(1): 21-34.

[107] 魏瑾瑞, 徐晓晴. 虚假评论, 消费决策与产品绩效——虚假评论能产生真实的绩效吗. 南开管理评论, 2020, 23(1): 189-199.

[108] Feldman J M, Lynch J G. Self-generated validity and other effects of measurement on belief, attitude, intention, and behavior. Journal of Applied Psychology, 1988, 73(3): 421.

[109] Kai-Ineman D, Tversky A. Prospect theory: an analysis of decision under risk. Econometrica, 1979, 47(2): 363-391.

[110] Darke P R, Ritchie R J. The defensive consumer: advertising deception, defensive processing, and distrust. Journal of Marketing Research, 2007, 44(1): 114-127.

[111] Kardes F R, Posavac S S, Cronley M L. Consumer inference: a review of processes, bases, and judgment contexts. Journal of Consumer Psychology, 2004,14(3):230-56.

[112] Zhou X, Zafarani R. A survey of fake news: fundamental theories, detection methods, and opportunities. ACM Computing Surveys (CSUR), 2020,53(5):1-40.

[113] Flavián C, Guinalíu M, Gurrea R. The role played by perceived usability, satisfaction and consumer trust on website loyalty. Information & Management, 2006, 43(1): 1-14.

[114] Hoffman D L, Novak T P, Peralta M. Building consumer trust online. Communications of the ACM, 1999, 42(4): 80-85.

[115] Jarvenpaa S L, Tractinsky N, Vitale M. Consumer trust in an Internet store. Information Technology and Management, 2000, 1: 45-71.

[116] Lee M K, Turban E. A trust model for consumer internet shopping. International Journal of Electronic Commerce, 2001, 6(1): 75-91.

[117] Chiu C M, Huang H Y, Yen C H. Antecedents of trust in online auctions. Electronic Commerce Research and Applications, 2010, 9(2): 148-159.

[118] Gefen D, Straub D. Managing user trust in B2C e-services. e-Service, 2003, 2(2): 7-24.

[119] Nicolaou A I, McKnight D H. Perceived information quality in data exchanges: effects on risk, trust, and intention to use. Information Systems Research, 2006, 17(4): 332-351.

[120] Zahedi F M, Song J. Dynamics of trust revision: using health infomediaries. Journal of Management Information Systems, 2008, 24(4): 225-248.

[121] Casalo L V, Flavián C, Guinalíu M. The influence of satisfaction, perceived reputation and trust on a consumer's commitment to a website. Journal of Marketing Communications, 2007, 13(1): 1-17.

[122] Pavlou P A. Consumer acceptance of electronic commerce: integrating trust and risk with the technology acceptance model. International Journal of Electronic Commerce, 2003, 7(3): 101-134.

[123] Yoon S J. The antecedents and consequences of trust in online-purchase decisions. Journal of Interactive Marketing, 2002, 16(2): 47-63.

[124] Falcone R, Singh M, Tan Y H. Trust in Cyber-Societies: Integrating the Human and Artificial Perspectives. New York: Springer Science & Business Media, 2001.

[125] Graziano W G, Tobin R M. Agreeableness: dimension of personality or social desirability artifact?. Journal of Personality, 2002, 70(5): 695-728.

[126] Agag G M, El-Masry A A. Why do consumers trust online travel websites? Drivers and outcomes

of consumer trust toward online travel websites. Journal of Travel Research, 2017, 56(3): 347-369.

[127] Ahmad W, Sun J. Modeling consumer distrust of online hotel reviews. International Journal of Hospitality Management, 2018, 71: 77-90.

[128] Moon S, Kim M Y, Iacobucci D. Content analysis of fake consumer reviews by survey-based text categorization. International Journal of Research in Marketing, 2021, 38(2): 343-364.

[129] Evanschitzky H, Emrich O, Sangtani V, et al. Hedonic shopping motivations in collectivistic and individualistic consumer cultures. International Journal of Research in Marketing, 2014, 31(3): 335-338.

[130] Yim M Y, Yoo S, Sauer P L, et al. Hedonic shopping motivation and coshopper influence on utilitarian grocery shopping in superstores. Journal of the Academy of Marketing Science, 2014, 42(5): 528-544.

[131] Holbrook M B, Hirschman E C. The experiential aspects of consumption: consumer fantasies, feelings and fun. Journal of Consumer Research, 1982, 9(2): 132-140.

[132] O'Curry S, Strahilevitz M. Probability and mode of acquisition effects on choices between hedonic and utilitarian options. Marketing Letters, 2001, 12(1): 37-49.

[133] Kim H W, Xu Y, Gupta S. Which is more important in Internet shopping, perceived price or trust? Electronic Commerce Research and Applications, 2012, 11(3): 241-252.

[134] Dellarocas C. Strategic manipulation of internet opinion forums: implications for consumers and firms. Management Science, 2006, 52(10): 1577-1593.

[135] Heydari A, Tavakoli M, Salim N, et al. Detection of review spam: a survey. Expert Systems with Applications, 2015, 42(7): 3634-3642.

[136] Gurun U G, Butler A W. Don't believe the hype: local media slant, local advertising, and firm value. The Journal of Finance, 2012, 67(2): 561-598.

[137] Zhang Z, Ye Q, Law R, et al. The impact-mouth on the online popularity of restaurants: a comparison of consumer reviews and editor reviews. International Journal of Hospitality Management, 2010, 29(4): 694-700.

[138] Anderson E T, Simester D I. Reviews without a purchase: low ratings, loyal customers, and deception. Journal of Marketing Research, 2014, 51(3): 24-34.

[139] Zhuang M, Cui G, Peng L. Manufactured opinions: the effect of manipulating online product reviews. Journal of Business Research, 2018, 87: 24-35.

[140] 钟敏娟, 杨波, 钟柯洋. 在线虚假评论对消费者购买决策影响研究. 情报理论与实践, 2022, 45(8): 138.

[141] Mkono M. 'Troll alert!': provocation and harassment in tourism and hospitality social media. Current Issues in Tourism, 2018, 21(7): 791-804.

[142] Hu N, Bose I, Gao Y. Manipulation in digital word-of-mouth: a reality check for book reviews. Decision Support Systems, 2011, 50(3): 627-635.

[143] Beldad A, de Jong M, Steehouder M. How shall I trust the faceless and the intangible? A literature review on the antecedents of online trust. Computers in Human Behavior, 2010, 26(5): 857-869.

[144] Herbig P, Milewicz J, Golden J. A model of reputation building and destruction. Journal of Business Research, 1994, 31(1): 23-31.

[145] Lee S Y, Qiu L, Whinston A. Sentiment manipulation in online platforms: an analysis of movie tweets. Production and Operations Management, 2018, 27(3): 393-416.

[146] Xu Y, Zhang Z, Law R, et al. Effects of online reviews and managerial responses from a review manipulation perspective. Current Issues in Tourism, 2020, 23(17): 2207-2222.

[147] Filieri R, Alguezaui S, McLeay F. Why do travelers trust TripAdvisor? Antecedents of trust towards consumer-generated media and its influence on recommendation adoption and word of mouth. Tourism Management, 2015, 51: 174-185.

[148] Jøsang A, Ismail R, Boyd C. A survey of trust and reputation systems for online service provision. Decision Support Systems, 2007, 43(2): 618-644.

[149] Marsh S, Dibben M R. Trust, untrust, distrust and mistrust: an exploration of the dark (er) side // International Conference on Trust Management, Berlin, 2005.

[150] Feng N, Su Z, Li D, et al. Effects of review spam in a firm-initiated virtual brand community: evidence from smartphone customers. Information & Management, 2018, 55(8): 1061-1070.

[151] Cheung C M, Lee M K, Rabjohn N. The impact of electronic word-of-mouth: the adoption of online opinions in online customer communities. Internet Research, 2008, 18(3): 229-247.

[152] Cheung M Y, Luo C, Sia C L, et al. Credibility of electronic word-of-mouth: informational and normative determinants of on-line consumer recommendations. International Journal of Electronic Commerce, 2009, 13(4): 9-38.

[153] Smeltzer L R. The meaning and origin of trust in buyer-supplier relationships. International Journal of Purchasing and Materials Management, 1997, 33(4): 40-48.

[154] Sivaramakrishnan N, Subramaniyaswamy V. Recommendation system with demographic attributes for fake review identification. Research Journal of Pharmaceutical Biological and Chemical Sciences, 2016, 7(6): 891-899.

[155] Luo Y. A coopetition perspective of global competition. Journal of World Business, 2007, 42(2): 129-144.

[156] Rapoport A, Chammah A M. Prisoner's dilemma: a study in conflict and cooperation. Ann Arbor: University of Michigan Press, 1965.

[157] Axelrod R, Hamilton W D. The evolution of cooperation. Science, 1981, 211(4489): 1390-1396.

[158] Malbon J. Taking fake online consumer reviews seriously. Journal of Consumer Policy, 2013, 36: 139-157.

[159] Lappas T, Sabnis G, Valkanas G. The impact of fake reviews on online visibility: a vulnerability assessment of the hotel industry. Information Systems Research, 2016, 27(4): 940-961.

[160] Zhang T, Li G, Cheng T C E, et al. Welfare economics of review information: implications for the online selling platform owner. International Journal of Production Economics, 2017, 184: 69-79.

[161] Akerlof G. The market for 'lemons': quality uncertainty and the market mechanism. Quarterly Journal of Economics, 1970, 84: 488, 500.

[162] Kwon O, Sung Y. The Consumer-Generated Product Review: Its Effect on Consumers and

Marketers. New York: Routledge, 2015: 212-230.

[163] Song W, Park S, Ryu D. Information quality of online reviews in the presence of potentially fake reviews. Korean Economic Review, 2017, 33(1): 5-34.

[164] Mahinderjit-Singh M, Wern-Shen L, Anbar M. Conceptualizing distrust model with balance theory and multi-faceted model for mitigating false reviews in location-based services (LBS). Symmetry, 2019, 11(9): 1118.

[165] Barushka A, Hajek P. Review spam detection using word embeddings and deep neural network//Artificial Intelligence Applications and Innovations: 15th IFIP WG 12.5 International Conference (AIAI 2019), 2019: 340-350.

[166] Kumar A, Gopal R D, Shankar R, et al. Fraudulent review detection model focusing on emotional expressions and explicit aspects: investigating the potential of feature engineering. Decision Support Systems, 2022, 155: 113728.

[167] Ott M, Choi Y, Cardie C, et al. Finding deceptive opinion spam by any stretch of the imagination// Proceedings of the 49th Annual Meeting of the Association for Computational Linguistics: Human Language Technologies, Stroudsburg, 2011.

[168] Shojaee S, Murad M A A, Azman A B, et al. Detecting deceptive reviews using lexical and syntactic features//2013 13th International Conference on Intelligent Systems Design and Applications, New York, 2013: 53-58.

[169] Li J, Ott M, Cardie C, et al. Towards a general rule for identifying deceptive opinion spam//Proceedings of the 52nd Annual Meeting of the Association for Computational Linguistics, New York, 2014.

[170] Budhi G S, Chiong R. A multi-type classifier ensemble for detecting fake reviews through textual-based feature extraction. ACM Transactions on Internet Technology, 2022.

[171] Hernández-Castañeda Á, Calvo H, Gelbukh A, et al. Cross-domain deception detection using support vector networks. Soft Computing, 2017, 21: 585-595.

[172] Sedighi Z, Ebrahimpour-Komleh H, Bagheri A. RLOSD: representation learning based opinion spam detection//2017 3rd Iranian Conference on Intelligent Systems and Signal Processing (ICSPIS), Shahrood, 2017.

[173] Khurshid F, Zhu Y, Yohannese C W, et al. Recital of supervised learning on review spam detection: an empirical analysis//2017 12th International Conference on Intelligent Systems and Knowledge Engineering (ISKE), Nanjing, 2017.

[174] Khurshid F, Zhu Y, Xu Z, et al. Enactment of ensemble learning for review spam detection on selected features. International Journal of Computational Intelligence Systems, 2018, 12(1): 387-394.

[175] Yu S, Ren J, Li S, et al. Graph learning for fake review detection. Frontiers in Artificial Intelligence, 2022, 5: 922589.

[176] Manaskasemsak B, Tantisuwankul J, Rungsawang A. Fake review and reviewer detection through behavioral graph partitioning integrating deep neural network. Neural Computing and Applications, 2023, 35: 1169-1182.

[177] Yafeng R, Donghong J, Hongbin Z, et al. Deceptive reviews detection based on positive and

unlabeled learning. Journal of Computer Research and Development, 2015, 52(3): 639-648.

[178] Hai Z, Zhao P, Cheng P, et al. Deceptive review spam detection via exploiting task relatedness and unlabeled data//Proceedings of the 2016 Conference on Empirical Methods in Natural Language Processing, 2016: 1817-1826.

[179] Santosh K C, Mukherjee A. On the temporal dynamics of opinion spamming: case studies on Yelp// Proceedings of the 25th International Conference on World Wide Web, Montreal, 2016.

[180] Liu Y, Pang B, Wang X. Opinion spam detection by incorporating multimodal embedded representation into a probabilistic review graph. Neurocomputing, 2019, 366: 276-283.

[181] You L, Peng Q, Xiong Z, et al. Integrating aspect analysis and local outlier factor for intelligent review spam detection. Future Generation Computer Systems, 2020, 102: 163-172.

[182] Lau R Y K, Liao S Y, Kwok R C W, et al. Text mining and probabilistic language modeling for online review spam detection. ACM Transactions on Management Information Systems (TMIS), 2012, 2(4): 1-30.

[183] Zhao S, Xu Z, Liu L, et al. Towards accurate deceptive opinions detection based on word orderpreserving CNN. Mathematical Problems in Engineering, 2018, (1): 2410206.

[184] Chen L, Li S, Bai Q, et al. Review of image classification algorithms based on convolutional neural networks. Remote Sensing, 2021, 13(22): 4712.

[185] Wang X, Liu K, Zhao J. Detecting deceptive review spam via attention-based neural network// Natural Language Processing and Chinese Computing: 6th CCF International Conference, Dalian, 2017.

[186] Jain N, Kumar A, Singh S, et al. Deceptive reviews detection using deep learning techniques// Natural Language Processing and Information Systems: 24th International Conference on Applications of Natural Language to Information Systems, Salford, 2019: 79-91.

[187] Zhang W, Du Y, Yoshida T, et al. DRI-RCNN: an approach to deceptive review identification using recurrent convolutional neural network. Information Processing & Management, 2018, 54(4): 576-592.

[188] Hajek P, Barushka A, Munk M. Fake consumer review detection using deep neural networks integrating word embeddings and emotion mining. Neural Computing and Applications, 2020, 32: 17259-17274.

[189] Cao N, Ji S, Chiu D K W, et al. A deceptive reviews detection model: separated training of multi-feature learning and classification. Expert Systems with Applications, 2022, 187: 115977.

[190] Zeng Z Y, Lin J J, Chen M S, et al. A review structure based ensemble model for deceptive review spam. Information, 2019, 10: 243.

[191] Baishya D, Deka J J, Dey G, et al. SAFER: sentiment analysis-based fake review detection in e-commerce using deep learning. SN Computer Science, 2021, 2: 1-12.

[192] Liu W, Jing W, Li Y. Incorporating feature representation into BiLSTM for deceptive review detection. Computing, 2020, 102(3): 701-715.

[193] Dhamani N, Azunre P, Gleason J L, et al. Using Deep Networks and Transfer Learning to Address Disinformation. https://arxiv.org/abs/1905.10412, 2019.

[194] Wang C C, Day M Y, Chen C C, et al. Detecting spamming reviews using long short-term

memory recurrent neural network framework//Proceedings of the 2nd International Conference on E-commerce, E-Business and E-Government, 2018: 16-20.

[195] Liu C, Wu X, Yu M, et al. A two-stage model based on BERT for short fake news detection// Knowledge Science, Engineering and Management: 12th International Conference, 2019: 172-183.

[196] Wang G, Xie S, Liu B, et al. Review graph based online store review spammer detection// 2011 IEEE 11th International Conference on Data Mining, New York, 2011: 1242-1247.

[197] Zhang G, Li Z, Huang J, et al. eFraudCom: an e-commerce fraud detection system via competitive graph neural networks. ACM Transactions on Information Systems (TOIS), 2022, 40(3): 1-29.

[198] Liu Z, Dou Y, Yu P S, et al. Alleviating the inconsistency problem of applying graph neural network to fraud detection//Proceedings of the 43rd international ACM SIGIR Conference on Research and Development in Information Retrieval, 2020: 1569-1572.

[199] Bidgolya A J, Rahmaniana Z. A Robust Opinion Spam Detection Method against Malicious Attackers in Social Media. https://arxiv.org/abs/2008.08650, 2020.

[200] Gupta P, Gandhi S, Chakravarthi B R. Leveraging transfer learning techniques-bert, roberta, albert and distilbert for fake review detection// Proceedings of the 13th Annual Meeting of the Forum for Information Retrieval Evaluation, New York, 2021: 75-82.

[201] Aghakhani H, Machiry A, Nilizadeh S, et al. Detecting deceptive reviews using generative adversarial networks//2018 IEEE Security and Privacy Workshops (SPW), 2018: 89-95.

[202] You Z, Qian T, Liu B. An attribute enhanced domain adaptive model for cold-start spam review detection//Proceedings of the 27th International Conference on Computational Linguistics, 2018: 1884-1895.

[203] Liu M, Shang Y, Yue Q, et al. Detecting fake reviews using multidimensional representations with fine-grained aspects plan. IEEE Access, 2020, 9: 3765-3773.

[204] 张李义, 刘畅. 结合深度置信网络和模糊集的虚假交易识别研究. 数据分析与知识发现, 2016, 32(1): 32-39.

[205] 刘美玲, 尚玥, 赵铁军, 等. 基于代价敏感学习的不平衡虚假评论处理模型. 数据分析与知识发现, 2023: 1-13.

[206] 王杭涛. 基于 BERT 模型的文本情感分类研究. 桂林: 桂林电子科技大学, 2023.

[207] Li B, Zhou H, He J, et al. On the Sentence Embeddings from Pre-trained Language Models. https://arxiv.org/abs/2011.05864, 2020.

[208] Su J, Cao J, Liu W, et al. Whitening Sentence Representations for Better Semantics and Faster Retrieval. https://arxiv.org/abs/2103.15316, 2021.

[209] Raj C, Meel P. ConvNet frameworks for multi-modal fake news detection. Applied Intelligence, 2021, 51(11): 8132-8148.

[210] Lu J, Zhan X, Liu G, et al. Bstc: a fake review detection model based on a pre-trained language model and convolutional neural network. Electronics, 2023, 12(10): 2165.

[211] 陈燕方, 谭立辉. 在线商品虚假评论信息治理策略研究. 现代情报, 2015, 35(2): 150-153.

[212] 蔡丽坤, 吴运兵, 陈甘霖, 等. 基于生成对抗网络的类别文本生成. 广西师范大学学报

(自然科学版), 2022, 40(4): 79-90.

[213] 吴正清, 曹晖. 基于 GAN 的中文虚假评论数据集生成方法. 云南大学学报(自然科学版), 2023, 45(5): 1033-1042.

[214] Stanton G, Irissappane A A. GANs for semi-supervised opinion spam detection//International Joint Conference on Artificial Intelligence, Macao, 2019: 5204-5210.

[215] Pascual D, Egressy B, Meister C, et al. A plug-and-play method for controlled text generation// Empirical Methods in Natural Language Processing, Punta Cana, 2021: 3973-3997.

[216] Salminen J, Kandpal C, Kamel A M,et al. Creating and detecting fake reviews of online products. Journal of Retailing and Consumer Services,2022, 64: 102771.

[217] 褚霞. 网络评论的现状问题和法律对策. 新闻传播, 2012, (11): 233-234, 236.

[218] Shukla A D, Goh J M. Fighting fake reviews: authenticated anonymous reviews using identity verification. Business Horizons, 2024, 67(1): 71-81.

[219] Hunt K M. Gaming the system: fake online reviews v. consumer law. Computer Law & Security Review, 2015, 31(1): 3-25.

[220] 张芳, 徐静雯. 考虑虚假评论的电商预售监管演化博弈研究. 新媒体研究, 2023, 9(10): 30-36.

[221] 邓胜利, 汪奋奋. 互联网治理视角下网络虚假评论信息识别的研究进展. 信息资源管理学报, 2019, 9(3): 73-81.

[222] 马梓雨, 朱瑾. 网络社交平台评论治理策略研究——以新浪微博为例. 现代商业, 2019, (2): 178-180.

[223] Sahut J M, Laroche M, Braune E. Antecedents and consequences of fake reviews in a marketing approach: an overview and synthesis. Journal of Business Research, 2024: 114572.

[224] 邓儿枫, 熊芳芳. 自由市场的规制:网络评论的治理策略探讨. 传播力研究, 2018, 2(15): 219-220.

[225] 朱莹. 考虑产品质量属性、部分顾客理性和多期动态决策的虚假评论监管策略研究. 南昌: 江西财经大学, 2024.

[226] Chen T, Peng L, Yang J, et al. Evolutionary game of multi-subjects in live streaming and governance strategies based on social preference theory during the COVID-19 pandemic. Mathematics, 2021, 9(21): 2743.

[227] Liu Y, Gao W. Which is more effective for platform performance: punishments or incentives?. Industrial Marketing Management, 2023, 110: 117-128.

第2章 AIGC 视域下虚假评论感知治理理论与识别方法

2.1 AIGC 视域下虚假评论感知治理理论

2.1.1 虚假评论产生、传播与感知的相关理论

在 AIGC 背景下，虚假评论产生、传播到被用户感知的过程遵循一定的理论规律，本节将介绍虚假评论传播与被感知的主要理论，包括信号模型、刺激-机体-反应理论、认知失调理论、欺骗性传播理论、谣言模型。其中，信号模型解释了虚假评论通过特定的信号传递信息的作用机理；刺激-机体-反应理论说明了虚假评论信号在传递之后如何被用户接收并产生一系列的心理与行为反应；认知失调理论揭示用户在认知层面对大量评论信息进行感知、分析，进而调整自己的态度和后续行为的心理机制；欺骗性传播理论针对虚假评论的伪装和隐蔽特性，帮助理解虚假评论如何通过巧妙的传播策略影响用户认知；谣言模型则揭示了虚假评论在社交媒体和电子商务平台上的传播路径和扩散速度，有助于探究虚假评论在对用户个体产生影响之外，如何通过进一步的传播机制扩大影响。

2.1.1.1 信号模型

(1) 理论内容。

信号理论最早由 Spence 于 1973 年提出，用以解决信息不对称造成的逆向选择问题。信号理论由信号、信号发送者和信号接收者三部分组成，认为当双方拥有的信息不对称时，拥有信息的一方可以通过某种行为发布信号，缺少信息的另一方可以通过信号推测产品的质量，用户的购买策略也可能会因此而改变，即信号发送者以发送特定的信号的方式来打破信号发送者与信号接收者之间的信息不对称[1]。由于买家和卖家(或雇员和雇主间)之间存在信息差，如果拥有高质量产品的卖家能够通过某种活动使生产成本低于低质量产品的卖家，那么即使买家没有意识到两种产品生产的成本差异，他仍然愿意为高质量的产品付出额外的金钱[2]。在这个过程中，包括虚假评论在内的产品评论信息作为一种信号，在买家的产品评估和购买决策中扮演着重要角色，例如，高质量产品的卖家可能会通过提供优质的售后服务、真实用户体验分享等方式积累正面评论，从而吸引更多

买家。

信号理论产生于经济学领域，随着该理论的不断研究和完善，现已形成一个包含信号发送者、信号接收者、信号、反馈以及信号环境等要素的框架结构，其中，信号发送者是掌握个人或组织主要信息的内部人；信号接收者是指希望获得自身尚未掌握的个人或组织信息的外部人；信号指内部人所拥有的关于个人或组织的信息；反馈是为及时调整以提高信号的有效性，信号接收者向信号发送者发送的反向信号；信号环境是信号发送的环境[3]，此研究框架在社会学研究领域得到广泛应用。

(2) 理论应用。

研究者将信号理论运用于在线评论的研究上，挖掘出在线评论信息影响用户评论感知、决策的内在机制。李昂和赵志杰[4]在考虑信号环境影响的情况下，以信号传递理论搭建研究框架，构建包含与评论内容有关的信号、与评论者有关的信号和与反馈有关的信号的在线评论有用性影响因素模型，该研究用一个新的角度解释各因素影响在线评论有用性的作用途径，研究结果发现评论深度、评论图片、评论者信息披露、评论者排名高低与评论有用性呈现显著正向关系，商品类型在评论情感倾向和评论图片对评论有用性的影响中起到了调节作用。齐托托等[5]从市场信号和卖家信号两个维度出发，探究在线评论和卖家回复对消费者购买知识付费产品决策的影响，并将市场信号分为流行度信号、质量信号和信息量信号三种，完善了用户购买决策研究的信号理论框架。宋思根和袁必凯[6]搭建在线评论特征对用户虚假评论感知的影响路径，探索用户虚假评论感知的影响因素，研究证实了感知可信、感知风险对在线评论质量、在线评论者专业性在影响用户虚假评论感知的过程中发挥了中介作用，用户信任倾向对在线评论特征与虚假评论感知关系发挥了调节作用，他们认为只要找出与虚假评论具有紧密联系的评论特征，就能发现用户虚假评论感知的线索。

在虚假评论研究情境下，信号指虚假评论的内容，信号发送者是虚假评论的发送者，信号接收者是查看虚假评论的用户，反馈是信息接收者对虚假评论内容的反应，信号发送环境是用户发送虚假评论的网络平台。在消费的过程中，消费者是信号接收方，虚假评论者是信号发送方，消费者掌握信息比虚假评论者更少，双方存在信息不对称的现象。虚假信号的误导使得消费者在缺乏足够信息的情况下，可能会做出偏离商品或服务真实价值的购买决策，进而影响商品销量。与此同时，虚假评论者往往根据商品销量的反馈，动态调整其发布虚假评论的策略，试图混淆消费者的判断。

整体而言，信号理论有助于理解 AIGC 视域下用户感知虚假评论的作用路径。AIGC 智能创作时代的在线评论产生和传播方式发生深刻变革，消费者购买决策的影响因素日益复杂，虚假信号对消费选择的干扰变得更加显著。具体而言，从虚假评论内容生成来看，以 ChatGPT 为代表的大语言模型具备模拟人类语言和行为的能力，能够生成与真实评论高度相似的评论；从虚假评论识别难度来看，AIGC 技术的迅猛发展及其在内容生成领域的广泛应用使虚假评论的数量更加庞大，虚假特征更加隐蔽，给传统的识别方法带来了巨大挑战。在 AIGC 的背景下，信号的生成和传播变得更加多样和复杂。信号理论可以帮助解释在这一复杂环境中，通过检测信号线索、分析信号发送者和接收者的特征来理解虚假评论的信号传递机制，尤其是虚假评论的接收者如何感知、识别并受到其影响。例如，买家在面临大量评论时，往往依赖于评论的时间分布、文本特征和来源可信度等线索来评估评论的可信度。因此，通过深入探索虚假评论所传递的各种信号及其传递路径，有助于更好地理解虚假评论对消费者决策产生影响的过程。

2.1.1.2　SOR 理论

(1) 理论内容。

刺激-机体-反应理论(stimulus-organism-response，SOR)属于认知心理学的范畴。SOR 理论是在刺激反应理论(stimulus-response，SR)的基础上发展而来，刺激反应理论是 John 依据条件反射的概念所创建的，他将引起行为的外部刺激和行为分解为刺激(stimulus，S)和反应(response，R)两部分，将人的行为看成受到刺激所做出的反应[7]。在这种早期的研究中，学者们并未意识到个体内心活动，此时将 S 影响 R 的途径看成一个"黑箱"，忽略了个体内部的作用。1974 年，Mehrabian 和 Russell[8]将有机体(organism，O)的概念引入，将其作为中介变量，提出了 SOR 理论。在 SOR 理论中，S 代表刺激，即来自外部环境能够作用于个体并引起其反应的各类因素。模型假定不同的外界刺激会在不同程度上影响人的内在状态，进而塑造其决策和行动。O 则代表有机体，特指人的内在心理状态，涵盖了感觉、情感和认知等多个层面。R 代表反应，是模型中的输出部分，即有机体在综合考虑外部刺激和内在心理状态后所做出的行为决策。该理论源于环境心理学，认为个体在受到外部环境刺激后，自身机体在内心会形成情感认知，最后以个体对外部世界的反应的形式表现。

(2) 理论应用。

随着市场环境的不断变化和消费者需求的日益多样化，如何准确把握消费者的心理变化和行为模式成为企业面临的重要课题，SOR 理论经过修改，将刺激分为环境和对象两大类，Belk[9]在原有的 SR 理论的基础上考虑到个体的内部心理，将消费者的购物情景和商品作为"刺激"变量，构建 SOR 模型以解释消费者的行为。

在在线评论上，王俭[10]引入 SOR 理论，从刺激因素识别过程、在线评论信息加工过程和行为反应过程三个阶段构建消费者感知在线评论有用性的研究框架，包括刺激因素识别、消费者感知在线评论有用性的情感心理及行为分析、消费者感知在线评论有用性的信任心理及行为分析、基于消费者感知过程的在线评论有用性评价和提升策略等方面的研究内容，该研究衡量了消费者对在线评论有用性的感知程度，揭示了消费者感知的在线评论有用性的形成机理。邵华[11]结合在线评论的研究，将刺激变量在线评论作为主要变量，其中，将产品评论感知、物流评论感知和星级评价感知作为自变量，将情绪变量和认知变量作为中介变量，将消费者的购买意向作为因变量，研究发现在线评论感知通过对感知有用性和愉悦度产生影响从而影响消费者的购买意愿。

将 SOR 理论放在虚假评论研究范畴下，虚假评论者和虚假评论的具体内容是外部世界给个体用户的"刺激"变量，用户在接收到虚假评论后，"有机体"对虚假评论内部特征和外部特征进行感知，内心形成对虚假评论的情感认知，对虚假评论做出"反应"。目前在虚假评论的研究中，宋思根和袁必凯[6]运用 SOR 理论，将用户感知虚假评论的行为视为"外部信号刺激→有机体感知→行为反应"的动态过程，作为信号线索的评论质量和作为信号发送者线索的评论者专业性组成刺激变量，感知可信、感知风险、用户信任倾向构成有机体感知的变量，虚假评论感知为反应变量，构建在线评论特征对用户虚假评论感知的影响模型，发现作为用户的内在感知，感知可信和感知风险在评论质量、评论者专业性影响用户虚假评论感知中发挥了中介作用。

生成式人工智能在虚假评论生成过程中表现出数据体量大、传播速度快、逼真度高等特征[12]，在"刺激"变量上，AIGC 视域下虚假评论的内容更加逼真，刺激的形式更加多样，难以通过传统方法识别，因此，生成式人工智能带来的虚假评论的复杂性和多样性，使得用户在"有机体"层面对虚假评论的感知过程变得更加复杂，传统的 SOR 理论在应对这些新挑战时，可能需要进一步调整和扩展，以提高其在虚假评论准确感知中的应用效果。

2.1.1.3　认知失调理论

(1) 理论内容。

认知失调理论，由心理学家利昂·费斯汀格在 1957 年提出，深入探讨了人们在面对新旧认知冲突时的心理反应与应对策略。该理论揭示了个体在追求内心与外界达成一致的过程中，如何应对由新信息或新行为引发的认知失衡状态[13]。根据这一理论，人们的认知系统通常维持在一个相对平衡的状态，其中信念、态度和价值观等认知元素相互协调，共同构建了个体的内心世界。然而，个体所处环境的变化会导致新的信息和行为模式不断涌入，这些新元素可能与既有的认知结构产生冲突，从而打破原有的认知平衡。当这种冲突出现时，个体会体验到心理上的紧张与不适，这种感觉类似于一种"失调"状态。认知失调的基本单位是认知，认知结构由多种认知元素组成。费斯汀格将认知元素间的关系分为不相干、协调、不协调三种，不相干指的是元素之间相互没有关系，协调是指元素之间彼此不冲突，含义一致，不协调是指元素间彼此冲突和矛盾。为了缓解这种失调，让认知系统达到新的平衡，个体会采取多种策略，主要分为改变行为、改变态度和增加新的认知元素这三种途径。

(2) 理论应用。

认知失调理论为我们提供了一个独特的视角，来观察和理解人类在面对认知冲突时的心理机制与应对策略。它不仅在心理学领域具有深远的影响，同时也为教育、消费者行为分析等多个领域提供了宝贵的理论支持和实践指导。在教育学方面，何茂玉[14]验证认知失调理论在促进大学生对体育课态度更加积极中的作用，及其应用是否具有可行性和实际效果；在行为分析领域，邓胜利和赵海平[15]将认知失调理论应用在信息搜寻过程中，搭建模型框架，最终发现认知失调的个体更倾向于支持性信息接触模式，且认知协调或失调的程度越大，这种倾向越明显，而反驳性信息接触模式对认知改变的影响更明显，个体接触的反驳性信息数量越多，认知发生改变的概率就越大。

认知失调的研究范式可以分为自由选择、信念冲突、努力调试和诱导服从这四种，魏娟[16]采用自由研究范式进行研究，该研究将评论数量、评论质量和评论可信度三个变量作为在线评论的表征因素，将情绪失调和产品失调作为引发消费者产生失调状态的心理因素，产品涉入度作为调节变量，退货意向作为因变量，对数据进行处理，发现在线评论对认知失调具有显著的正向作用，产品失调和情绪失调对退货意向具有显著的正向作用，且认知失调对在线评论与退货意向之间起多重中介作用。

认知失调理论指出，个体在追求内外认知和谐一致的过程中，当面临新的、与既有认知结构不一致的信息时，会产生心理上的紧张与不适。虚假评论的发布动机是为了得到情感补偿或金钱等利益，评论者发布的评论内容与自身感受并不一致[17]。虚假评论内容的真实性与消费者既有的认知结构往往存在冲突，当消费者接触到这些虚假评论时，他们的认知平衡被打破，从而引发认知失调，但消费者能够通过运用自身认知能力来对评论的真实性进行感知。

由于 AICG 技术的高度仿真性，虚假评论往往难以辨别，这使得消费者在恢复认知平衡的过程中面临更大的挑战。Chatterjee 等[18]研究了认知过程对虚假评论检测的影响，他们基于认知失调理论和动机理论构建模型，将中心线索、外围线索和情感线索作为自变量，探究消费者的认知过程如何帮助其检测在线虚假评论。该研究表明，中心线索和外围线索有助于检测在线评论的真实性，其中，包含评论质量、评论一致性和评论同质性的外围线索帮助消费者识别虚假评论的作用效果更强。研究结果发现，消费者的认知过程对评论者检测虚假评论的态度有显著影响。同时，消费者的产品知识有显著的调节影响，这影响了消费者对在线评论的态度与评论者对虚假评论的感知意图之间的关系。

2.1.1.4　欺骗性传播理论

(1) 理论内容。

信息操纵理论(information manipulation theory，IMT)认为信息被当作谎言的原因是它们通常隐蔽地违背言语交流的准则，McCornack[19]基于数量、质量、关系和方式这四个维度，认为真实信息与虚假信息是有区别的。数量维度，即控制被披露信息的数量，包括故意隐瞒或删减关键信息，以影响接收者对整体情况的理解；质量维度，体现在提供虚假信息上，意味着信息发布者故意发布不真实或误导性的信息以欺骗接收者；关系维度，是指操纵信息的相关度，包括在提供信息时，故意关联或断联某些事实，以创造或破坏信息的逻辑联系，从而误导接收者对于信息间关系的理解；方式维度，指的是把持信息被呈现的方式，涉及信息的呈现顺序、结构或表达方式，通过特定的呈现方式，信息发布者试图引导接收者的思维和理解。

泄露理论是由 Ekman 最早提出，该理论强调了欺骗线索和泄露线索的区别，欺骗线索只能表明有欺骗行为出现，但泄露线索会暴露隐藏的信息[20]。当情绪伴随着谎言出现时，大多数谎言会被识破。非言语行为更容易成为暴露谎言的线索，且因为欺骗所产生的情绪波动越强时，暴露谎言的非言语行为的线索出现的可能性就越大。

自我表征理论(self-presentational theory)由 Depaulo 等[21]提出，该理论认为说谎者在某些方面相较于诚实者显得更为不坦率，他们所叙述的故事也缺乏引人入胜的特质。同时，说谎者通常会给听众留下更为负面的印象，表现出更高的紧张感。他们讲述的故事中，不寻常的元素较多，而普通的不完美之处则相对较少。许多行为与欺骗之间的联系性并不强，甚至于无联系。当个体受到成功的激励，尤其是当这种动机与个人的身份认同有关而非金钱或物质利益时，欺骗的迹象会更为显著。同样，当谎言涉及违法行为时，欺骗的线索也会变得更为强烈。对于虚假信息，自我表征理论认为它与真实信息不同之处在于虚假信息是出于表现有利的动机而写的。

真实监控理论(reality monitoring theory，RM)由 Johnson 和 Raye 提出[22,23]，真实监控的过程就是将记忆分为真实经验或想象，其核心是依据现实体现的记忆与依据虚构的记忆存在区别。该理论被用于欺骗研究的关键是实际事件和想象事件的记忆质量不同，真实信息和虚假信息在感知细节、语境细节等方面存在区别，可以通过它们的感知细节进行区分，且真实信息表现出清晰性、现实性和可重构性。

人际欺骗理论(interpersonal deception theory，IDT)由 Buller 和 Burgoon 所提出[24]，是对人际传播中的人际欺骗研究的总结，该理论代表了人际沟通和欺骗原则的合并，旨在更好地解释互动环境中的欺骗。人际欺骗理论认为，发送者通过操控虚假信息使得接收者接收虚假信息或结论，在这个过程中，发送者对虚假信息是否会被察觉而担忧，接收者观察信息的有效程度，对信息的正确性存疑。信息源可信度是该理论认为至关重要的属性之一，其衡量发送者在性格、能力、沉着等方面的可信度，该理论假定，当发送者的行为偏离正常参与时，接收者就应该怀疑信息的真实性。Abdulqader 等[25]认为在虚假评论感知中使用该理论的关键在于人际欺骗理论考虑了人际交流的互动，并假定熟练程度不同的骗子之间存在差别，这也加大了辨别熟练骗子发送的评论和真实评论的难度。

默认真实理论(truth-default theory，TDT)是一种新的欺骗检测理论[26]，该理论假定人们彼此信任，当与他人交流时，默认对方说的内容是真实的，这也使有效的沟通和合作成为可能。该理论的核心思想是人们倾向于大多时候都在诚实地交流，然而，有时人们会试图欺骗他人，当存在明显的欺骗动机、欺骗举动等情况时，人们会对他人产生怀疑。默认真实理论描述了人们何时会怀疑谎言，何时会得出谎言的结论，以及人们正确和错误对真理和谎言进行判断的条件。与其他欺骗理论相比，默认真实理论提出了欺骗检测的新视角，该理论认为对行为举止和非语言表现的依赖倾向于将欺骗检测的准确性推向偶然，而准确性的提高取决于对情境化沟通内容的关注。

(2) 理论应用。

欺骗性传播理论已广泛应用于虚假评论识别领域。邓莎莎等[27]利用相关欺骗理论，提出了 11 种欺骗语言线索，共 3 类欺骗特征(词语词频、信息丰富度、内容信服度)，其中，信息丰富度是自我表征理论所提出的有效衡量指标。该研究构建在线欺骗识别系统，比较各种欺骗特征组合的欺骗识别效果，最终结果显示，识别欺骗评论的精度达到 80%。Banerjee 和 Chua[28]综合了信息操纵理论、泄漏理论、自我表征理论和真实监控理论这四大欺骗传播理论，建立了欺骗传播理论模型，理论模型确定了四种预测结构——可理解性、特异性、夸大性和忽视性，并假设它们与结果结构真实性相关。研究发现，在可理解性方面，真实评论和虚假评论可以从长度上区分开来，但两者之间的差异有时很容易被模糊；在特异性方面，发现积极和消极的虚假评论都出现了丰富的单一自我参照，而中性的虚假评论包含有限的复数自我参照；在夸大性方面，发现标题中是否存在感叹号是辨别真实评论和虚假评论的重要预测指标，真实评论的标题所用感叹号往往比虚假评论少；在忽视性上，真实评论和虚假评论之间的差异性大，正面真实评论比虚假评论的差异词更少，排斥词更多，负面真实评论比虚假评论包含更多的因果词，但这些差异在中性评论上比较模糊。Shan 等[29]针对在线消费者评论，概念化并引入了三种类型的评论不一致：评级-情绪不一致、内容不一致和评论语言不一致，提出了包含 22 个特征的评论不一致的操作化方法。该研究利用泄露理论、默认真实理论和态度-行为一致性理论，构建在线虚假评论检测系统，并对系统效果进行评估。

AIGC 视域下的虚假评论具有明显的欺骗性特征，可以通过欺骗性传播理论为虚假评论识别提供创新性的方法论支持。结合自然语言处理和机器学习等先进技术，构建虚假评论检测系统，将有助于识别虚假评论在内容、情感、语言及逻辑等方面的特征，从而为有效检测虚假评论提供强有力的工具与方法。

2.1.1.5　谣言模型

(1) 理论内容。

谣言模型是社会心理学和传播学研究中的一个重要理论工具，用于理解和解释谣言的产生与传播机制。1947 年，Allport 和 Postman 在其开创性的研究中首次提出了一个计算谣言程度的模型，该模型被广泛认为是谣言研究的奠基性理论。他们提出的方程式表明，谣言的产生可以用以下公式表示：谣言 = 事件的重要性 × 事件的模糊性。

这一公式指出，谣言的传播程度是由两个关键因素决定的：事件的重要性和事件的模糊性。事件的重要性指的是事件对个体或群体的重要程度，而事件的模糊性则是指事件信息的明确程度或其不确定性。根据这一模型，如果某一事件对公众具有高度重要性且其信息内容模糊不清，那么谣言的传播概率和强度都会增加。相反地，如果事件的重要性或模糊性为零，即事件对公众毫无影响或事件的细节非常清晰透明，那么谣言就不会产生。

这一模型在谣言研究中具有里程碑式的意义，为后续的理论发展和实证研究奠定了基础，并且仍然在现代谣言传播研究中占据重要地位。通过这一公式，Allport 和 Postman 揭示了谣言生成的内在机制，强调了信息不对称与公众关注之间的关系，为理解谣言传播的动力学提供了一个简单而有效的理论框架。

(2) 理论应用。

虚假评论和谣言具有一定程度的相关性，二者都表达了对某种事物或事件的看法，这种相似性在虚假评论感知和谣言检测的过程中能够体现。消费者在社交网络平台中出于某种目的发表与真实情况不符的、具有迷惑性质和欺骗性质的虚假评论，从而影响其他人的意向或决策。虚假评论和谣言通常具有信息来源模糊、传播速度快、误导他人等特点，这也让二者的检测方法和途径在一些情况下可以相互迁移。与谣言检测的相关技术相似，对于虚假评论的检测技术也主要采用分类方法[30]。

Chang 等[31]认为内容分析是谣言检测最有效和直接的方法，他们将虚假评论分为欺骗性评论和破坏性评论。其中，欺骗性评论是指故意提供正面评论以捧高某一产品或经营实体，或者故意提供差评来降低产品或经营实体的声誉，从而影响消费者的决策。破坏性评论一般是非评论性质的，如不相关的广告或无关的观点或消息。与欺骗性评论相比，破坏性评论造成的危害更小。Chang 等利用 Allport 和 Postman 的方程式，将事件的重要性定义为代表评论特征的字数与总字数之比，确定性被定义为确定性量词的表达，例如，客户的时间和日期数据集在酒店的住宿时间，登记入住的天数，以及人数。评论中出现的量词越多，作者的评价就越真实，酒店体验和虚假的可能性就会越低。

谣言检测与虚假评论感知是维护信息真实性和社会稳定的重要工具，它们在目标上高度一致，即都是为了识别和过滤掉可能误导公众、破坏社会信任的信息。与此同时，谣言检测与虚假评论感知在 AIGC 时代也面临着共同的挑战，一方面，随着生成式人工智能技术的不断进步，谣言和虚假评论的制作和传播手段也在不断更新和演变，这使得检测模型需要不断学习和适应新的情况；另一方面，跨平台、跨语言的传播也增加了谣言和虚假评论的追踪和检测难度，需要更加智能和高效的算法来应对。

在 AIGC 的时代背景下，谣言检测模型与虚假评论感知之间的关系显得尤为紧密且重要。这一关系不仅体现在二者在应对信息误导方面的共同目标上，还体现在它们相互借鉴与融合的检测方法，以及共同面对的技术与伦理挑战中。在未来的研究中，可以进一步探索谣言检测模型与虚假评论感知的深度融合，开发更加准确和高效的检测模型，以更好地应对虚假评论带来的挑战。

2.1.2　虚假评论危机治理的相关理论

目前，许多学者已经从各个层面提出虚假评论危机治理的途径。在治理理论方面，根据协同理论、演化博弈理论等构建协同治理机制；在多元治理层面，鼓励多元主体参与事实核查工作；在法律规制方面，完善网络信息内容执法；在管理层面，要求生成式人工智能服务提供者配备必要的虚假信息鉴别科技和获取渠道，加强应用准入方面管理；在技术层面，采取图灵检测、分层治理等手段进行管控；在源头层面，从算法治理、数据质量管理方面强化源头治理。

针对 AIGC 产生的虚假评论治理，本节先从社会信任理论角度说明 AI 评论如何获得信任的过程，并基于演化博弈理论说明如何在专业领域内建立一个演化博弈模型；在治理机制上，强调根据协同理论构建多元主体的协同治理机制。

2.1.2.1　社会信任理论

(1) 理论内容。

在社会学领域，通常认为信任研究的起源可以追溯到西美尔的理论探讨。西美尔的信任理论以互动为基础，主张正是通过互动，人们之间形成了复杂的社会关系，个人之间的互动构成了所有社会结构的起点。在现代社会中，他指出，交换是占据主导地位的互动形式或社会关系之一。交换不仅是社会成员之间建立内在联系和有机团结的基础条件之一，也是现代社会得以形成的关键因素。现代社会的良性运转依赖于正常的交换机制，因此，维持交换机制的前提条件同样是社会持续存在的基础。西美尔进一步指出，信任是交换得以顺利进行的关键条件。如果缺乏信任，社会结构将会解体。因此，他将信任视为重要的社会整合力量，强调"没有人们之间的普遍信任，社会将会分崩离析"，并提出"信任是社会内部最重要的整合力量之一"[32]。

西美尔指出，人在社会生活中必须采取行动，而信赖则使人敢于行动。这种信赖源自对未来可能事件的可靠性进行预测和计算的基础上。西美尔认为，信赖是一种假设，反映了个体在已知与未知之间的状态。他进一步提出，信赖不同于弱归纳性知识。完全知晓的人无须依赖信赖，而对情况一无所知的人在理智上也无法产生信赖。因此，信赖处于知与不知之间的中间状态。基于上述分析，可以确定信赖与信任之间存在概念上的差异。

卢曼从系统理论和符号功能主义视角，对信任的类型做出了明确的区分：人格信任和系统信任。同时，卢曼对交换媒介进行了深入的研究，他在 1979 年发表的《信任与权力》中提出了三种主要的交换媒介：货币、真理、权力。卢曼认为这三种交换媒介在信任情形中有着非常重要的地位[33]。

科尔曼从社会关系结构角度理解信任。科尔曼认为，信任是一种理性行为，是委托人与受托人在不断重复的理性博弈过程中产生的。信任也是一种风险行为，是个体理性驱动下的交易行为，是理性行动者进行成本-效益计算的产物。在某些情况下，有些人迫切需要信任来支持他下一步的行动。另外，在明确自身赋予他人信任之后所获得的利益会对自己有很大帮助的时候，即便受托人的可信程度很低，委托人也会赋予受托人信任[34]。

吉登斯在著作中阐述了信任的概念、类型以及信任的社会构成过程。他认为信任的种类包括：人格信任、符号系统和专家系统。此外，他从三个方面讨论了信任的形成路径，阐述个体信任、人际信任、社会信任的动态形成过程。他认为，本体性安全为个体信任的形成奠定了心理基础，纯粹关系的构建推动公开、开放的社会关系的发展，从而有效推动人际信任的达成，存在于非专业人士与专家之间以及抽象系统内部工作人员的人的活动的抽象信任是现代性社会信任的基本模式[35]。孙凤兰和邢冬梅[36]从风险社会、抽象系统、信任危机几个方面分析吉登斯的信任理论。他指出现代性的特征是风险社会，抽象系统是应对风险的依据，但抽象系统保障机制的缺失造成了信任危机。

(2) 理论应用。

基于西美尔的信任理论，信任的建立依赖于交换和互动的透明性，这一点在 AIGC 视域下的虚假评论治理中尤为重要。因此提升算法的透明度和可解释性，使公众和利益相关者能够理解和验证 AIGC 生成内容的过程，有助于有效增强对该技术的信任[37]。这种透明度不仅减少了误解和疑虑，也促进了社会对 AIGC 技术的广泛接受。同时，社会信任理论强调信任作为一种社会综合力量，对于维护社会秩序和良性运转至关重要。在治理 AIGC 虚假评论的过程中，可以通过建立一系列信任机制来确保内容的真实性和可靠性，例如，设立独立的第三方机构对 AIGC 生成的内容进行审核和验证，或者运用区块链等技术手段来保证内容的不可篡改性和可追溯性，实现去中心化信任的过程[38]。此外，社会信任理论还指出：信任可以在社会网络中传播和扩散。研究表明，不加控制的社交网络信息传播会降低社会信任程度[39]。因此在虚假评论治理中，重视社交网络中信息传播的监督和管理是必要的。可以利用社会网络中的信任关系来识别和打击虚假评论。例如，通过建立基于社交网络的信任评分系统，对用户评论进行评分和排序；或者借助社交网络的传播机制来减少信息不对称；及时阻止虚假信息扩散、揭露虚假评论，防止群众陷入"信息茧房"而对社会产生不信任感。最后，建立完善的舆论追责体系，完善规则和法治建设，使 AIGC 虚假评论治理可以更有效地依托社会信任体系，促进内容的真实可靠性，并提高公众对 AIGC 评论的鉴别能力。

2.1.2.2　演化博弈理论

(1) 理论内容。

演化博弈理论(evolutionary game theory，EGT)是生物经济学中演化理论与博弈论的结合，它研究个体策略在群体中如何随时间演化[40]。在传统博弈理论中，常假定参与人是完全理性的，且参与人是在完全信息条件下进行的，但对现实的经济生活中的参与人来讲，参与人的完全理性与完全信息的条件是很难实现的。与传统博弈理论不同，演化博弈理论并不要求参与人是完全理性的，也不要求完全信息的条件。西蒙在研究决策问题时针对"完全理性"这一概念所存在的弊端，提出了自己的"有限理性论"。所谓"有限理性论"就是"考虑到活动者信息处理能力限度的理论"，即看重理性行动者自身处理信息能力的局限。他认为决策者在决策中不可能掌握关于决策的所有信息，并且决策者处理这些信息的能力也是有限的[38]。

演化博弈理论的基本均衡概念——演化稳定策略是由 Smith 等提出的，标志着演化博弈理论的诞生；Taylor 在考察生态演化现象时提出了另一重要概念——复制动态概念，至此演化博弈理论有了明确的研究方向[40]。演化博弈理论是把博弈理论分析和动态演化过程分析结合起来的一种理论，它以有限理性的参与人群体为研究对象，利用动态分析方法把影响主体行为的各种因素纳入动态模型之中，并以系统论观点来考察群体行为的演化趋势[41]。在方法论上，它不同于博弈论将重点放在静态均衡和比较静态均衡上，强调的是一种动态的均衡。

（2）理论应用。

目前，演化博弈理论已经被广泛应用于 AIGC 虚假评论治理，学者通过关注参与主体的有限理性和不完全信息、动态演化过程、博弈主体的多样性以及演化稳定策略的寻找等方面，可以为 AIGC 虚假评论治理提供有效的策略建议和优化方案。

陈瑞义等[42]通过构建顾客、商家、平台三方参与者的演化博弈模型，探究了顾客是否制造虚假评论、商家是否诚信经营以及平台是否积极监管的八种组合情况，得出结论：商家和平台社会责任的同时缺失是网络消费虚假评论生态形成的关键动力，且易造成多方共谋但难以治理的困境。只要三方中的任何两方承担起社会责任，网络消费虚假评论不良生态将无法形成。商家参与虚假评论的失信经营行为的形成是消费者不客观评论和平台不积极监管博弈的均衡结果。只要消费者客观评论或平台积极监管，商家将最终选择诚信经营，且消费者的客观评论因素影响更为显著。平台监管缺失行为的形成是消费者客观评论或商家诚信经营博弈的均衡结果。

郭海玲等[43]从信息生成视角入手，构建"政府-生成式 AI 服务提供者-生成式 AI 服务使用者"三方协同共治演化博弈模型。选取初始状态下，生成式 AI 服务提供者技术治理或技术放任；生成式 AI 服务使用者合规创作或违规创作；政府部门初始状态下积极监管或消极监管互相组合的八种情况，进行仿真分析。研究结果说明了博弈主体协同共治策略如何受所有主体初始意愿影响以及部分解决措施。此外，生成式 AI 服务提供者策略受成本支出、奖惩机制、声誉变化的影响，生成式 AI 服务使用者策略受奖惩机制的影响，政府策略受成本支出、奖惩机制及公信力的影响。在成本支出方面，合理区间内降低技术治理成本和积极监管成本可促进生成式 AI 服务提供者和政府参与协同共治；在奖惩机制方面，政府奖励和惩罚措施可相互调节，且政府惩罚重心偏向生成式 AI 服务使用者时治理效果较好。同时，研究得出与政府惩罚相比，生成式 AI 服务使用者对提供者惩罚更加敏感，在合理区间内生成式 AI 服务提供者对政府奖励更为敏感；在社会形象方面，与公信力损失相比，政府对公信力提升更敏感；与声誉损失相比，生成式 AI 服务提供者对声誉提升更敏感等结论。

多项研究从演化博弈模型入手，将社会各界的多元主体纳入到一个动态且相互依存的框架之中，包括社交媒体平台、政府监管机构、第三方审核机构、AI 服务提供者、AI 使用者等。通过构建精细的演化博弈模型，从各个主体角度阐述了每个变量伴随着其他变量的变化而做出反应的过程和结果，为社会各界共同治理虚假评论提供了理论依据和预测方案。

2.1.2.3　协同理论

(1) 理论内容。

协同理论(synergetics)亦称"协同学"或"协和学"，是 20 世纪 70 年代以来在多学科研究基础上逐渐形成和发展起来的一门新兴学科，是系统科学的重要分支理论[44]。协同理论主要研究远离平衡态的开放系统在与外界有物质或能量交换的情况下，如何通过自己内部协同作用，自发地出现时间、空间和功能上的有序结构。它以系统论、信息论、控制论和突变论等现代科学成果为基础，吸取了结构耗散理论的精华，并采用统计学与动力学相结合的方法，提出了多维相空间理论，建立了一整套数学模型和处理方案，描述了各种系统和现象从无序到有序转变的共同规律。

客观世界中存在着各种系统，尽管不同系统的属性各异，但在整体环境中，各系统之间存在相互影响和协同作用的关系。这不仅包括自然系统，还涉及社会现象，如单位之间的配合、部门间的协调、企业间的竞争与合作，以及系统中的相互干扰和制约。协同理论的应用方法，可以用于类比和拓展已知研究成果，探究未知领域的规律，寻找影响系统变化的关键控制因素，从而更好地发挥系统内子系统之间的协同作用。协同理论为研究复杂系统的演化规律提供了新的视角和方法，普适性特征使其在社会科学和自然科学领域均具有广泛的应用价值。

(2) 理论应用。

协同理论在 AIGC 虚假评论治理中的应用，可以深刻地体现在其对系统内部复杂性的解析与整合上，通过协同效应和自组织性的原理，为治理策略提供理论支撑和实践指导。首先，AIGC 虚假评论系统内部由多个子系统组成，如算法学习、评论生成、评论传播等，这些子系统相互作用而形成一种协同效应。协同效应是指由于协同作用而产生的结果，是指复杂开放系统中大量子系统相互作用而产生的整体效应或集体效应。其次，AIGC 虚假评论系统是一个动态的、不断变化发展的过程，其动态变化过程具有自组织性。自组织区别于他组织，指的是在没有外部指令的条件下，其内部子系统默契地按照某种规则相互协调而自动形成新的有序结构，具有内在性和自生性特点。

利用 AIGC 虚假评论系统的协同效应和自组织性特点，可以激发用户社群、行业组织等主体自发参与虚假评论治理，从而整合多元子系统，形成多方主体治理合力。张恒瑞[45]通过采用协同治理理论对社交媒体虚假信息治理提出新的对策，提出从社交媒体平台、政府、图书馆这三个主体的角度出发，对各主体治理社交媒体虚假信息提出相应对策，不断优化虚假信息治理相关对策。

2.1.2.4　其他理论概述

(1) 社会风险理论。

吉登斯提出，随着人类对世界知识的不断积累和信息生产能力的增强，新的风险形式，即"人为风险"，逐渐产生。这些风险不仅超出了人类既往的经验范围，也无法通过传统方法或基于历史数据的时间序列进行预测和估量。伴随着全球化进程的推进以及科学技术的非理性应用，"外部风险"正逐步被"人为风险"所取代，并且"人为风险"正逐渐扩展至全球各地，展现出广泛的全球性特征。可以认为，当前人类所面临的最为令人不安的威胁正是这种"人为风险"。从人类社会发展的历史进程来看，科学技术的非理性应用、全球化的不合理推动使风险的类型越来越表现得难以预料，所带来的后果也日益严重。在全球化、知识经济、科技革命浪潮的推动下，社会正发生重大而深刻的变化，我们进入了一个风险社会阶段[46]。孙刘俊[47]提出，应对自媒体时代网络信任存在的风险应该首先从社会制度下手，要建立完善的约束机制规范社会行动，强化网络信任的保障机制，其次，从个人入手，加强个体的能动性和反思性，避免不良后果。

AIGC 生成的虚假评论是通过技术手段人为制造出来的，从吉登斯的理论角度出发，AIGC 产生的虚假评论是一种典型的"人为风险"，具有高度的不可预测性、全球性和严重性，这种不可预测性使得人们难以有效地进行风险评估和防范。如果缺乏必要的监管和约束，将极有可能导致虚假评论的泛滥。这不仅会损害消费者的权益，还会破坏市场秩序，甚至威胁到社会的稳定和发展。为了防范和应对这种风险，必须加强对 AIGC 技术的监管和约束，提高公众的风险意识，防止严重后果的发生。

(2) 算法黑箱理论。

算法黑箱这一概念由尼沃提出，他认为算法中信息输入、决策过程及信息输出并不透明，如同黑箱一般存在。算法黑箱分为三类，包括输入和输出端均可知但过程不可知、只有输出端可知，以及输入、输出端和决策过程均不可知这三种形态。对于算法黑箱产生的原因，Burrell 认为是机密、算法本身的复杂性和算法使用规范所致。故算法黑箱不仅是技术层面的问题，还有可能是人为因素引起的。算法机制自主决策虽在某种程度上能够摆脱人为控制，但存在人为带入偏见变量导致算法歧视，以及利用算法不透明性实施商业欺诈行为欺骗公众谋取利益的现象，这也是算法黑箱应该重点整治的部分。数字平台算法黑箱产生的危害主要有两个方面，分别为数据失控危机和决策结果歧视危机，表现为个人数据的非法获取和使用、价格歧视、种族歧视等，甚至会危害人身安全以及公共安全[48]。

在 AIGC 被广泛使用的背景下，算法黑箱理论的应用变得更加重要。AIGC

技术依赖于高度复杂和不透明的算法来生成内容，使得外界难以理解其内部工作机制。首先，AIGC 算法的复杂性使得内容生成过程中的决策机制难以被外界理解和追踪，可能导致输入数据中潜在的偏见被隐蔽地放大，并通过生成内容进一步传播和强化。例如，自动招聘工具存在歧视申请软件开发工作女性的情况，因为过去的数据表明，从事类似职位的男性表现更优[49]。其次，算法不透明的存在使得 AIGC 生成的内容难以追溯和监管。由于内容生成过程不透明，监管机构和公众难以确定虚假信息、误导性内容或有害内容的来源。因此，可以采用提高算法的透明度、完善算法审核制度、引入独立第三方监督以及建立算法问责制度等措施，削弱或消除算法黑箱造成的负面影响，确保算法的公正性和透明性，保护用户权益和公共安全。

2.2　AIGC 视域下虚假评论识别方法

2.2.1　传统机器学习方法

　　机器学习通常采用数据驱动的方式来解决复杂问题，能够对图像、声音、文字等信息进行解析。机器学习的关键技术包括多种算法，如决策树、支持向量机、随机森林、K-近邻法等。与传统的编程方式不同，机器学习模型通过分析大量数据自动构建规则，并不断优化这些规则，以提高预测准确性。本节将介绍在虚假评论识别研究中广泛采用的机器学习技术方法，这些技术构成了本书提出方法的基础。

2.2.1.1　支持向量机

　　支持向量机(SVM)是一种有监督的机器学习模型，通常用来进行模式识别、分类以及回归分析。20 世纪 60 年代，Vapnik 和 Chervonenkis 提出了这一理论的基本框架。随后，在 20 世纪 90 年代，随着计算能力的提升和核方法的引入，支持向量机得到了显著的改进，能够有效处理线性不可分的数据，应用范围大大扩展。

　　在虚假评论识别中，SVM 的核心思想是通过在多维特征空间中寻找一个最优的超平面来最大限度地区分虚假评论和真实评论。这个超平面的选择基于一个基本原则：最大化不同类别之间的间隔。这个分类超平面的定义为

$$\omega^{T}x+b=0 \tag{2-1}$$

其中，ω 为法向量，b 为截距，x 为数据实例。

　　图 2.1 为支持向量机的示意图，图中的直线代表分类超平面，图中的点代表数据实例，它们被投影到特征空间的不同维度上，这些点被超平面划分为两类：

法向量指向的一侧是正类(例如真实评论)，另一侧为负类(例如虚假评论)。

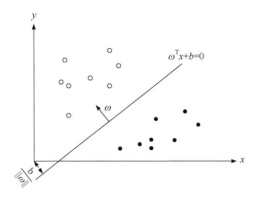

图 2.1　支持向量机示意图

对于给定的训练数据集，其中 $x_i \in \mathbf{R}^n$ 为样本的特征向量，$y_i \in \{-1,1\}$ 为样本类别标签，i 为样本数，$i=1,2,\cdots,n$。

支持向量机通过引入松弛变量和惩罚因子来允许一定程度的分类错误，从而使模型更加灵活和适用于复杂的数据集。支持向量机的目标是找到最优超平面。线性可分问题可以通过求解以下优化问题来实现

$$\min_{\omega,b}\left(\frac{1}{2}|\omega|^2 + C \cdot \sum_{i=1}^{n}\delta_i\right) \tag{2-2}$$

$$y_i \cdot \left(\omega^{\mathrm{T}}x_i + b\right) \geqslant 1-\delta_i \tag{2-3}$$

其中，ω 为超平面的法向量；b 为截距，是分类阈值；C 为惩罚因子；δ 为松弛变量。

在虚假评论识别中，数据通常是非线性可分的。为了在非线性可分的数据集上进行有效分类，支持向量机引入了核函数的概念。核函数通过将原始数据映射到高维空间，使得原本在低维空间中非线性可分的数据在高维空间变得线性可分。这种通过核函数的转换极大地提升了支持向量机处理复杂分类问题的能力。在虚假评论识别中，常见的核函数有线性核、多项式核、径向基函数核和 sigmod 核等。这些函数的选择取决于具体问题的需要和数据的特性。

2.2.1.2　互信息和点互信息

互信息(mutual information，MI)和点互信息(pointwise mutual information，PMI)是信息论中用于衡量变量间信息关系的重要概念，它们在虚假评论识别中有着广泛的应用。虚假评论识别需要分析评论内容和元数据，以检测异常模式和依赖关系。互信息和点互信息可以量化评论中不同特征(如词语、用户行为)之间

的依赖性和共现程度，从而帮助识别虚假评论。

信息熵(information entropy)是信息论中用于量化信息源各可能事件发生的不确定性的基本概念。在 20 世纪 40 年代，香农借鉴了热力学的概念，把信息中排除了冗余后的平均信息量称为"信息熵"，并给出了计算信息熵的数学表达式。信息熵的提出解决了对信息量化的度量问题，在虚假评论识别中也能够发挥重要作用。通过计算评论内容的熵值，可以评估评论的随机性和一致性，从而发现异常模式。

具体地，信息熵可以通过以下公式计算

$$H(X) = -\sum_{i=1}^{n} p(x_i) \log_2 p(x_i) \tag{2-4}$$

其中，$p(x_i)$ 表示随机事件 X 为 x_i 的概率。这个公式表示的是随机变量 X 的平均不确定性。当随机事件的概率分布均匀时，信息熵达到最大，表明系统的不确定性最高；反之，如果某些事件的概率非常高，则信息熵较低，表明系统较为有序。

互信息是基于信息熵的概念，用于量化两个随机变量之间的相互依赖性。它表示当已知一个变量的情况下，另一个变量不确定性减少的程度。在虚假评论识别中，互信息可以用来评估评论内容与用户行为之间的依赖性。如果某些用户的评论内容与其他用户明显不同或高度一致，这表明这些评论可能是虚假的。具体地，如果有两个离散随机变量 X 和 Y，它们的互信息 $I(X;Y)$ 可以通过以下公式计算

$$I(X;Y) = \sum_{y \in Y} \sum_{x \in X} p(x,y) \cdot \log_2 \left(\frac{p(x,y)}{p(x)p(y)} \right) \tag{2-5}$$

其中，$p(x, y)$ 为 X 和 Y 的联合概率分布，而 $p(x)$ 和 $p(y)$ 分别为 X 和 Y 的边缘概率分布。互信息的量值越大，表示变量之间的相关性越强。

点互信息是衡量两个特定事物或特征(通常是词或短语)之间关联强度的一种方法。它是互信息的一种变体，在虚假评论识别中，PMI 可以用于评估评论中词语之间的共现程度。如果某些词语组合在虚假评论中频繁出现，而在正常评论中却很少出现，那么这些组合的 PMI 值会很高，表明它们可能是虚假评论的特征。PMI 的计算公式为

$$\text{PMI}(x;y) = \log_2 \frac{p(x|y)}{p(x)p(y)} \tag{2-6}$$

这里 $p(x|y)$ 是 x 和 y 同时出现的概率，$p(x)$ 和 $p(y)$ 是它们各自独立出现的概率。PMI 的值如果大于 0，则表示 x 和 y 的出现是正相关的；如果等于 0，则表示它们是独立的；如果小于 0，则表示它们是负相关的。

2.2.1.3　朴素贝叶斯

朴素贝叶斯(naive Bayes，NB)是一种基于贝叶斯定理的分类算法，其核心思想是通过假定特征之间的条件独立性来简化计算过程。贝叶斯定理是概率论中的基本定理之一，它描述了在给定已知条件下，某个事件发生的概率。具体来说，贝叶斯定理的数学表达为

$$P(A|B) = \frac{P(B|A) \cdot P(A)}{P(B)} \tag{2-7}$$

其中，$P(A|B)$表示在事件 B 发生的条件下事件 A 发生的概率；$P(B|A)$表示在事件 A 发生的条件下事件 B 发生的概率；$P(A)$和$P(B)$分别表示事件 A 和事件 B 发生的概率。

朴素贝叶斯是基于贝叶斯定理的一种简化版概率分类器。虽然其"朴素"假设(特征间独立)在一定程度上限制了模型的适用范围，但在众多实际应用中，通过预设特征间的条件独立性，朴素贝叶斯显著降低了计算复杂性，使之成为一种既简洁又高效的分类策略。

在虚假评论识别中，朴素贝叶斯算法展现了其强大的应用价值。虚假评论识别的核心任务是从大量评论数据中准确区分真实评论和虚假评论。

朴素贝叶斯算法的主要实施步骤包括：

① 数据集准备：将数据集分为训练集和测试集，并且将文本数据转换成模型可处理的格式，比如通过词袋模型将评论文本数据转换为向量。

② 计算先验概率：对每个类别(真实评论和虚假评论)，计算其在训练集中出现的频率，作为先验概率 $P(y)$，例如，可将真实评论和虚假评论各自的比例作为其类别的先验概率。

③ 似然概率估计：对每个类别下的每个特征，计算该特征在该类别下出现的条件概率 $P(x|y)$。实际应用中通常使用频次计数，并应用拉普拉斯平滑以避免零概率问题。

④ 后验概率计算：使用贝叶斯定理计算样本属于每个类别的后验概率 $P(y|x)$。由于朴素贝叶斯假定各特征之间相互独立，因此可以用连乘的方式来计算。

⑤ 预测与评估：利用测试集数据来评估模型的性能，通常情况下会使用准确率、召回率、F1 分数等指标来衡量模型在识别虚假评论任务中的表现。

2.2.1.4　决策树

决策树(decision tree)模型是一类算法的集合，这类模型通常是基于树结构的预测模型。它通过模拟人类决策过程，将复杂的决策问题分解为一系列简单的判

断，使得决策过程直观易懂。决策树在虚假评论识别领域具有重要应用，它能够通过对评论数据的各种特征(如评论内容、评论时间、用户行为等)进行分析和分类，识别出哪些评论可能是虚假的。决策树模型结构图如图 2.2 所示。

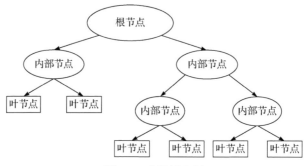

图 2.2   决策树实例

在该模型中，每个内部节点对应于一个特征或属性的检验，每个树梢代表检验的一个结果，而叶节点则对应于一个分类决策。在训练决策树模型时，算法会利用信息增益或基尼指数等指标来确定最优的属性并将其作为划分依据对数据集样本进行划分。这些指标帮助算法最大化不同类别(真实评论和虚假评论)之间的区分度。例如，虚假评论通常具有某些特定的模式，如频繁使用特定词汇、短时间内大量发布等，通过这些特征，决策树模型可以有效地进行识别。

在虚假评论识别中，可以选择不同的决策树算法来构建模型。目前，一些流行的决策树算法包括：针对标称属性的 ID3 算法、ID3 的改进版本 C4.5 算法、分类和回归树(classification and regression trees，CART)算法等。

ID3 算法通过信息增益进行特征选择。在特征选择之后，ID3 算法会计算每个特征的信息增益，通过不同特征的不同大小的信息增益，选择出最能影响结果的特征。在虚假评论识别中，可以用于识别哪些特征最能区分真实和虚假的评论。例如，虚假评论可能更多地包含特定的广告词汇，通过信息增益计算，可以确定这些词汇对分类结果的影响。ID3 算法定义：设样本集 D 按离散属性 A 的 s 个不同的取值，划分为 D_1，$\cdots$，D_s 共 s 个子集，则 D 用 A 进行划分的信息增益为

$$\text{gain}(A,D) = \text{info}(D) - \sum_{i=1}^{s} \frac{|D_i|}{|D|} \times \text{info}(D_i) \tag{2-8}$$

其中，info(D)为 D 的信息熵。设 D 中有 m 个类，则

$$\text{info}(D) = -\sum_{j=1}^{m} p_j \times \log_2(p_j) \tag{2-9}$$

其中，p_j 为 D 中包含类 j 的概率。

C4.5 算法是基于 ID3 算法改进而产生的决策树算法。通过信息增益率进行特征选择，更适用于复杂的评论数据集。例如，一些虚假评论可能采用多种不同的策略混淆检测，通过 C4.5 算法，可以更好地处理这些连续且复杂的特征，提升识别准确率。

C4.5 算法定义与 ID3 算法相似，只是在计算每个特征的信息增益的环节，变为了计算每个特征的信息增益率。信息增益率 Gain-ratio 的计算公式如下

$$\text{Gain-ratio} = \frac{\text{gain}(A, D)}{\text{info}(D)} \tag{2-10}$$

CART 算法则通过基尼指数选择特征，能够进行更为灵活的分类和回归分析。在虚假评论识别中，CART 算法可以通过细化分类标准，对不同类型的虚假评论进行更为精确的识别和处理。CART 分类树用于目标变量为离散型的建模任务，其特征属性选择依据基尼指数，通过降低数据的不纯度来选择最优的特征分裂点。关于样本集 D 的基尼指数 Gini(D) 的计算公式如下

$$\text{Gini}(D) = 1 - \sum_{k=1}^{m} P_k^2 \tag{2-11}$$

其中，P_k 表示 D 中包含类 k 的概率。

2.2.1.5　LDA

潜在狄利克雷分布(latent Dirichlet allocation，LDA)模型是由 Blei 等[50]开发的一种具有三层分层的贝叶斯概率模型，它是概率潜在语义分析(PLSA)的贝叶斯推广。LDA 是文本语义分析领域中的重要工具，在文本数据挖掘、生物信息学以及其他需要发现数据中潜在主题结构的领域具有重要作用。

LDA 模型认为一篇文档包含多个主题，每个主题对应不同的词汇。在生成一篇文档时，首先以一定的概率选择某个主题，然后在该主题下通过一定的概率选出某些词汇，逐词生成整篇文章。在虚假评论识别模型中，LDA 模型可以分析大量评论数据，识别出常见的主题分布，然后检测出与这些常见主题分布显著不同的评论。

潜在狄利克雷分布首先根据全局泊松分布确定文档的长度 N，其中 N 遵循泊松分布 $N \sim \text{Poission}(\lambda, \beta)$，这里的 Poission 指的是泊松分布，而 λ 是泊松分布中的参数，代表事件的平均发生率或强度，β 是回归系数，表示自变量对因变量的影响程度。然后取样生成该文档主题上的狄利克雷分布 $\theta \sim \text{Dir}(\alpha)$，Dir 表示狄利克雷分布，它用于描述文档中各个主题的比例分布，而 α 表示狄利克雷分布

的参数，它控制了主题分布的分散程度。随后为这个长度为 N 的文档中的每个词语分配生成一个主题 $Z_{m,n} \sim \mathrm{Multinomal}(\theta_m)$，即一个多变量随机变量为 $Z_{m,n}$ 服从参数 θ_m 的多项分布。并取样生成主题在词语上的分布 $\varphi_{Z_{m,n}} \sim \mathrm{Dir}(\beta)$，最后以 z 和 φ 共同为参数的多项式分布中确定一个词 $w_{m,n} \sim \mathrm{Multinomial}(\varphi_{Z_{m,n}})$。整个模型的联合分布计算方法如下

$$p(w,z,\theta_m,\varphi_k|\alpha,\beta) = \prod_{n=1}^{N} p(\theta_m|\alpha)\, p(z_{m,n}|\theta_m)\, p(\varphi_k|\beta)\, p(w_{m,n}|\theta_{Z_{m,n}}) \tag{2-12}$$

通过对评论文本进行预处理(如分词、停用词去除等)，并利用 LDA 模型提取主题分布，可以发现虚假评论在主题上的不一致性和异常特征。虚假评论通常有较高的相似性，重复使用特定词汇和短语，反映出单一或有限的主题，而真实评论通常反映真实用户体验和意见，其主题分布相对均匀和多样。通过 LDA 模型，这些异常的主题分布特征可以被捕捉和量化。随后，将这些特征输入到分类器中(如支持向量机或随机森林)，即可实现对评论真实性的有效判断。

2.2.1.6　TF-IDF

1973 年，Salton[51]首次提出了词频-逆向文档频率(term frequency-inverse document frequency，TF-IDF)这一算法。它是一种在信息检索(information retrieval)与文本挖掘(text mining)领域常用的加权技术。TF-IDF 能够将文档转换成 n 维的词向量，其中每个词及其 TF-IDF 值构成了向量的一个维度。TF-IDF 值由两部分组成：词频(term frequency，TF)和逆向文档频率(inverse document frequency，IDF)。

TF 是衡量一个词汇在文档中出现频率的指标。假设某个词汇在文档中出现了 n 次，而文档总共包含 N 个词，t 表示词汇，d 表示文档，则该词的 TF 定义为

$$\mathrm{TF}(t,d) = \frac{n}{N} \tag{2-13}$$

TF 值越高意味着该词汇在文档中出现得越频繁，可能对该文档的主题贡献更大。

而 IDF 是衡量一个词汇在文档中稀有程度的指标。IDF 越高，说明该词汇在文档中越稀有，对于区分文档具有更大的价值。其中，D 是文档总数，df_t 是包含词 t 的文档数量。IDF 的计算公式为

$$\mathrm{IDF}(t) = \log\left(\frac{D}{\mathrm{df}_t + 1}\right) \tag{2-14}$$

IDF 公式通过取对数，避免了数值过大这一问题，同时也确保了 IDF 单调递减的特性。

单词 t 的 TF-IDF 权重是以上两者的乘积。

TF-IDF 的主要思想是：通过计算某个词汇在文档中的频率(TF)，并结合整个文档集中同一词汇的频率(IDF)，来计算该词汇在文档中的权重。如果一个词汇在某篇文章中出现的频率 TF 高，并且在其他文章中很少出现，则认为此词具有良好的类别区分能力，适合用于分类文档。虚假评论通常通过频繁使用某些特定的词汇来操纵评论内容，使其看起来更真实或更有说服力。TF-IDF 可以有效识别出这些异常的词汇模式。具体而言，如果某个词在某篇评论中频繁出现，但在其他评论中很少出现，则这个词可能是虚假评论的标志词。例如，在识别虚假评论时，若发现某个词如"绝对推荐"在某个买家的评论中频繁出现，而在其他买家的评论中却很少见，那么这个词的高 TF 值和低 IDF 值可以帮助模型识别出这些潜在的虚假评论。

在实际应用中，将词袋模型与 TF-IDF 技术结合使用是一种普遍策略，因为这种组合方法能够充分发挥两种技术的优势，从而提高文本分析的效率和准确性。词袋模型关注的是词汇在文档中的出现次数，这种模型能够有效地捕捉文本的主要特点。而 TF-IDF 方法则专注于识别文档中的关键术语，并降低那些频繁出现但意义不大的词汇对文本分析的影响，这样可以在一定程度上降低噪声。当词袋模型与 TF-IDF 技术相结合时，我们不仅能保留文本的核心特征，还能减少常见词汇对分析的干扰，从而可以有效提升虚假评论识别任务的准确度。

2.2.1.7　K-近邻法

K-近邻法(K-nearest neighbor，KNN)是一种基于样本的学习方法，属于有监督学习的范畴。其基本原理为：在已有的一系列训练样本中，对于任何新的输入样本，KNN 算法会计算该样本与所有训练样本的距离，并从中选取距离最近的 K 个样本作为邻居。随后，算法将根据这 K 个邻居的分类标签(在分类任务中)或数值(在回归任务中)来预测新样本的分类标签或数值。K-近邻法算法因其非参数性质而非常易于实现，且其分类误差受到贝叶斯误差的两倍限制，在模式分类中成为非常受欢迎的选择。虚假评论识别任务的流程如下：首先，对每条待检测的评论进行特征提取，形成一个多维向量，如文本特征、用户特征等。然后，KNN 算法通过计算该评论与历史样本库中每条评论之间的距离(常见的距离度量方法包括欧氏距离、曼哈顿距离等)，找出 K 个最接近的样本。如果这些邻居大多数属于"虚假"类别，那么待检测的评论很可能也是虚假的。

距离度量、K 值的选择及分类决策规则是 K-近邻法的三个基本要素。如图 2.3 所示，根据欧氏距离，选择 $K=3$ 时离测试实例最近的训练实例多数为三角(内圈处)，小球属于三角这一类别。而选择 $K=5$ 时离测试实例最近的训练实例多数为菱形(外圈处)，小球属于菱形这一类别。

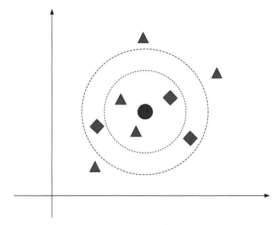

图 2.3　K-近邻法

　　常见的距离度量方法包括欧氏距离、曼哈顿距离、切比雪夫距离及余弦相似度等。选择合适的距离度量方法对 K-近邻法的性能至关重要。距离度量一般用 L_p 距离作为其距离度量，其计算公式如下

$$L_p\left(X_i, X_j\right) = \left(\sum_l^n \left| X_i^{(l)}, X_j^{(l)} \right|^p\right)^{\frac{1}{p}} \tag{2-15}$$

其中，$p \geqslant 1$；且当公式中 $p=1$ 时，称其为曼哈顿距离(Manhattan distance)；当公式中 $p=2$ 时，称其为欧氏距离(Euclidean distance)；当公式中 $p=\infty$ 时，它是各个坐标距离的最大值。

2.2.2　深度学习方法

　　深度学习是机器学习的一个重要分支。这一领域的关键技术是深度神经网络，其由多层神经元构成，这些神经元层次即构成了其"深度"，使其能够识别数据中的复杂模式和联系。人工神经网络(artificial neural network，ANN)是深度学习的核心结构。它模仿了生物神经网络(如大脑)的结构和功能，并由许多相互连接的节点(也称为"神经元")组成，这些节点通过连接彼此传递，每个连接都有一个可在学习过程中调整的权重，以提高模型的预测准确性。深度学习模型的训练通常依赖于反向传播算法，该算法通过最小化预测和实际值之间的误差(即"损失")，持续优化各层权重，从而提高性能。本章将介绍 AIGC 视域下虚假评论识别研究中普遍采用的深度学习技术，这些技术构成了本书提出方法的基础。

2.2.2.1　词向量

词向量(word embedding)是自然语言处理中的一种重要技术，它的基本思想是将词汇表中的每个词映射到一个固定维度的实数向量。这些向量在向量空间中表示词汇的语义信息，使得具有相似语义的词在向量空间中距离较近。词向量表示可以捕捉词汇的语义信息，以此计算词汇之间的相似度。词向量表示的方法有很多种，如独热编码(one-hot encoding)和词袋模型(bag of words)。

独热编码是一种将分类数据转换为二进制向量的方法，通常用于将词汇表中的每个词映射到一个非常长的二进制向量，这个向量的长度等于词汇表的大小。在这个向量中，只有一个元素是 1，其他所有元素都是 0，元素值为 1 的位置对应词汇表中特定的词，如图 2.4 所示。

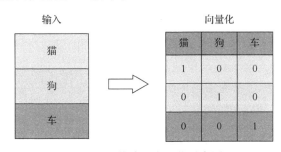

图 2.4　独热编码向量化示意图

词袋模型是一种基于词频统计的特征表示方法，它将文本数据转换为向量表示，同时忽略了文本中词的顺序。在词袋模型中，每个文档(或句子)被表示为一个向量，这个向量的长度等于词汇表的大小。在这个向量中，每个元素对应于词汇表中的一个词，其值表示该词在文档中出现的次数(或频率)。

词向量技术通过将评论文本转换为词向量，使模型可以捕捉到评论中的语义信息和上下文关系，从而更好地理解评论的真实意图。例如，一些虚假评论可能通过使用不同的词语表达相似的内容来规避检测，而词向量可以通过捕捉到这些词语的相似性来识别出这些评论。此外，结合其他深度学习算法，如卷积神经网络和循环神经网络，词向量还可以用于构建更复杂的模型，进一步提升虚假评论识别的性能。

2.2.2.2　Word2vec

Word2vec 是一种计算模型，用于将词汇表中的每个词映射到一个固定维度的向量。这种向量表示能够捕捉到词汇的语义和上下文信息，使得模型更好地理解评论中的隐含意义和上下文结构。Word2vec 主要包含两种模型：连续词袋模型(continuous bag of words，CBOW)和跳字模型(Skip-Gram)。

CBOW 的基本原理是利用一个词的上下文信息来预测该词。CBOW 采用了一个多层感知机(multilayer perception，MLP)作为神经网络架构。具体来说，它包含一个输入层、一个隐藏层和一个输出层。其输入层会接收多个词的上下文信息，这些词构成了一个窗口。在实际应用中，通常取窗口大小为 5 或 10。每个词在输入层中都被表示为一个固定长度的向量，这个向量可以通过一个简单的嵌入层(embedding layer)来生成。隐藏层位于输入层和输出层之间，其作用是对输入层的特征进行非线性变换。隐藏层的神经元数量通常与输出层的神经元数量相同。输出层负责生成目标词的预测向量。在 CBOW 中，输出层通常包含一个 softmax 层，用于将隐藏层的输出映射到词的分布概率。

与 CBOW 相反，Skip-Gram 通过当前词来预测上下文词。其基本原理是利用一个词的向量表示来预测其周围的词。Skip-Gram 模型采用了一个 MLP 作为神经网络架构。具体来说，它包含一个输入层、一个隐藏层和一个输出层。输入层接收一个词的向量表示。在实际应用中，通常将词向量通过一个简单的嵌入层生成。隐藏层位于输入层和输出层之间，其作用是对输入层的特征进行非线性变换。隐藏层的神经元数量通常与输出层的神经元数量相同。输出层负责生成目标词的预测向量。在 Skip-Gram 模型中，输出层通常也会包含一个 softmax 层，用于将隐藏层的输出映射到词的分布概率。Skip-Gram 模型在训练时，会更新输入层和输出层的权重，使得模型能够更好地预测上下文词。

Word2vec 模型训练完成后，每个词都会得到一个固定维度的向量表示。通常，经过 Word2vec 后，会具备以下特性：①语义相似的词在向量空间中距离较近。例如，真实评论中，像"美味"和"美食"这样的词往往会频繁出现，且它们在向量空间中的距离较近。然而，在虚假评论中，可能会使用一些与实际体验不符的词汇组合，这些词在向量空间中的位置可能与真实评论中的常见词汇有明显差异，从而为识别虚假评论提供了线索。②具有相似上下文的词在向量空间中距离较近。例如，虚假评论可能会无根据地将"服务"与"糟糕"关联，而真实评论中的上下文则更加合理且频繁出现。通过捕捉这些上下文的异常，Word2vec 可以帮助检测出不符合正常语境的评论。③可以对 Word2vec 后的向量进行运算，从而捕捉词汇之间的语义关系。例如，通过词向量的运算，模型可以发现某些词组的语义关系是否合理或常见。对于虚假评论，这些关系可能表现为不合常规的组合或频率异常的词汇搭配，从而为识别提供了重要依据。Word2vec 向量化示意图如图 2.5 所示。

2.2.2.3 卷积神经网络

卷积神经网络(CNN)是深度学习模型的代表之一。该网络在多个领域如图像、语音和自然语言处理中取得了显著成就，其设计受到生物大脑皮层的启发，

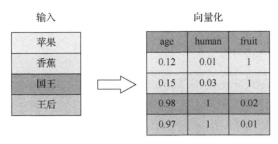

图 2.5　Word2vec 向量化示意图

模拟视觉皮层的运作方式，从而自动提取和识别图像特征。

卷积神经网络的结构通常包括输入层、多个卷积层、池化层和全连接层，它通过这种层次结构逐步提取图像的抽象特征，从而实现对图像的特征表示，具体架构如图 2.6 所示。

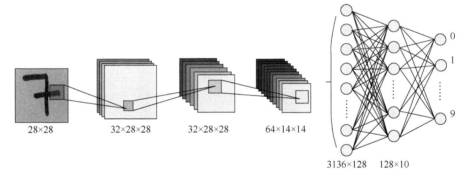

图 2.6　卷积神经网络架构图

① 输入层：接收原始图像并进行预处理，将其转化为特征图。

② 卷积层：作为深度学习模型的核心组成部分，卷积层通过卷积运算来提取输入数据的特征。具体而言，卷积操作是在输入数据上应用卷积核(filter)并通过滑动加权求和的方式来生成输出特征图。卷积核的参数会通过数据进行学习，这种方式具有权值共享和局部连接的特性，因而能够有效减少参数数量并捕获局部特征。

③ 池化层：通常跟在卷积层后面，其作用是缩小特征图尺寸并保留关键特征。常见的池化方法包括最大池化和平均池化，通过选取每个区域的最大值或平均值来降低特征图的维度，以增强网络的鲁棒性和计算效率，减小过拟合。

④ 全连接层：对之前卷积层和池化层提取的特征进行扁平化处理，接着利用全连接操作进行特征映射。通常，全连接层位于网络的末尾，用于将高阶特征映射到目标特征维度。

本书第 6 章中使用卷积神经网络来提取评论上下文中的图片特征，能够有效提升虚假评论识别的准确率。

2.2.2.4　循环神经网络

循环神经网络(RNN)在全连接神经网络的基础上增加了前后时序上的关系，可以更好地处理时序相关的问题。

RNN 将输入数据以时间序列的形式逐步输入网络，在每个时间步更新网络的隐藏状态。每个时间步骤的输入数据被一个权重矩阵映射到隐藏状态，隐藏状态又被映射到输出结果，通过损失函数计算二者的损失值，并使用反向传播算法优化网络参数。其计算原理如图 2.7 所示。在 RNN 中，隐藏状态不仅受到当前时间步骤的输入数据影响，也会受到前一时间步骤的隐藏状态影响，这种循环结构能够让模型处理序列数据，使得模型可以利用先前的状态信息来更好地预测后续状态。但它也有一个缺点：长序列计算会使得梯度估计变得非常困难，因为逐次用同样的权重矩阵计算会出现进一步放大的梯度，导致难以优化。为了解决这个问题，LSTM(long short-term memory)和 GRU(gated recurrent unit)等神经网络模型被引入，通过门控机制来削减反向传播的梯度，并保持模型的长时记忆能力。目前，文本分类领域常见的 RNN 网络有 TextRNN、TextRNN_Attention、TextRCNN 等。这些网络在底层逻辑上有些许差别，但其核心思想都是利用循环结构处理序列数据，能够对在线评论文本进行分析处理。

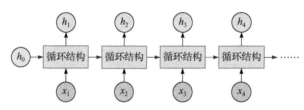

图 2.7　循环神经网络结构示意图

TextRNN 模型结构如图 2.8 所示。TextRNN 由输入层、隐藏层和输出层组成。在输入层，文本数据会被转换成词向量的形式，每个词对应一个向量表示。隐藏层是 TextRNN 的核心，它采用循环神经网络的结构，能够对文本数据中的上下文信息进行建模。输出层通常使用 softmax 函数进行分类预测或者生成下一个词的概率分布。TextRNN 通过时间步展开的方式，能够捕捉到文本数据中的顺序信息。在每个时间步，TextRNN 会接收上一个时间步的隐藏状态和当前时间步的输入词向量，然后计算出当前时间步的隐藏状态。这样，TextRNN 就可以逐步地获取文本数据中的上下文信息，并在隐藏状态中进行信息的传递和存储。

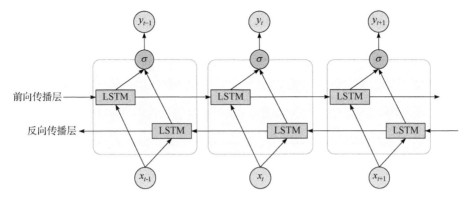

图 2.8　TextRNN 模型结构

TextRNN_Attention 在 TextRNN 的基础上引入了注意力机制，其结构如图 2.9 所示。通过注意力机制，模型可以动态地给予不同位置的输入词不同的权重，从而更加灵活地捕捉文本中的重要信息。在 TextRNN_Attention 中，每个时间步的隐藏状态都会根据注意力权重进行加权求和，这样就可以更好地关注文本中的关键部分，提高了对长文本的处理能力。

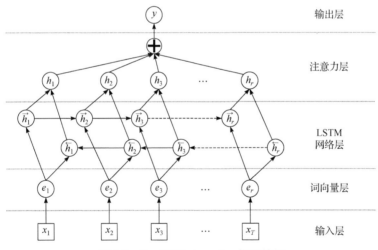

图 2.9　TextRNN_Attention 模型结构

TextRCNN 由卷积层、循环层和池化层组成，模型结构如图 2.10 所示，结合了上面介绍的 CNN 和 RNN 的特点。在 TextRCNN 处理文本信息的过程中，首先，利用卷积神经网络对文本进行特征提取，捕获文本中的局部特征。接着，得到的特征会被输入到循环神经网络中，捕获文本中的全局语义信息。最后，池化层起到了对特征的整合和压缩作用。通过池化操作对特征进行整合，得到文本的表示向量。

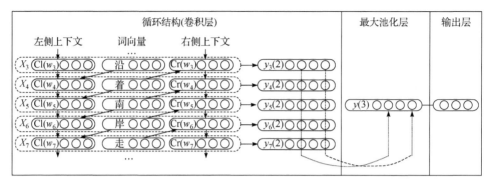

图 2.10   TextRCNN 模型结构

在虚假评论检测任务中，评论文本序列的建模和处理可以采用 RNN 及其变体提取其中的语义信息。虚假评论常常会添加与主题不相关的词汇，以及不符合语法规范的结构。利用 RNN 构建分类器可以捕捉和处理这些特征，从而识别虚假评论和真实评论。

2.2.2.5   生成对抗网络

Goodfellow 等[52]于 2014 年提出了生成对抗网络(generative adversarial network，GAN)。它由两个主要部分组成：生成器和判别器。生成器的作用是从随机噪声中生成逼真的数据样本，而判别器的任务是区分真实数据和生成器产生的假数据。这两部分相互对抗、相互博弈，通过不断的训练使得生成器生成的假样本越来越逼真，判别器也难以分辨真假样本，最终达到生成高质量数据样本的目的。

生成对抗网络结构图如图 2.11 所示，以图片生成任务为例，图中左侧是生成网络，它接收一个随机的噪声 z(随机数)，通过该噪声生成图像；右侧是一个判别网络，判别一幅图片是不是"真实的"。它的输入参数是 x，x 代表一幅图片，输出 $D(x)$代表 x 为真实图片的概率，如果为 1，就代表 100%是真实的图片，而输出为 0，就代表不可能是真实的图片。

在虚假评论识别中，生成对抗网络的原理可以被用来构建和改进识别模型。虚假评论识别的主要挑战之一在于这些评论通常是由恶意用户或自动化脚本精心伪造的，试图模仿真实用户的语言模式，骗过现有的检测系统。为应对这一挑战，GAN 的生成器可以被设计成一个虚假评论生成器，它不断学习和模拟真实评论的模式，生成看似真实但实际为虚假的评论。这些生成的虚假评论随后会被输入到判别器中，判别器则负责区分这些虚假评论与真实用户评论。在面对不平衡的评论数据集时，GAN 生成数据以补充训练数据，从而在处理标注数据有限且类别不平衡的情况下，提升分类器的性能。

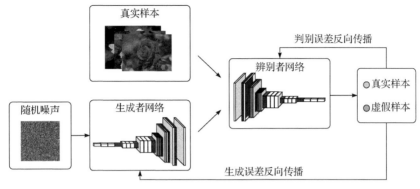

图 2.11　生成对抗网络结构图

2.2.2.6　预训练模型

预训练模型是一种自然语言处理技术，通过在大规模语料库上进行预训练，学习语言的一般特征和规律，从而提高模型在各种语言任务上的表现。预训练模型通常包括两个阶段：预训练和微调。在预训练阶段，模型在大规模语料库上学习语言的一般特征和规律；在微调阶段，模型针对具体任务进行微调，以适应特定任务的需求。

BERT(bidirectional encoder representations from transformers)是由 Google 于 2018 年提出的一种预训练语言模型。BERT 的核心理念是通过双向学习的方式进行语言理解，在对每个词进行编码时，同时考虑其左侧和右侧上下文。这种双向的上下文感知能力，使得 BERT 在捕捉在线评论文本中的细微差别包括讽刺、隐喻等复杂语言现象等方面具有显著优势。

BERT 基于 Transformer 架构中的 Encoder 部分。BERT 模型的具体结构可以分为以下几个部分：首先是输入表示，如图 2.12 所示，通常由三部分构成，词元嵌入表示每个词的向量表示，句子嵌入区分句子的向量表示，位置嵌入表示每个词在句子中的位置。其次是双向 Transformer 编码器，BERT 的核心是多个 Transformer 编码器层，这些层通过注意力机制和前馈神经网络进行词的编码。BERT 与传统的 Transformer 不同之处在于其是双向的，即在编码过程中同时考虑了词的左侧和右侧上下文。最后是输出表示，经过多层编码器后，BERT 输出每个词的编码表示，这些表示可以用于各种下游任务。在虚假评论检测任务中，BERT 可以通过微调在标注的虚假评论数据集上进行优化，使得模型能够精准地识别欺骗性语言特征。

除使用 Transformer 编码器的 BERT 外，生成式预训练模型(generative pre-trained，GPT)也可对评论的语义信息进行解析。GPT 的核心思想是通过预训练和微调的方式，利用大量文本数据来学习语言的广泛特性。预训练阶段，GPT

在大规模的未标注文本数据上进行训练，目标是预测给定上下文的下一个词。通过这种方式，GPT 能够学习语言的结构和规律，包括词汇、语法以及更复杂的语言模式。微调阶段，在预训练完成后，GPT 可以应用于虚假评论识别任务。通过在虚假评论的标注数据上进行微调，模型的参数会根据具体任务的需求进行调整，以优化其在该任务上的性能。由于预训练过程中已经学习了丰富的语言表示，GPT 在微调阶段通常只需要较少的数据和训练时间即可获得良好的表现。

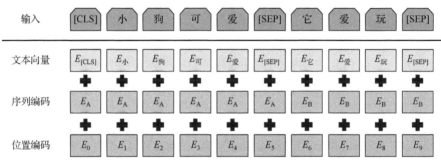

图 2.12　BERT 输入特征示意图

　　GPT 模型的具体结构包括以下几个部分：首先是输入表示。GPT 的输入通常是一个序列的文本片段，该序列会被转化为词嵌入表示，这些表示会结合位置编码来保留序列信息。位置编码用于标识每个词在序列中的位置，使得模型能够处理序列数据。其次是 Transformer 解码器。GPT 的核心是多个 Transformer 解码器层，这些层通过自注意力机制和前馈神经网络进行词的编码。与 BERT 不同，GPT 是单向的，即在编码过程中只考虑词的左侧上下文。经过多层解码后，GPT 输出每个词的编码表示，并通过一个全连接层和 softmax 函数将其转化为词汇表中的概率分布，在虚假评论检测中可用于预测标签或生成评论文本来对数据集进行扩充。

参 考 文 献

[1] Spence M. Job market signaling. Quarterly Journal of Economics, 1973, 87(3): 355-374.

[2] Connelly B L, Certo S T, lreland R D, et al. Signaling theory: a review and assessment. Journal of Management, 2011, 37(1): 39-67.

[3] 黄静, 肖潇, 吴宏宇. 论信号理论及其在管理研究中的运用与发展.武汉理工大学学报(社会科学版), 2016, 29(4): 570-575.

[4] 李昂, 赵志杰. 基于信号传递理论的在线评论有用性影响因素研究. 现代情报, 2019, 39(10): 38-45.

[5] 齐托托, 赵宇翔, 汤健, 等. 在线评论对知识付费产品购买决策的影响研究——卖家回复的调节作用. 南开管理评论, 2022, 25(2): 147-158.

[6] 宋思根, 袁必凯. 在线评论特征对用户虚假评论感知的影响机制. 数字图书馆论坛, 2024, 20(3): 34-46.

[7] 李文瑛, 李崇光, 肖小勇. 基于刺激—反应理论的有机食品购买行为研究——以有机猪肉消费为例. 华东经济管理, 2018, 32(6): 171-178.

[8] Mehrabian A, Russell J A. An Approach to Environmental Psychology. Massachusetts: The MIT Press, 1974.

[9] Belk R W. Situational variables and consumer behavior. Journal of Consumer Research, 1975, 2(3): 157-164.

[10] 王俭. 基于 SOR 理论的消费者感知在线评论有用性形成机理与评价研究. 哈尔滨: 哈尔滨理工大学, 2020.

[11] 邵华. 在线评论类型感知对消费者购买意向的影响研究. 杭州: 浙江工业大学, 2020.

[12] 舒洪水, 彭鹏. ChatGPT 场景下虚假信息的法律风险与对策. 新疆师范大学学报(哲学社会科学版), 2023, 44(5): 124-129.

[13] Festinger L. A Theory of Cognitive Dissonance. Stanford: Stanford University Press, 1957.

[14] 何茂玉. 认知失调理论在促进大学生对体育课积极态度上的应用研究. 武汉: 武汉体育学院, 2012.

[15] 邓胜利, 赵海平. 基于认知失调理论的偏差信息搜寻行为与认知的作用机理研究. 情报科学, 2019, 37(1): 9-15.

[16] 魏娟. 在线评论与消费者退货意向: 认知失调的多重中介效应分析. 知识管理论坛, 2021, 6(1): 24-36.

[17] 袁禄, 朱郑州, 任庭玉. 虚假评论识别研究综述. 计算机科学, 2021, 48(1): 111-118.

[18] Chatterjee S, Chaudhuri R, Kumar A, et al. Impacts of consumer cognitive process to ascertain online fake review: a cognitive dissonance theory approach. Journal of Business Research, 2023, 154: 113370.

[19] Mccornack S A. Information manipulation theory. Communications Monographs, 1992, 59 (1): 1-16.

[20] Depaulo B M. Nonverbal behavior and self-presentation. Psychological Bulletin, 1992, 111(2): 203-243.

[21] Depaulo B M, Lindsay J J, Malone B E, et al. Cues to deception. Psychological Bulletin, 2003, 129(1): 74-118.

[22] Johnson M K, Raye C L. Reality monitoring. Psychological Review, 1981, 88(1): 67-85.

[23] Johnson M K, Raye C L. False memories and confabulation. Trends in Cognitive Sciences, 1998, 2(4): 137-145.

[24] Buller D B, Burgoon J K. Interpersonal deception theory. Communication Theory, 1996, 6(3): 203-242.

[25] Abdulqader M, Namoun A, Alsaawy Y. Fake online reviews: a unified detection model using deception theories. IEEE Access, 2022, 10: 128622-128655.

[26] Levine T R. Truth-default theory (TDT) a theory of human deception and deception detection. Journal of Language and Social Psychology, 2014, 33(4): 378-392.

[27] 邓莎莎, 张朋柱, 张晓燕, 等. 基于欺骗语言线索的虚假评论识别. 系统管理学报, 2014,

23(2): 263-270.

[28] Banerjee S, Chua A Y K. Theorizing the textual differences between authentic and fictitious reviews: validation across positive, negative and moderate polarities. Internet Research, 2017, 27(2): 321-337.

[29] Shan G, Zhou L, Zhang D. From conflicts and confusion to doubts: examining review inconsistency for fake review detection. Decision Support Systems, 2021, 144: 113513.

[30] 郭孟杰. 基于迁移学习的谣言检测机制研究. 呼和浩特: 内蒙古工业大学, 2019.

[31] Chang T, Hsu P Y, Cheng M S, et al. Detecting fake review with rumor model: case study in hotel review//Intelligence Science and Big Data Engineering Conference, Suzhou, 2015.

[32] 周治伟. 西美尔信任理论述评. 中共长春市委党校学报, 2006, (4): 15-17.

[33] Luhmann N. Trust and Power. New York: John Wiley & Sons, 2018.

[34] 孙刘俊. 自媒体时代网络信任的风险及应对研究. 贵阳: 贵州大学, 2022.

[35] 孙雪. 吉登斯信任理论研究. 天津: 河北工业大学, 2018.

[36] 孙凤兰, 邢冬梅. 现代性中信任问题论衡——基于吉登斯信任理论的思考.北方论丛, 2016, (5): 156-159.

[37] 狄行思, 宋歌. 人工智能算法信任机制的构建与反思. 数字法治, 2024, (1): 123-135.

[38] 项锐. 区块链信任的多维度研究. 上海: 华东师范大学, 2023.

[39] 李江一, 荔迪. 移动社交时代的信任重构: 社会互动与信息传播视角的双重考察. 系统工程理论与实践, 2024, 44(1): 166-190.

[40] 方齐云, 郭炳发. 演化博弈理论发展动态. 经济学动态, 2005, (2): 70-72.

[41] 张丽萍. 基于演化博弈的营销渠道合作关系研究. 上海: 同济大学, 2006.

[42] 陈瑞义, 刘梦茹, 姜丽宁. 基于多方演化博弈的网络消费虚假评论行为治理策略研究. 软件工程, 2021, 24(11): 2-6, 23.

[43] 郭海玲, 卫金金, 刘仲山. 生成式人工智能虚假信息协同共治研究. 情报杂志, 2024, (9):1-10.

[44] 白列湖. 协同论与管理协同理论. 甘肃社会科学, 2007, (5): 228-230.

[45] 张恒瑞. 社交媒体平台中虚假信息特征分析及治理对策研究. 郑州: 郑州航空工业管理学院, 2023.

[46] 崔德华. 吉登斯的风险社会理论及对和谐社会构建的启示. 中国石油大学学报(社会科学版), 2007, (3):26-29.

[47] 孙刘俊. 自媒体时代网络信任的风险及应对研究. 贵阳: 贵州大学, 2022.

[48] 李国昊, 梁永滔, 苏佳璐. 破除数字平台企业算法黑箱治理困境: 基于算法透明策略扩散研究. 信息资源管理学报, 2023, 13(2): 81-94.

[49] Obermeyer Z, Powers B, Vogeli C, et al. Dissecting racial bias in an algorithm used to manage the health of populations. Science, 2019, 366(6464): 447-453.

[50] Blei D M, Ng A Y, Jordan M I. Latent dirichlet allocation//The 15th Annual Conference on Neural Information Processing Systems (NIPS), Vancouver, 2001.

[51] Salton G, Yang C S, Yu C T. Contribution to the Theory of Indexing. Ithaca: Cornell University, 1973.

[52] Goodfellow I, Pouget-Abadie J, Mirza M, et al. Generative adversarial nets//The 28th Conference on Neural Information Processing Systems (NIPS), Montreal, 2014.

第 3 章　AIGC 视域下虚假评论客观特征与主观感知行为分析

3.1　虚假评论的客观特征分析

虚假评论现象在电子商务和社交媒体平台上日益普遍，严重影响了消费者的决策和市场的公平竞争，识别虚假评论已经成为保障在线评论可信度的关键任务。同时，在人工智能生成内容技术日益成熟的背景下，虚假评论的生成与传播也呈现出新的特点和挑战。AIGC 技术能够生成逼真的文本内容，这不仅提升了虚假评论的迷惑性，也为虚假评论的识别带来了新的难题。基于这一背景，本节将深入探讨虚假评论的客观特征，通过系统分析评论内容和评论者行为的多种指标，揭示虚假评论在文本结构、情感表达、发布规律等方面的独特模式。本节将综述现有研究中的主要发现，明确虚假评论的特征体系，并对其中的代表性特征进行归纳，期望能够为进一步提升虚假评论检测的准确性和鲁棒性提供理论支持和实践指导。

3.1.1　基于评论内容的特征

虚假评论者心理、写作风格等多方面因素会造成真实评论与虚假评论在微观语言学上的一定差异，这就使得研究者能够根据文本的结构、情感以及语义等方面来区分真实评论和虚假评论[1]。基于评论内容特征的虚假评论识别是以评论文本自身为核心，对评论的词句、文本等数据进行句法、语义等方面的分析以获取其语言、文本、情感等特征[2]，从而将虚假评论与真实评论区分开来的一种方法。目前已有大量研究从评论本身的不同角度提取相应的特征值并采用不同的方法对虚假评论进行识别。本小节结合国内外对虚假评论识别研究中使用的各种特征，归纳整理基于评论内容的虚假评论识别特征体系，如表 3.1 所示。其中，特征体系主要分为文本特征、情感特征、元数据特征三类。文本特征是指从构成评论的文本及其内容中提取出的包括词汇、句法和语义等层面的统计特征，主要包括评论长度、标点符号数量、评论复杂度、语态特征、大写单词数、数字的比例、第一人称代词的比例、拼写错误的比例、句子连贯性、内容信息量、写作风格、词性分布、语法结构和文本嵌入等特征；情感特征是指评论文本内容所反映出的情感表达，这一特征类型可以通过句式、词语、标点符号等客观指标进行测量，主要包括情绪倾向、主观性特征和可读性特征等特征；元数据特征是指虚假评论的位置、发布者、时间、反馈等关于虚假评论的信息，可以作为预测虚假评论的重要特征方面，主要包括升序位置、降序位置、评论时间、评论 ID、评论者 ID、评论获得的回复、评论获得的点赞和评论评分等特征。

尽管特征体系是对已有虚假评论识别研究中使用的特征的整理和总结，其主要内容在 AIGC 形成之前便已存在，但它对分析和识别人工智能生成的评论仍有重要参考价值。AI 生成的评论往往表现出一定的写作风格和偏好，能被如下的文本特征、情感特征等特征捕捉和识别。

表 3.1　基于评论内容的特征体系

指标分类	特征名称	含义
文本特征	评论长度	评论文本中的单词数
	标点符号数量	评论所包含的标点符号的数量
	评论复杂度	包括从句的平均数量、句子/单词长度、名词短语长度和停顿度
	语态特征	评论所包含的被动语态的频率
	大写单词数	评论所包含的单词首字母大写或大写的数量
	数字的比例	评论中所包含的数字在评论文本中使用的频率
	第一人称代词的比例	例如"我"、"我的"等在评论文本中使用的频率
	拼写错误的比例	拼写错误的单词占评论文本中单词的频率
	句子连贯性	评论中各句子之间的逻辑联系和流畅程度，包括句子过渡、单词共现、单词/语义相似性、语义分散性等方面
	内容信息量	评论中所包含的细节水平
	写作风格	评论的写作风格包括议论、说明和记叙等
	词性分布	评论中单词词性的频率
	语法结构	评论文本的句法结构
	文本嵌入	通过模型将文本转换为向量表示
情感特征	情绪倾向	评论所表现出的情绪极性，包括积极、中立和消极
	主观性特征	代表主观词语(表达情感、判断)与客观(描述性)词语相比的比例
	可读性特征	包括自动可读性指数 (ARI) 和 Coleman-Liau 指数 (CLI)，用来评估评论的内容质量和有用性，评论内容的可读性越强，客户的感觉就越好

续表

指标分类	特征名称	含义
元数据特征	升序位置	在某一产品的评论按日期或相关度升序排列时，该评论所在的位置
	降序位置	在某一产品的评论按日期或相关度降序排列时，该评论所在的位置
	评论时间	评论者发布评论的时间
	评论 ID	评论的唯一标识，通常是按顺序生成的，可以用来判断评论的时间顺序以及可能的批量生成行为
	评论者 ID	评论者的唯一标识
	评论获得的回复	评论收到的回复数
	评论获得的点赞	评论收到的点赞数
	评论评分	评论中评论者给产品的打分

对表 3.1 进行梳理，本小节将评论内容中所涵盖的主要特征总结如下。

1. 文本特征

评论长度。即评论文本中的总字数，包括评论中单词、动词、修饰语、名词短语和句子的平均数量。由于许多虚假评论是由自动化程序生成或者由雇佣人员快速撰写，因此它们往往具有长度短、内容直接且夸张的特点；然而，也有部分虚假评论采取详细冗长的叙述方式，旨在通过增加信息量来伪装其真实性，从而提升评论的可信度。因此，为了有效地识别虚假评论，研究人员测量可读性/可理解性(衡量理解评论所需的努力)并关注每个单词的字符数、每个句子的单词数和长单词数等特征[3]。

评论复杂度。评论复杂度包括从句的平均数量、句子/单词长度、名词短语长度和停顿度。一种普遍的看法认为，因为虚假评论制造者在撰写评论时对时间的自我限制，以及他们可能缺乏对内容的深入了解，所以编写虚假评论比撰写真实评论更具挑战性。出于这个原因，可以假设虚假评论的撰写者更经常使用简短的句子和平均音节较少的单词，产生简短且易于理解的评论。因此，评论复杂度可以作为检测虚假评论的重要指标之一[4]。

文体特征。文体特征包括大写字母或单词的比例、被动语态的频率等。例如，包含大写字母的字数占评论中总字数的比例。研究发现，为了使陈述更具影响力，虚假评论制造者可能倾向于使用夸张的语言，并过度使用大写字母和标点符号。因此，大写字母所占比例等文体特征可以被用来识别预测虚假评论[5]。

第一人称代词的比例。例如"我"、"我的"等第一人称代词在文本中的使用频率。在评论文本中使用第一人称单数代词的频率过高，这可能表明过分强调自我(即作者)。事实上，虚假评论制造者往往在他们的评论中经常提及品牌名称或产品名称，而且经常从"第二人称"的角度撰写评论，却几乎从不使用自我引用。也就是说，虚假评论可能过多地谈论"你应该做什么"，而不是"我是如何经历过的"[6]。

拼写错误的比例。拼写错误的比例也可以作为识别虚假评论的一个重要特征。从一个角度来看，受雇的虚假评论发送者可能比一般的评论发送者更专业，因此他们的评论可能较少出现拼写错误。另一方面，他们也可能为了增加评论的真实性[7]，故意犯一些拼写错误，以使写作看起来不那么正式。

句子连贯性。句子连贯性是指评论中各句子之间的逻辑联系和流畅程度，包括句子过渡、单词共现、单词/语义相似性、语义分散性等方面。高质量的真实评论通常具有良好的连贯性，句子之间逻辑清晰，内容流畅且一致。虚假评论由于可能是由自动化程序生成或由不熟悉产品的人撰写，往往在句子连贯性上存在不足。这些评论可能表现出突兀的过渡、不相关的内容或语义上的不一致。因此，分析评论的句子连贯性可以帮助识别虚假评论，提高检测的准确性[8]。

内容信息量。内容信息量指评论中所包含的细节水平。例如，一篇包含大量详细信息的评论比只有几句话且没有任何具体细节的评论更具说服力。高信息量的评论通常描述了具体的使用体验、产品的优缺点以及实际应用场景，这些细节使评论更可信，情感表达也更为真实和强烈。相反，虚假评论往往缺乏具体细节，内容空洞，仅仅依靠泛泛的赞美或批评来表达情感[9]。

2. 情感特征

情绪倾向。在这里，研究人员认为，由于虚假评论发送者通常受雇来改变客户对某些产品/服务的看法，因此虚假评论发送者所表现出的情绪极性(即积极、中立和消极)应该与其他人群不同。在这种观点中，仅表达积极或消极情绪的评论，而不是混合/中性情绪，被认为更有可能是虚假评论[10]。

主观性特征。即代表主观词语(表达情感、判断)与客观(描述性)词语的比例。虚假评论通常包含更多的主观词语以及极端的情感倾向，如"非常棒"、"绝对差劲"、"极力推荐"等，这些词语表达了强烈的情感或判断，试图影响读者的情绪和决策，而真实评论则通常更为中立和客观，包含更多的描述性词语。因此，分析评论文本中主观词语与客观词语的比例，可以帮助识别虚假评论。

可读性特征。许多研究者采用自动可读性指数(automated readability index，ARI)和 Coleman-Liau 指数(coleman-liau index，CLI)来评估在线评论的内容质量和有用性。评论内容的可读性越强，客户的感觉就越好。

3. 元数据特征

升序位置。在某一产品的评论按日期升序排列时，该评论所在的位置可以作为预测虚假评论的一个指标。新发布的产品或新上线的评论往往容易成为虚假评论的目标，因为虚假评论者希望在评论的最初阶段就影响公众的看法。如果一个评论在产品发布后的初期位置出现，则有可能是虚假评论[11]。

降序位置。在某一产品的评论按日期降序排列时，该评论所在的位置也可以帮助预测虚假评论。虚假评论者有时会在产品已有大量评论后才发布虚假评论，以便与大量真实评论混淆，掩盖虚假的本质。通过分析评论在降序排列中的位置，可以检测到那些试图融入真实评论中的虚假评论[12]。

评论 ID。评论 ID 通常是按顺序生成的，因此可以用来判断评论的时间顺序以及可能的批量生成行为。若发现某些评论 ID 在短时间内密集出现，则这些评论可能是由同一组虚假评论者发布的。评论 ID 的分析可以帮助识别这些异常模式[13]。

评论获得的反馈。评论获得的反馈(如点赞数、回复数等)也是识别虚假评论的重要指标。真实的高质量评论通常会获得较多的正面反馈，而虚假评论可能因为内容空洞或不真实而获得较少的正面反馈，或者大量虚假的正向反馈以及机械的回复点赞。因此，通过分析评论获得的反馈，可以辅助判断评论的真实性[14]。

下面介绍基于文本内容的特征在已有文献中的实际应用。

(1) 文本特征和元数据特征的组合应用。

以评论为中心的虚假评论识别方法中，相较于使用单一属性的特征，使用文本特征和元数据特征的特征组合在虚假评论识别中能取得更好的效果[14]，这也是主流的方法。Narayan 等[15]结合心理学和语言学相关知识，将单词 n-gram 特征、字符 n-gram 特征、词性(part of speech，POS)特征、语言查询和字数统计特征(linguistic inquiry and word count，LIWC)、句法特征等特征单独使用或进行组合来训练不同的分类器，采用决策树、朴素贝叶斯、支持向量机、随机森林和逻辑回归等 6 种分类方法，结果发现逻辑回归优于其他分类器，且特征组合设置比单个特征设置的最大准确率高。Ott 等[16]根据计算语言学和心理学的相关研究，使用单元组、n-gram 特征、POS 特征以及 LIWC 特征(包括文本体裁、写作风格、评论字数等特征)来开发基于支持向量机的分类器，以检测 Amazon Mechanical Turk 中 20 家酒店的 800 条评论数据，调查了心理和语言线索对识别虚假评论的有效性，研究结果显示使用心理语言动机特征和 n-gram 特征的组合比单独使用 n-gram 特征表现得更好，同时支持向量机检测虚假评论的准确率达到了 88.4%。Mukherjee 等[14]在 Yelp 食宿领域点评数据集上采用 n-gram 特征和 POS 特征，利用机器学习在酒店及饭店领域数据集上获得 65.6%和 67.8%的准确度。随后，又采用 n-gram 词袋特征、词性分布特征(即对句子进行分词、词性标注以及统计不同词性的词出现的频率)和异常行为特征相结合的方式，得出行为特征在检测性能上明显优于语言 n-gram 词袋特征，准确率可达 86%。Fontanarava 等[17]使用新闻文章数据集并进行分类和标记等处理，利用包括形容词比例、文本长度、大小写字母比例、名词比例等在内的统计特征建立相应特征模型，使用预处理后的训练数据集，应用朴素贝叶斯、随机森林等分类方法训练分类器，然后进行预测来检验虚假评论的识别效果，实验结果证实了这种方法的优越性。邓莎莎等[18]结合心理学相关的欺骗理论，提出了包括词语词频、信息丰富度(包括词性分布、语句多样性、时空信息、感知信息)、内容信服度在内的3 大类欺骗语言特征并进行特征抽取，使用支持向量机等方法进行文本分类，实现了在线欺骗识别系统，实验证明，系统识别虚假评论的精度为 80%。

(2) 情感特征的应用。

除了语言表达之外，评论者也会在评论内容中表达自己的意见和情感，因此情感分析也是以评论文本为中心的虚假评论识别方法一个重要手段。情感不一致性是情感分析帮助识别虚假评论的一个重要方面。虚假评论往往在情感表达上显得不真实，可能过于夸张或不自然。例如，虚假的正面评论可能过分夸大其词，而负面评论则可能无端贬低。与之形成鲜明对比的是，真实的评论通常展现出更为均衡和一致的情感表达。通过辨识这些不一致的情感表现能够更精确地筛选出虚假评论，例如，Moon 等[19]发现虚假评论比真实评论情感更夸张，使用更多正面或负面的词，有特定的代词使用模式(如使用更多的第一人称和更少的第三人称代词)，同时内容细节也更少。

此外，情感极性检测也是情感分析中的一个重要工具。通过检测评论的情感极性(正面、负面或中性)，可以发现不合常理的情感倾向。例如，当一个产品的绝大多数评论是中性的情况下，突然出现大量极端正面或负面的评论，这可能是虚假评论的迹象。如任亚峰等[20]认为虚假评论与真实评论在语言结构和情感极性上存在差异，定义了语言结构(包括词汇数量、词汇复杂度、词汇多样性、自我参照、品牌提及度这五个特征)以及情感极性(包括正面情感、负面情感这两个特征)两方面的特征，使用遗传方法对语言结构及情感极性特征进行优化并选择出最优的特征组合，利用选取的特征结合无监督硬、软聚类方法对虚假评论进行识别，最后通过数值实验证实了方法的有效性。Saumya 和 Singh[21]提出了一种情感挖掘方法来检测垃圾评论，提取了评论情感、评论回复情感、评级等七个特征来训练分类器，对于每条评论，采用一定方法计算其情绪得分及平均情绪得分(与该评论相关的所有评论情绪得分的平均值)，如果两者差异超过规定的阈值，就将该评论视为垃圾评论。他们将评论的情绪与其他特征(内容特征和评级偏差)相结合进行分类，通过 RF 进行分类获得了 91%的 F1 分数。

　　情感强度和复杂性也是情感分析的一个关键方面。真实评论的情感通常具有一定的复杂性和深度，用户可能会详细描述他们的情感背后的原因。而虚假评论往往缺乏这种复杂性，只会简单地表达满意或不满，没有具体的理由或细节支持。情感分析可以量化评论的情感强度，识别那些情感表达过于简单或过于强烈的评论，这可以作为识别虚假评论的一个重要线索。如 Chua 和 Chen[22]使用了极性、主观性、可读性和深度这四种文本特征，发现对于正面评论，虚假评论包含更多表示惊喜的内容，而真实评论则包含更多期望确认的词，例如满意度。对于负面评论，有用的虚假评论包含更多表明愤怒的内容，而真实评论则带有更多的焦虑。Narayan 等[15]认为负面垃圾邮件发送者通常会在评论中写更多负面词语，如"可怕"、"失望"等，因此，比真实的负面评论表现出更多的负面情绪。同样，积极的垃圾邮件发送者常常写出更多积极的词语，如"美丽"、"极好"等，并表现出比实际积极评论更积极的情绪，实验结果表明情感强度特征确实可以有效地识别虚假评论。

　　情感与内容的一致性也是识别虚假评论的关键。虚假评论在情感与评论内容的一致性上可能存在问题。例如，虚假的正面评论可能会过度赞扬某产品，但并未提及任何具体的产品特性或使用体验。情感分析结合语义分析，检查情感表达是否与评论内容相符，从而识别出那些在内容和情感上不一致的评论。Shan 等[23]在情感(情感分数、情感导向、情感多样性等)、内容(词性计数)、语言(评论长度、平均句子长度、名词比、主观性、词汇有效性、词汇多样性、内容相似性等)等多个方面表征评论的 22 个特征，并利用态度-行为一致性理论提出了关于其对虚假在线消费者评论的影响的假设，用 22 个特征来表征评论的不一致性，并开发机器学习模型检测虚假在线消费者评论，以此来验证假设，实验结果证明评论的不一致对虚假评论检测性能有显著的正向影响。

　　(3) 文本嵌入特征的应用。

　　与手动提取离散特征的模型相比，以词嵌入技术为代表的自动提取特征方法在以评论为中心的虚假评论识别中展现出了显著的优势。与传统的稀疏高维向量不同，词向量是通过学习上下文语义获得的稠密定长低维向量，这种表示方法使得词语之间的相似性和关系在向量空间中体现出来，在评论的特征提取中能够捕捉到更复杂和隐蔽的模式，从而提高识别的准确率。例如，Cao 等[24]探索了一种将粗粒度特征(主题、句子和文档)和细粒度特征(单词)相结合的虚假评论检测框架，首先利用三个独立的模型进行特征提取：TextCNN用来学习评论的局部语义特征、双向门控循环单元(gate recurrent unit，GRU)用来学习评论的时间语义特征、自注意力模型用来学习加权语义特征等细粒度特征，从这三个模型的全连接层获得不同的特征表示后将它们连接在一起形成最终的文档表示，最后使用全连接层和 sigmoid 函数来进一步学习并进行虚假评论检测。在混合域数据集和平衡/

不平衡域内数据集上的实验结果表明，组合模型均优于相应的基线模型。Fahfouh 等[25]提出了一种基于段落矢量分布式词袋 (distributed bag of words version of paragraph vector，PV-DBOW)和去噪自动编码器(denoising autoencoder，DAE)的新方法来获得评论的全局表示，同时保留了其语义，嵌入向量捕获了每个观点上下文中所有单词的语义，生成的评论表示被输入到完全连接的神经网络中以检测虚假评论，打破了传统分类器的局限性。

(4) 人工智能生成文本概率特征的应用。

近年来，以 ChatGPT[26]为代表的大语言模型凭借其优秀的自然语言生成能力，进一步降低了构建大规模、高迷惑性的虚假评论的门槛，这使维护在线评论环境的任务更加艰巨复杂。虽然针对 AI 生成虚假评论的研究较少，但关于人工智能生成文本识别的研究为检测此类虚假评论提供了新的思路，即可以通过大语言模型概率采样的文本生成特点来区分人类和人工智能撰写的评论文本。当给定上下文时，生成式人工智能倾向于选择训练数据中普遍存在的词元，反映的是人类群体的一般性写作风格，缺少人类个体写作中固有的个性化特点。GLTR [27]使用了替代语言模型来评估文本中标记的对数概率，并引入统计测试根据平均对数概率、标记等级、标记对数等级和预测熵等指标来确定文本是由 AI 还是人类生成的。Mitchell 等[28]指出，AI 生成的文本倾向于与大语言模型(large language model，LLM)的对数概率函数中的负曲率区域相近，而人类撰写的文本则不同。作者基于这一经验设计出一种零样本的文本扰动方法来测量原始文本和扰动文本之间的对数概率差值，若差值始终为正，则表明文本很有可能是AI生成的。Bao 等[29]通过测量条件概率曲率进一步简化检测过程，提出 Fast-DetectGPT，在检测速度和性能上均有提升。同样，DetectLLM[30]指出，AI 文本的对数似然对数等级比(log-likelihood log-rank ratio，LLR)较高，且比人类写作的文本更受归一化扰动对数等级 (normalized perturbation log-ratio，NPR)的影响。尽管这些技术手段展现出了较高的检测精度，但在虚假评论检测中仍然面临诸多挑战。评论文本相对于一般文本如新闻文章、课程论文等文本长度更短，受到对抗性攻击时检测模型更容易出现误判。此外，AI 生成技术的不断进步意味着检测方法需要持续更新和优化，以应对新型的生成模型。

本小节对过往研究使用的评论文本内容特征进行梳理总结，并对使用相关特征进行虚假评论识别的文献进行系统综述，有助于我们更准确地识别虚假评论的特点，提升检测和防御虚假评论的能力。在 AIGC 时代，除了人类生成的虚假评论，AI 生成的虚假评论也对当前的虚假评论识别造成了挑战。不同于人类生成的真实评论，AI 生成的虚假评论往往存在某种特定的偏好。例如，AI 写作可能倾向于使用特定的词汇集合、句式结构，或者在情感表达上显示出某种一致性或极端性。进一步理解 AI 生成评论文本的内在特征及其与人类自然语言的差异，分析 AI 生成评论文本情感分布的自然度等方式有助于更好地区分真实用户撰写的评论和 AI 生成的虚假评论。

3.1.2　基于评论者行为的特征

虽然以评论为中心的特征是识别虚假评论的直观基础，但虚假评论制造者对真实评论文本的刻意模仿会对仅依赖评论文本信息的虚假评论检测系统造成一定挑战，放大这种方法的局限性，因此，结合其他特征进一步提高虚假评论识别的效果成为了许多研究的突破点。在线消费者评论平台允许评论者之间进行各种社交互动活动，并提供有关评论者的附加信息，包括评论者的个人信息(如姓名和位置)、评论者排名、发帖历史以及与其他评论者的社交互动(如朋友数量和有用信息)。由于大多数虚假评论者都是通过撰写虚假评论以获得商家给出的报酬[31]，他们通常不会像真正的评论者那样花太多时间与其他评论者互动，因此，虚假评论者的行为和足迹与真实评论者存在一定差异[32]，个体的非语言行为数据例如评论频率、时间间隔、评论者的活动历史等，可以作为虚假评论识别的重要特征。需要明确的是，由于目前 AI 代理技术正处于发展初期，在评论平台没有得到广泛应用，尚未有研究涉及虚假评论问题中的 AI 代理行为特征，本节所述的虚假评论者主要针对的是真实人类评论者，而不是 AI 代理。本小节在梳理国内外在虚假评论识别研究中使用的各种评论特征及研究结果的基础上，经过归纳整理得出基于评论者行为的虚假评论识别特征体系，如表 3.2 所示。其中，特征体系主要分为评论行为统计特征和评论者的资料特征两大类。评论行为统计特征表示用户的评论和行为的统计显著性，主要是基于评论用户的过去和当前评论，通过数量和比例计算统计出来，主要包括最大评论数、评论获得反馈百分比、好评百分比、差评百分比、平均评论长度、平均单词长度、特殊标点数量、评论发布频率、评分偏差指数、最大相似度比例、极端评分行为比例和评论者给出的"提示"数量等特征；评论者的资料特征主要来自评论用户个人主页显示的个人资料信息以及相关的社交数据，主要包括用户画像描述、收藏书签数据和社交数据等特征。

与基于评论内容的特征相同，尽管评论者行为特征体系的构建早于 AIGC 技术的广泛应用，但其对于理解和识别 AI 生成的评论仍有重要的意义。AIGC 技术能够模拟人类的行为模式，生成看似合理的评论内容，通过分析评论者的行为特征，我们同样可以发现 AI 生成评论的一些独特迹象。因此，本小节对已有虚假评论识别研究中使用的评论者行为特征进行归纳总结，从而帮助我们更加深入理解 AI 生成评论的行为特点。

表 3.2　基于评论者行为的特征体系

指标分类	特征名称	含义
评论行为统计特征	最大评论数	每个评论者创建评论的最大数量
	评论获得反馈百分比	发布的评论中收到反馈(包括回复和点赞)的占比
	好评百分比	评论者发布的所有评论中正面评论所占百分比
	差评百分比	评论者发布的所有评论中负面评论所占百分比
	平均评论长度	评论文本的平均字数
	平均单词长度	评论所包含的所有单词长度的平均值
	特殊标点数量	评论中使用情感较为强烈的标点符号(如问号、感叹号)的数量
	评论发布频率	通常用 24 小时内评论者发布的评论数量来衡量
	评分偏差指数	评论者发布的平均评分与整体评分的差异
	最大相似度比例	同一评论者对不同产品评论的内容相似性
	极端评分行为比例	在评级系统中,评论者对产品给出最高评级或最低评级的评论所占比例
	评论者给出的"提示"数量	评论者根据个人经验,给出关于业务见解的评论数量
评论者的资料特征	用户画像描述	用户的自我描述,包括真实姓名、邮箱、昵称、年龄、职业以及兴趣爱好、注册日期和自我审查更新频率等指标
	收藏书签数据	评论者的书签列表,可用来了解评论者常用浏览内容,分析评论者的兴趣所在
	社交数据	包括评论者的朋友数量、关注者数量、赞美数量、受欢迎程度排名和个人资料照片

对表 3.2 进行梳理,本小节将评论者行为中所涵盖的主要特征总结如下。

1. 评论行为统计特征

最大评论数。大多数现有研究表明,75%的虚假评论制造者在某些特定日期会创建五条以上的评论,还观察到90%的正常用户从未在一天内写过多篇评论。因此,每个用户创建的评论数量可以用来识别正常或异常的评论者,最大评论数是识别虚假评论制造者的重要指标[33]。

好评百分比。调查显示,虚假评论制造者撰写的有关产品的正面评论比例通常很高,这表明这些大量的正面评论很可能是虚假评论。通过计算评论者做出的正面评论的百分比,识别好评比例过高的评论者,可以判断评论者的真实性。例如,正常用户的评论往往包含正面和负面的反馈,而虚假评论制造者可能会倾向于发布大量的正面评论以提升产品的评分。因此,较高的好评百分比可能是虚假评论制造者的一个重要特征[34]。

差评百分比。除了不正常发布的正面评论之外，负面的评论也很有可能是不良商家为遏制竞争对手而采取的措施。因此，评估评论者的负面评论比例变得尤为重要，通过计算出评论者的负面评分比例可以更精确地识别出虚假评论及其意图。

平均评论长度。大多数现有研究表明，虚假评论制造者通常不会撰写有关服务或产品的详细评论，这一特征有助于识别虚假评论制造者[35]。这是因为虚假评论制造者试图创建虚假评论，他们通常花费较少时间撰写评论。相反，90%的可靠评论者会写更长的评论，平均长度超过 200 字。短而简略的评论往往缺乏深度和细节，容易被识别为虚假评论[36]。

评论发布频率。在短时间内发布大量评论被认为是不正常的行为，以此可以用来识别可能的垃圾邮件发送者，因此，我们可以分析用户在过去 24 小时内创建的评论数量，如果评论的总数超过某个阈值，则该用户很可能是虚假评论制造者。也就是说通过监测评论频率和时间分布，可以更有效地检测和识别虚假评论活动[37]。

评分偏差指数。真实的评论者应根据产品的整体质量和性能来评分。然而，虚假评论制造者往往会试图通过夸大或贬低产品评级来影响其排名。这种行为导致他们给出的评级与真实用户的平均评级存在显著差异。因此，可以计算评论者发布的平均评分与整体评分的差异来识别出异常的评分者[38]。

最大相似度比例。如果对不同产品的评论具有相似的内容，该用户极有可能是虚假评论制造者，这是因为他们通常会对各种产品撰写相同的评论。因此，要检测作者的虚假评论行为，必须找到作者评论的内容相似性，比如研究使用余弦相似度来捕捉评论内容之间的最大和平均相似度[39]。

极端评分行为比例。消费者可以通过最高或最低的排名分数来故意美化或贬低产品。同样，虚假评论制造者会对某些产品给予高或低的评价以赞美或贬低这些产品。在五星评级系统中，给出一星或五星的评级被称为极端评级行为[40]。

评论者给出的"提示"数量。有研究者在 Yelp 评论数据分析时发现，虚假评论制造者几乎从不在评论中提交"提示"(提示是关于业务的见解，根据个人经验写成)，因此，评论者给出的"提示"数量可以是一个很好的预测特征[41]。

2. 评论者的资料特征

用户画像描述。与用户画像相关的信息包括：用户的自我描述，包括真实姓名、邮箱、昵称、年龄、职业以及兴趣爱好、注册日期和自我审查更新频率等。这些信息提供了关于评论者身份和行为模式的重要线索，在一定程度上可以为判断虚假评论提供指导。例如，虚假评论者可能会使用不一致或模糊的自我描述，在分析用户注册日期和自我审查更新频率时，较新注册且更新不频繁的账户更可能是虚假账户。而这些数据通常可以在社交评论网络(例如 Yelp)中找到，并且可以通过自动化手段获取[42]。

收藏书签数据。可以分析用户的书签列表，以了解其常用浏览内容。虚假评论者可能会在没有兴趣或专业知识的领域发表评论，与其平常的浏览行为偏好不符。此外，还可以检查评论内容是否与用户书签中的话题或内容相关，这是因为虚假评论可能会出现在与用户兴趣不相关的领域，与其书签列表的主题不匹配。

社交数据。社交数据包括评论者的朋友数量、从朋友那里收集的指标，例如，他们的评论或朋友数量、关注者数量、点赞数量、受欢迎程度排名和个人资料照片。在社交关系分析中，虚假评论者可能会创建多个虚假账户，这些账户之间可能存在互相关联的朋友关系网络，因此过多的朋友数量可能提示存在虚假的社交连接。另一方面，虚假评论者通常会迅速积累大量的关注者，但这些关注者可能是其他虚假账户或无实质互动的账户。此外，虚假评论者可能使用虚假的或者与其他平台重复的照片[43]。

下面介绍基于评论者行为的特征在已有文献中的实际应用。

(1) 评论行为统计特征的应用。

与专注于评论文本分析的方法相比，使用行为特征可降低计算成本并节省时间[32]。过去的研究使用的行为特征维度包括重复评论行为、异常评分行为、早期评论行为、突发评论行为、频繁评论行为、有针对性的评论行为等[44]。重复评论行为指虚假评论者可能会多次发布相似或相同的评论内容，以此来增加虚假评论的传播和影响力。这种行为通常表现为同一用户在多个不同的商品或服务页面上发布相同的评论，从而试图操纵公众对产品或服务的看法。异常评论行为包括极端评分、正面评论的百分比和评级偏差，极端评分指虚假评论者倾向于给予商品或服务极端的高评分或低评分，以此来夸大产品的优点或缺点。这种评分模式通常缺乏中间值，与正常用户的评分分布存在显著差异。虚假评论者还可能频繁发布正面评论，以提升产品的整体评分，或者在大多数用户给出中等评价时，给出极端的正面或负面评价，显示出明显的评级偏差。早期评论行为指虚假评论者常会在产品刚发布时立即进行评论，以便在早期影响其他潜在购买者的决策。这些早期评论往往缺乏详细的使用体验，反映出评论者并未真正使用过该产品。突发评论行为指虚假评论者可能会在短时间内发布大量评论，形成评论的"突发高峰"。这种现象通常与某些推广或攻击活动相关联，旨在迅速提升或降低产品的评价。频繁评论行为表明虚假评论者可能会在短时间内频繁发布评论，覆盖多个产品或服务页面。这种行为通常表明评论者有目的性地进行虚假宣传或抹黑。最后，有针对性的评论行为是虚假评论者的一种策略，他们可能会针对特定产品、品牌或竞争对手进行评论。这种行为通常具有高度的目的性，意在影响特定产品的市场表现。这些行为涉及评论者 ID、评论 ID、评级、评论时间、早期帖子和评级、有用性分数、评论数量和评级、评论长度、极性平均值和分布以及内容相似性等可以统计和计算的特征，研究者能够更有效地识别虚假评论。例如，Lin 等[45]提出了六个行为特征(个人内容相似性、产品评论相似性、与其他产品评论的相似性、评论者的评论频率、产品评论频率和重复性)，并使用传统的监督机器学习方法来检测虚假评论，具有较高的精度和召回率。通过 Yelp 数据集验证了所提方法的性能，结果表明该方法具有良好的性能。聂卉和吴毅骏[46]提炼出评论人属性(ID、网站级别、贡献、网龄)及行为表现特征(评论长度、评论数量、单日评论数量、平均发文间隔、正向/负向评价占比、评价偏差、最大内容相似度)以构建基于逻辑回归的预测模型，其预测精度达到 73.8%，AUC(area under the curve)指标达到 80.9%。Zhang 等[47]引入非语言特征进行虚假评论识别，然后对基于敏感度分析的模型进行剪枝，提高了模型的简约性。Liu 等[48]使用亚马逊的验证购买比例、评级偏差、突然发布行为、排名最低的评论比例和内容相似性等特征实现评论审查。Manaskasemsak 等[49]利用虚假评论者之间行为的相似性特征来构建行为图，主要包括负面评论的比例、评级偏差、评论者突发度、评价分布熵、时间间隔的熵等。Tang 等[50]使用六种广泛使用的行为特征(活跃窗口、最大评论数、正面评价百分比、评论计数、评论者偏差和最大内容相似性)作为基础，使用生成对抗网络来识别虚假评论。Wu 等[51]提出了一个名为可靠虚假评论检测(reliable fake review detection，RFRD)的统一框架，它将用户评论的时间模式建模为概率生成模型。He 等[52]提出了一种基于行为密度和正类无标签(positive unlabeled，PU)学习的虚假评论检测方法，并使用 BSVM(biased-support vector machines)方法训练分类器。

(2) 评论者的资料特征的应用。

从评论者维度出发，单一评论者针对多个评论对象发表评论，这会留下更多虚假线索。虚假评论者的个人资料以及社交数据往往与正常评论者存在较大的差异，其个人资料及社交数据存在以下特点：①为了规避风险，虚假评论者通常采取匿名评论；②因为没有真实的消费体验，所以基本不会追加评论；③虚假评论者和其他用户几乎没有互动，不会提供有用的信息；④为了提高刷单效率，虚假评论者的购买时间和评论时间间隔很短。在这些特点中，许多研究偏好于根据连续评论/评分之间的时间间隔分布来检测虚假评论的制造者，这体现在虚假评论的用户账号往往是通过脚本来批量控制的，这些用户在一定的时间窗口内会表现出同步的特征。通过寻找密集子图，可以找到这样的评论者。Xie 等[53]证实了这些发现，并指出这一特征在 Singleton 攻击(一个账户仅生成一条虚假评论)中尤为明显。Kumar 等[54]指出，在电子商务网站中，与普通用户在评论时仅进行简单评价的评分相比，虚假评论者的评分通常在接下来的几秒或几分钟内表现出明显的购买时间序列特征。Chowdhary 等[55]认为，如果一个人多次评论某个应用程序，尽管评论发布的时间不同且内容不同，这些都应该被视为可疑。

本小节对过往研究使用的评论者行为特征进行了归纳总结，并对使用相关特征进行虚假评论识别的文献进行了系统综述，有助于我们进一步了解虚假评论者的行为特点及其与真实评论者的不同之处。在 AIGC 背景下，AI 代理虚假评论者为虚假评论识别带来了新的难题。从现有研究推测 AI 代理虚假评论者可能在评论频率、时间间隔、评论模式等方面表现出非人类的特征，如过于规律的发布时间、缺乏真实的社交互动等。此外，AI 评论者可能不会展示出与真实用户相似的行为多样性，如在不同情境下调整评论风格或内容。深入分析人类和 AI 虚假评论者的行为特点，开发相关方法识别 AI 生成文本的潜在模式，预测 AI 的生成策略等，有助于更好地区分虚假评论与真实评论，维护在线评论的真实性和可信度。

3.2　虚假评论的主观感知与行为分析

已有研究表明，在线评论作为传统口碑的数字化版本，已经成为用户的主要信息来源之一[56]。正面的评价往往能够提高用户对产品的预期，而负面的评价则会降低用户对产品的预期，从而降低用户的购买意愿[57]。在电子商务高速发展的当下，用户在决定在线购买哪些产品时，严重依赖该产品的用户评论[58]。统计数据显示，超过80%的用户将在线评论视为与朋友或家人的个人推荐相媲美的重要参考依据。因此，商品提供者和营销人员为了提升商品的销售效果，有可能在网上发表对他们产品的正面虚假评论，或对竞争对手产品的负面虚假评论，以扩大卖家所能够获得的经济利益。这也使虚假评论数量激增，形式也更为多样。需要注意的是，当前除了人工撰写的虚假评论以外，大量的虚假评论是由计算机基于特定主题或者开放式方式，通过使用文本生成方法自动生成的[59]。随着 AIGC 的重大突破，其产生的在线虚假评论的数量也将迎来大幅度增长[60]，用户在识别与感知虚假评论时面临更大的挑战。为此，本章从用户感知视角切入，通过分析用户感知视角下的虚假评论特征，把握用户认识虚假评论的切入点；识别用户虚假评论感知与采纳行为的影响因素，了解驱动用户采取相应行为的机理；解析基于虚假评论感知驱动的用户行为策略，明确用户在感知存在虚假评论时的基本行动模式，从而为后续问题解决与虚假评论监管提供相应的理论基础。

3.2.1　用户感知视角下的虚假评论特征

既往学术研究虽已证实，通过复杂的计算方法能够在一定程度上合理准确地区分真实与虚假评论[16]，但此类技术的局限性亦不容忽视，即便应用技术方法，也难以保证万无一失，致使部分虚假评论仍能逃脱检测[61]。当前人工智能已展现出模拟真实评论者撰写在线虚假评论的能力，虽然有些评论与真实评论间共享着若干基础特征，但二者间亦存在本质差异，这些差异构成了有效甄别虚假评论的基石[1,62]。如表 3.3 所示，现有研究明确表明，通过文本特征分析，能够区分出虚假评论与真实评论，尽管二者差异的具体量级尚待进一步探索[63]。

表 3.3　虚假评论与真实评论文本特征差异

参考文献	文本特征
文献[64]、文献[65]	结构和格式、内容属性、信息导向、单词数量、词性、写作风格、词汇丰富度、人称代词、语言特征
文献[63]、文献[66]	可理解性、特异性、夸张、疏忽性
文献[67]	信息性、主观性、可读性
文献[68]、文献[69]	极性、主观性、可读性、深度

深入探讨用户识别在线虚假评论所依据的特定线索，是学术界亟待解决的关键问题。当前，特征选取主要聚焦于评论文本内容及评论者行为两大维度[70]。鉴于虚假评论缺乏真实体验的支撑，其文本内容往往暴露出逻辑漏洞或模式化痕迹，即便由最先进的人工智能生成亦难逃此限。虚假评论常表现为内容重复、高度相似、发布时间集中或产品关联性薄弱的特征，因此，评论文本的固有特征对于鉴别虚假评论具有不可估量的价值。另一方面，虚假评论者为模拟真实用户，常需伪造行为轨迹与背景信息[71]。故而，超越评论文本本身，深入挖掘评论者的行为特征，成为识别虚假评论的另一重要途径。

本书旨在系统探究哪些真实性线索真正影响用户决策过程，以及用户如何整合这些线索以形成基于现有文献的真实性评价[73]。基于此目标，本书将评论文本特征与评论者行为特征融合考量，借鉴丰富的研究成果，从评论质量、评论可信度、评论效价、评论互动性及评论来源可信度这五个用户感知的核心维度出发，对虚假评论的特征进行详尽剖析与阐述。

(1) 评论质量。

评论质量，作为衡量评论中论点说服力的重要标尺，深刻影响着用户对于产品的认知评估效率[72]。在消费决策过程中，高质量的评论不仅显著促进了用户对产品信息的有效解码与评判[73]，还有效削减了购买前的信息搜寻成本及决策不确定性[74]。用户在选择是否采纳某条评论时，评论质量往往被置于较高的考量权重与决策优先级[75]，高质量的评论具有更大的说服力[76]。随着互联网技术的飞速发展与广泛应用，评论质量的评估维度得到了丰富与拓展，准确性、相关性、完整性、多样性等都在学者们的讨论范围内[77]。而在更多的研究中，学者们将评论详细性、评论可读性、评论客观性作为评论质量的关键维度[78]。

评论详细性是指评论看起来完整、具体的程度，旨在衡量评论内容是否提供足以支撑用户决策过程的详尽信息[79]。在当前的在线评论研究领域，评论的长度，通常以字符数为量化标准，被普遍做衡量内容详细程度的主要手段。研究表明，评论长度的增加能够显著提升用户感知其有用性的可能性。其原因在于更长的文本往往蕴含更为丰富的产品信息，从而允许用户对产品特性进行更为详尽的审视与了解[80]。此外，评论深度与评论特异性亦被纳入评论详细性的考量范畴之内[81]。评论深度侧重于评论所触及的层面广度与思考深度[82]，而评论特异性则强调评论的独特性与针对性[83]。在无需额外增加搜索成本的前提下，用户倾向于追求信息量的最大化，他们更加倾向于信任那些信息丰富、详尽且具特异性的评论，视其为真实性与可信度的有力佐证[84]。

评论可读性，作为衡量评论文本易于理解程度的一个重要维度，其优劣直接影响着用户的阅读体验与决策效率[85,86]。一方面，评论的长度需维持在一个适宜区间内，既避免过短导致的信息匮乏与理解障碍，又防范过长带来的冗余繁杂，以免削弱读者的阅读意愿[87]。另一方面，评论的表述应力求简洁明了，采用通俗易懂的语言与逻辑清晰的结构，以便更有效地吸引用户的注意力并传达核心信息与情感倾向[16]。研究表明，在线评论的可读性与其被接受的程度及可信度之间存在显著的正相关关系。具体而言，那些易于阅读、条理清晰的评论更有可能被用户视为有价值的信息来源，并因此增强对评论真实性与可靠性的信任感[88]。相反，可读性较低的评论则可能因表达晦涩、逻辑混乱而降低用户对评论真实性的认可度[89]。

评论客观性，即评论内容所展现出的公平性与无偏见程度[78]，是评估评论质量的重要标尺。既往研究指出，过度主观化的评论倾向不仅削弱了评论本身的品质，亦不利于其被广泛接纳与应用。相较于真实客观的评论，虚假评论在情感表达上往往呈现出独特的语言特征，如滥用修辞技巧[90]、频繁使用现在及未来时态[91]，以及过量的问号与感叹号[92]。情感表达的过度运用，通常被视为对内容质量的一种潜在侵蚀，因其可能扭曲事实真相，误导受众[93]。对于依赖在线评论以做出购买决策的用户而言，他人的主观臆断与偏见极易成为干扰因素，不仅扰乱其对产品特性的准确判断，更可能引发对评论的信任危机[94]。

在AI技术日新月异的背景下，仅依赖于评论详细性[16]、可读性[95]及客观性[96]等传统维度来评估评论质量，已不足以有效甄别精心编织的虚假评论。当 AI 系统被赋予充足且多样化的评论样本作为训练基础时，其产出的虚假评论展现出了极高的仿真度与潜在的规模化生产能力，这对在线评论生态系统的真实性、公正性以及信息价值的维护构成了前所未有的严峻挑战。人工智能所生成的虚假评论，凭借其强大的模拟能力，能够精妙地复刻人类用户的语言风格、细腻的情感流露以及个性化的表达习惯，从而在外观上达到与真实评论难以区分的境地。然而，深入剖析这些虚假评论的质量，我们不难发现其深层次的缺陷与局限。这些由 AIGC 驱动的评论，尽管在表面上可能光鲜亮丽，但在逻辑连贯性、情感真挚度及信息独创性等方面，往往难以与真实用户的自然表达相媲美，从而成为揭示其虚假本质的关键所在。

(2) 评论可信度。

在线评论数量的急剧膨胀与监管机制的相对滞后，共同构成了一个复杂而充满挑战的信息环境。其中，评论质量的验证问题愈发凸显，成为制约用户决策与商家信誉建设的关键因素[97]。在这一背景下，评论可信度作为连接用户与商家的信任桥梁，其重要性不言而喻。评论可信度，本质上是用户基于个人主观感知[98]，对评论内容真实性、可靠性及事实依据的认可程度[99]，它不仅是用户评估产品价值的重要参考，也是商家维护品牌形象、促进市场信任的关键指标[100]。

评论可信度深刻影响着用户的产品态度，这种态度进而决定了评论对于用户决策过程的有用性与被采纳程度[101]。当用户将某条评论视为高可信度时，他们往往会更加倾向于接受并内化其中的信息，进而在行为上表现出更高的顺从性[102]。这种顺从性不仅体现在对产品的购买决策上，还可能延伸至品牌忠诚度的构建与口碑传播等更广泛的领域。

在电子商务这一评论信息海量且即时传播的环境中，确定评论的可信度成为了一项艰巨的任务。评论的即时性与广泛传播性使得用户不得不面对海量的、有时甚至相互矛盾的信息，这无疑加大了他们的认知负荷。在这样的情境下，用户往往难以保持传统评论环境下那种深入细致的分析能力，转而依赖启发式线索或"心理捷径"来快速评估评论的可信度[103]。这种简化的评估方式虽然能够提高信息处理效率，但也可能导致误判与偏见，影响决策质量[104]。

评论可信度的复杂性在于它是一个多维度的概念，需要综合考量多个因素[105]。根据先前的研究，这些因素主要包括内容来源的权威性(如评论者的专业知识与信誉背景)、信息本身的特性(如内容质量、客观性与一致性)、媒介的特定属性(如评论平台的公信力与透明度)以及接收者的先验知识[106]。这些因素相互作用，共同构成了用户对评论可信度判断的基础。

为了提升评论的可信度，可以从以下几个方面着手[107]：首先，加强评论内容的审核与验证机制，确保每一条评论都基于真实可靠的信息来源；其次，鼓励评论者提供更多详尽且具体的细节描述，以增加评论的说服力与可信度；再次，引入购买验证机制，如要求评论者提供购买凭证以证明其评论的真实性；最后，正视并合理引导负面评论的存在，因为适量的负面评论不仅能够为用户提供更加全面的产品信息，还有助于提升评论整体的可信度与公信力。

随着人工智能技术的飞速发展，这一传统认知受到了挑战。人工智能不仅能够模拟人类语言生成评论，还能根据预设模板产出长篇大论的全方位评论。这些评论可能涵盖商家的环境、服务态度、商品的外观、性能乃至价格等多个方面，显得极为详尽和专业，从而形成具有较高的可信度的假象。这一现象要求我们重新审视和评估在线评论的可信度标准，尤其是在面对可能由人工智能生成的评论时。为了更准确地识别虚假评论，除了传统的文本分析外，我们还需结合其他评论可信度维度，如情感倾向的自然度、语言使用的多样性以及评论内容与商品特性的相关性等。

(3) 评论效价。

在探讨网络购物这一高度匿名的在线环境时，个人身份的隐蔽性，即便是实名制要求的背景下，亦因隐私权保护而限制了真实信息的全面揭露[108]。这种有限的身份透明度，削弱了社会线索如人格特质与行为规范的有效传递，从而降低了对个体行为的社会约束阈值，诱发了更为极端及偏离网络社交规范的行为模式[109]。尽管如此，现有文献已辨识出在线消费评论中虚假信息的若干关键指征，尤为显著的是，相较于评论数量，评论效价——即评论中蕴含的情绪极性(正面或负面)——对销售表现具有更为深远的影响[110]。此现象归因于虚假评论往往呈现出比真实评论更为极端的情绪倾向，无论是极端的正面赞誉还是负面批评[111]。

评论效价是指评论中表达的情绪(正面或负面)的极性，是产品或服务的声誉和质量的指标[112]。评论效价(即正面和负面取向)可能是限定互动效应的情境变量，因为与撰写负面虚假评论相比，捏造正面评论需要更少的脑力劳动[113]。与正面评论相比，在创建负面评论的情况下对心理资源的需求更高，因为在前一种情况下，情感和认知对心理资源的竞争非常激烈[114]。评论效价具有不同的呈现方式，包括正面框架(强调收益)和负面框架(强调损失)[115]，能够产生不同的效果。例如，直接措辞的正面评价("好")相较于间接措辞("不错")能引发更积极的情绪和更高的购买意愿[82]。

相对于真实评论，虚假评论的语言表达和打分系统更为极端。在语言表达层面，虚假评论往往采用过度修辞，如夸张的词汇或不常见的高级用语，以图增强说服力，而真实评论则倾向于平实无华[88]。研究表明，带有极端情绪的评论更有可能是虚假的，在阅读虚假评论时，用户会看到包含许多夸张、幽默或讽刺元素的评论，例如，在负面评论中出现"可怕"或"恐怖"，或者在正面评论中出现"优雅"或"豪华"等过于书面化的词汇[116]。评分系统亦不例外，用户往往使用从一星(糟糕)到五星(优秀)的等级来反映产品或服务的整体质量[117]。过于正面的评论(五星评级)表示对产品和服务的看法非常积极，而过于负面的评论(一星评级)反映对产品和服务的极端负面看法[118]。极端化的评分(一星或五星)是虚假评论的又一典型特征，其分布的双峰形态与真实评论的单峰分布形成鲜明对比，后者往往体现了用户间的共识[119]。

关于评论效价影响力的研究结论不一[120]，一方面，适中评级被视为更理性、更具参考价值[82]；另一方面，极端评级又被认为更具信息含量与决策影响力。这些相互矛盾的发现，并未明确界定何种效价的评论更为可信，但一致认可的是，评论内容本身的情感色彩深刻影响着用户的购买决策，效价成为预测销售表现的关键指标[110]。

最近的研究发现，在技术的更新下，特别是 AI 技术的发展下，虚假评论的生成愈发智能化，模糊了虚假评论和真实评论之间的界限[121]。为了刻意模仿真实评论，虚假评论可能不会过于夸张。为了赶上虚假评论生成的日益增长的技能，分析真实和虚假评论中的效价差异以精准识别虚假信息，成为当前研究亟待解决的重要课题[88]。

(4) 评论互动性。

在数字化浪潮的席卷之下，互动性已跃然成为数字时代语境中的核心支柱，其不可或缺性愈发凸显[122]。作为开放性的反馈机制，评论系统构建起一座桥梁[123]，不仅连接了过往用户之间持续且多维度的对话，还深刻促进了信息交流的深度与广度的双重飞跃。这一过程中，单一用户的评论通过不断的迭代更新，逐步深化了对产品或服务反馈的层次结构，促进了共识的凝聚与形成[124]；而跨用户之间的互动则进一步拓宽了评论内容的疆域，映射出社会公众关注点的多元化与复杂性[125]。

互动性在评论生态中的具体表现，涵盖了转发、评论、点赞等多种交互形式[48]，这些元素交织融合，共同塑造了一个双向互动、动态演进的在线交流环境[126]。在这一环境中，高互动性评论因其显著提升的曝光率而备受瞩目，成为信息传播的焦点；相反，低互动性评论则可能逐渐边缘化，甚至面临被删除的命运[127]。这一现象无形中加剧了小众声音被淹没的风险，也诱使部分商家采取不正当手段，如雇佣"水军"制造高互动性的虚假评论，以达成营销目的，从而加剧了市场环境的复杂性。

互动主体间关系错综复杂，涵盖既往消费者与商家的互动、既往消费者与既往消费者的互动、既往消费者与潜在消费者的互动、商家与潜在消费者的互动等多重维度[128,129]。商家通过集成的在线评论回复系统，实现与用户的即时沟通，有效减少信息传递的成本，增强双方之间的信任基础，并进而激发用户的购买意愿[130]。这一过程不仅优化了市场资源的配置效率，还促进了消费关系的深化与拓展[131]。既往消费者的积极互动在信任累积过程中扮演着催化剂的角色。它们通过消费者展现的积极态度与专业能力，弥补了单一量化指标(如点赞数)在评估信息可靠性方面的不足，有效缓解了用户对信息真实性的疑虑，进而提升了评论的采纳率[132]。此外，互动还承载着社会支持的功能，通过增强社区成员之间的情感联系与认同感，提升了整个社区的凝聚力与向心力[133]。

　　深入剖析互动性对用户决策的影响机理，可发现其根源在于为潜在用户提供了丰富的额外信息[134]，这些信息有效降低了在线评论中的信息不确定性，增强了评论的有用性，并直接或间接地影响了购买决策。此外，互动还通过解决具体问题，提升了用户的信息处理效率，为产品认知构建了高效的认知路径。从更宏观的视角看，互动性对维护并提升消费关系质量具有积极作用。

　　在 AI 等尖端技术的赋能下，评论互动性虽极大地丰富了数字交流的维度，却也遭遇了被恶意利用的严峻挑战。具体而言，虚假评论利用高级方法模拟真实用户的互动模式，如通过精密编排的评论内容、策略性的点赞与转发行为，精心编织出一幅虚假的正面舆论图景，严重侵蚀了在线评论的透明度与公正基石[135]。尤为值得注意的是，AI 技术的加速发展已促使虚假评论的生成效率与规模跃升至全新高度，这对传统识别与防御机制构成了前所未有的压力，使其效能大打折扣。虚假互动作为虚假评论生态中不可或缺的一环[136]，长期以来在构建高可信度虚假信息方面扮演着关键角色，但其内在机制与影响路径却很少得到系统深入的剖析[137]。当前，多数研究仍聚焦于虚假评论的内容与文本特征层面[138]，而对互动性这一核心要素的探讨尚显不足，这无疑限制了我们对虚假评论全面、深入理解的能力。有鉴于此，深化对虚假评论互动性的研究，以精准识别并有效防范其潜在威胁，已成为学术研究与业界实践亟须攻克的重大课题。

　　(5) 评论来源可信度。

　　在传统口碑传播模式中，其核心依赖于面对面交流，主要根植于用户紧密社交圈内的信任传递[139,140]。然而，在数字化转型的网络购物语境下，用户身份隐匿于数字标识之后，仅通过一串无意义的字符组合得以辨识，这极大地改变了信息流通的生态。在信息洪流席卷的互联网时代，评论来源的可信度作为评估信息质量的核心标尺，对于引导用户行为倾向、塑造市场认知架构具有不可估量的价值[141]。

　　评论来源可信度是指用户(评论接收者)认为他们在评论平台上获得的评论的来源是否值得信赖及来源的专业程度。此评估独立于评论内容本身，聚焦于评论生成者的可靠性感知[142]。在线评论的成功是基于它们的可信度，因此当来自可靠的来源时，它们都会影响用户对产品的态度和购买意愿[143]。对在线用户评论效果的研究证实，在线用户评论者感知的来源可信度显著影响了其他用户的购买意愿[144]。鉴于网络环境的匿名性，识别评论者真实身份及其动机成为难题，故而真诚且具备专业能力的评论者被视为宝贵资源，其言论更易于被接纳，反之，则可能被视为偏颇或无效，丧失说服力[145]。

　　评论平台不仅呈现评论的文本内容，还附加了评论者简介等辅助信息[146]。其中系统生成的简介涵盖了评论者基本资料与社区内的信誉评级等基本信息，这些指标反映过往评论的实用性与贡献度，为评估来源可信度提供多维度视角[147]。

具体而言，评论来源可信度涵盖四大关键维度：专业性，即评论者被认为在特定领域内提供有效见解的能力，其可信度根植于个人背景、职业经历与社会经验的累积[143]；相似性，涉及评论观点与用户自身偏好的契合度，以及基于社会人口统计学的背景共鸣[73,148]；吸引力，体现为评论者在虚拟社群中的受欢迎程度，通常以粉丝数量、互动反馈为量化标准，映射了社区成员对其内容贡献的认可[149,150]；最后是可靠性，用户常依据评论者的排名、历史经验等信息评估其评论的稳固基石，高可靠性评论者的话语更具影响力，如时尚领域内知名"意见领袖"的推荐，便是这一效应的生动例证[151,152]。

传统上，用户依赖在线社区和平台中的既往消费者作为产品或服务的购买决策的参考。但当这些既往消费者实际上是由人工智能方法模拟时，传统的信任机制便遭到了根本性的破坏。由于人工智能可以轻松地生成大量看似真实的评论，且这些评论在匿名性的掩护下更难被追踪和溯源，因此，用户在面对这些评论时，往往难以判断其真实性和可信度。恶意的商家很容易操纵在线评论，因为声誉是基于简单的规则，可以人为地提高其来源的可信度[153]。

进一步来说，由于人工智能生成的虚假评论具有高度的迷惑性和仿真性，它们往往能够绕过现有的内容审核机制，直接作用于用户的购买决策。这种情况下，用户对于评论来源的感知可信度便成为了决定信息有用性的关键因素[154]。然而，鉴于在线评论的普遍匿名性及信息发送者特征的模糊性，用户辨识真伪的能力受限。因此，学术界正积极探索创新方法，旨在强化对评论来源可信度的评估与认证，特别是在 AI 时代，信息发送者身份的透明度与信息量的增加，对于提升来源可信度在信息效用判定中的权重显得尤为重要。

虚假评论作为网络空间中的一大顽疾，不仅严重干扰用户的决策过程，还可能对商家和平台的声誉造成不可估量的损害。因此，深入挖掘和分析虚假评论的特征，对于提升识别准确率、改善内容服务质量以及引导网络舆情都具有重要意义。现有的虚假评论识别方法在性能上存在一定的局限性，无法满足现实应用的需要。为进一步提高鉴别的准确率，需要设计更复杂、更适合的方法和框架，将多特征融合的方法应用于虚假评论的识别中。不同特征具有不同的信息表达能力，多特征融合不仅可以使模型更加稳健，减少单一特征带来的误判，还能提高模型的鲁棒性和泛化能力。

从用户心理和行为层面的因素出发，探索评论文本特征和评论者特征对用户虚假评论感知的影响及其内在机制，对于揭示用户在面对海量在线评论时的甄别过程具有重要意义。评论质量、评论可信度、评论效价、评论互动性和评论来源可信度作为用户感知视角下的虚假评论特征，清楚地辨析这些特征，不仅有助于更好地理解用户的信息处理和决策机制，还能为平台和监管者提供制定有效策略的依据，从而共同构建抵御虚假评论的"防火墙"，以维护一个健康、透明的在线环境。

由于不同的特征对于识别的作用是不同的，有的特征可能是冗余的或不相关的，冗余的特征对模型的性能作用不大甚至会有负面影响，因此为了减少不良因素影响，提升模型的识别效果，需要进行特征选择来除去冗余的和不相关的特征，从而提升识别的准确性和效率。

3.2.2　用户虚假评论感知与采纳行为的影响因素

用户在处理虚假评论和可信评论之间的感知、评估和区分问题时，往往带着强烈的主观性。同样的在线评论，个体往往会依据不同的线索来评估评论的价值，进而产生不同的反应，而这些线索不仅涉及评论本身，更涉及影响用户感知的一系列主观与客观因素。因此，在对虚假评论特征进行识别以后，本章还将从用户视角出发，探知影响用户虚假评论感知和采纳的因素，进而更好地理解用户感知虚假评论的认知过程，从而有助于帮助用户更好地识别虚假评论。

影响用户对虚假评论感知和采纳的因素主要包括三大类：一是以评论为中心的因素，二是以用户为中心的因素，三是以外部来源为中心的因素。以评论为中心的因素涉及评论内容的论点质量、评论数量、获赞数量、语言风格、评论一致性等；以用户为中心的因素涉及用户的背景知识、个人偏好、以往经验和认知能力等；以外部来源为中心的因素则涉及评论的来源、评论者的信誉、评论平台、干预指南等。无论是基于评论本身、用户自身，还是外部来源，用户最终都是通过这些特定线索形成自己的认知过程，从而塑造对虚假评论的感知、评价和采纳。理解这些因素如何影响用户的认知过程，有助于我们开发更有效的工具和方法，帮助用户更好地识别和应对虚假评论。

在传统的虚假评论生成场景中，已有大量研究探讨以评论为中心、以用户为中心以及以外部来源为中心的因素如何影响用户对虚假评论的感知与采纳，本节将进一步整理、归纳这些因素，厘清不同因素对用户虚假评论采纳行为的影响，同时，结合 AIGC 时代虚假评论呈现出的特殊特征，本节也将继续探讨在 AIGC 背景下不同因素如何影响用户对虚假评论的感知与采纳行为。

(1) 以评论为中心的影响因素。

以评论为中心的影响因素是与评论自身相关的因素，包括论点质量、评论数量、获赞数量、语言风格、评论一致性、评论相似性、效价与极值、非文字性表达、上下文信息、细节。其中，论点质量、写作风格、评论一致性、效价与极值是被关注较多的影响因素。

论点是评论内容的核心，决定评论者对评论的态度，用户对评论中论点的仔细分析有助于理解评论人的态度，进而评估评论的真实性[155]。论点质量是用户在综合评论内容、评论数量、获赞次数等多类线索的基础上形成的关于评论的综合观点。在评论内容方面，一般认为欺骗性评论包含模糊性甚至是虚假或误导性的论点内容，影响用户对评论的感知欺骗性[156]。此外，评论数量作为外围线索，显示了评论信息的总量，表明了产品的受欢迎程度。用户对评论质量和评论的数量的评估，帮助其确定评论内容是否存在操纵，以区分真实的评论和虚假的评论[157]。与评论数量相似的因素是获赞数量，一个评论通常被多个用户查看，用户查看时会给评论投赞成票或反对票(或喜欢/不喜欢)。Ansari 等[158]研究发现一个评论获赞次数越多，那么更有可能被认为是真实的。而对于 AI 生成的虚假评论，用户对其论点质量形成与感知的路径则呈现出一定的特殊性。例如，AI 生成的评论目前在主题相关性方面比传统的虚假评论显得更为契合，但是，其论点的一致性和逻辑性方面可能存在不足，尤其在讨论复杂主题时，可能会显得不够深入或前后矛盾。因此，在此情境下，论点的一致性和逻辑性是用户通过论点质量判断评论是否为 AI 生成的核心[159]。此外，AI 生成的虚假评论不仅可以大量生成，还可以通过操纵点赞数来增加其可信度。用户可能会被大量点赞的虚假评论误导，认为这些评论是值得信任的。而当用户意识到点赞数可以被操纵时，他们可能会对点赞数失去信任，导致点赞机制在帮助用户筛选评论时会出现一定的误导[160]。

评论的语言风格涉及评论者表达评论论点时词语和语言风格的选择[161]。评论语言的情感表达是用户感知虚假评论的一个重要标准。情感强度被发现影响评论可信度，充满情感词语的评论会降低用户对评论的可信度[162]。Carbonell 等[163]研究发现事实性评论和情感性评论会影响用户对评论的感知。具体而言，与情感评论相比，用户明显认为事实评论更值得信赖，更少虚假。Filieri[164]通过访谈数据分析发现，受访者普遍认为使用营销写作风格撰写的评论是虚假评论。词汇的使用是评论风格的关键，评论词汇涉及评论内容中词语的应用。有关研究表明，带有更多认知词汇的评论可能对产品进行了复杂的评价和判断，用户认为这些评论不那么具有欺骗性[165]。然而，评论中如"你"、"我"、"他"、"她"、"它"等称代词的使用越多，用户认为评论的欺骗性越高[165]。此外，词汇的复杂性也会影响用户对匿名在线评论可信度的感知[162]。而在 AI 生成虚假评论场景中，用户则更加关注语法和句法的完美性以及用词表达的个性化。具体而言，AI 生成的虚假评论通常在语法和句法上显得非常完美，没有拼写错误或语法错误。虽然这看起来更专业和可信，但用户也可能因为这种完美性而感到怀疑，因为真实的用户评论通常会有一些小错误和不完美之处。此外，AI 生成的评论可能在用词和表达上显得过于刻板或重复，缺乏自然的变化和个性化。用户可能会注意到这些评论缺乏真实用户的独特语气和表达方式，从而怀疑其真实性[166]。

评论一致性是评论中的信息与其他评论中的信息一致的程度[167]。Román

等[156]研究发现，消费者会检查评论之间的一致性，会将一条评论与其他评论进行比较，许多评论者一致发布的评论可能会被认为更可信。与评论一致性类似的因素是评论的相似性，Filieri[164]通过访谈发现受访者会密切关注评论之间的相似性，以评估评论的可信度。如果用户会对来自不同评论者对同一产品或一个评论者对不同产品的重复的评论产生怀疑。在同一或不同的消费者评论网站上对同一或不同场所的类似评论不止一次出现，这些评论很可能被认为是不可信的。Peng等[151]研究发现如果某些评论的措辞非常相似，消费者会认为这些评论是虚假的。与一般情境中的虚假评论识别类似，在 AIGC 时代，用户同样会通过评论一致性来判断评论的真实性，Cardaioli 等[168]发现真实用户评论通常会有较大的多样性，反映出不同用户的不同经历和观点。与此相对，虚假评论由于是由同一 AI 或模板生成，可能缺乏这种多样性。用户可能通过对比，发现虚假评论的一致性和模式，从而识别出这些评论。

　　虚假评论的产生通常带有一定的目的性，要么是为了积极推广特定的产品或服务，要么是为了损害竞争对手的声誉，因此虚假评论往往极端。用户在面对在线评论时，不仅会分析评论的内容，还会使用评论的效价和极值来进行评估。评价的效价涉及用户对产品或服务的正面、负面或中性的评价。Kusumasondjaja等[169]发现负面在线评论被认为比正面评论更可信。有关研究发现受访者往往认为极端的评价更有可能被操纵，更有可能是企业、竞争对手和过于挑剔的人发布的，并且与过于消极的评价相比，极其积极的评价更有可能被认为是一种虚假评论[164]。与传统视域下的虚假评论不同，用户会更加关注 AI 生成虚假评论的情感强度。例如，AI 生成的虚假评论常常表现出极端的情感效价，要么过于正面，要么过于负面，因为情感操纵感可以通过过于精心的措辞、情感夸张和频繁出现的感叹号等表现出来。这种极端情感表达可能引起用户的怀疑，因为真实评论通常会包含更均衡的情感反应，用户可能会认为过于极端的评论是为了操纵他们的情感和决策[170]。

　　在线评论不仅包含文本信息，还包含感叹号、表情符号、图片、视频、动画等非文字性描述。非文字性表达是用户区分虚假评论和真实评论的重要线索。一般来说，有图片的评论可以传达更多信息，消费者对有图片的在线评论的感知欺骗性更低，更相信评论是真实的[171]。但 Ansari 和 Gupta[165]的研究发现，表情符号、感叹号或引号作为一种伪装的标志，消费者往往会将带有过多的标点符号和表情符号评论视为更高欺骗性的评论。在 AIGC 时代，过多的表情符号、图片、动画等非文字性描述同样是用户判断虚假评论的重要标志，因为 AI 生成的虚假评论可能使用过多的感叹号和特殊字符来强调情感，这种过度使用会让评论显得不自然[172]。表情符号的使用也是用户判断评论真实性的重要线索。AI 生成的虚假评论可能会不恰当地使用表情符号，或者在评论中频繁重复相同的表情符号，这会显得不真实。相反，真实评论中的表情符号使用通常更自然和多样化[173]。

　　细节是用户评估在线评论的关键。相关研究表明包含事实、细节和相关信息更多的评论往往更值得信赖，真实的评论者通常会提供关于他们与产品或服务互动的具体细节，如功能、交付时间线或客户服务。而消费者往往认为那些不具体，无法提供评论者经历的细节的评论是虚假评论，并且包含无关细节的评论，例如包含评论者的家庭情况、老板或员工的全名、评论者的技能和机构的全名或其历史，消费者会倾向于认为这些评论可能是虚假的[164]。同样地，Ansari 和 Gupta[165]研究发现评论中细节信息的描述越多，用户感知欺骗性越高。与细节类似的影响因素是评论的上下文信息，Ansari 和 Gupta[165]研究发现用户认为缺乏时空背景信息的评论更具有欺骗性。评论的长度影响用户对评论可信度的评估，Kronrod 等[174]发现，如果一篇评论过短或过长，用户会认为该评论更可疑，更可能是虚假评论。也有研究发现通常用户认为较长的包含更多详细和相关信息的评论才是真实的，而简短的且包含情绪化、极端化内容的评论更有可能是虚假评论[164]。用户对语言线索的感知影响用户对评论的真实性感知[175]，Banerjee 和 Chua[176]研究发现感知特异性与评论感知真实性正相关，感知夸张性与评论感知真实性负相关。具体而言，用户认为评论信息越丰富越详细，则评论更真实；用户认为评论越夸张，该评论更可能是虚假评论。AI 生成的虚假评论为了混淆视听，同样也会包含一些细节信息，但是，在细节的真实性以及与上下文的契合程度方面会存在一定的缺陷，成为影响用户判断与决策的重要线索。例如，AI 生成的评论在细节上可能显得过于完美或不自然，用户会注意到这些细节是否真实和相关，从而判断评论的可信度。评论中的上下文信息(如时空背景)也是用户评估评论是否为 AI 生成的重要因素，缺乏时空背景信息的评论被认为更具欺骗性[177]。此外，细节的一致性是另一个关键因素。用户会注意到多个评论中的细节是否一致，不一致的细节可能会引起怀疑[178]。以评论为中心的影响因素如表 3.4 所示。

表 3.4　基于评论本身的影响因素

影响因素	参考文献
论点质量	文献[151]、文献[156]、文献[164]、文献[179]、文献[180]、文献[181]、文献[182]、文献[183]、文献[184]
评论数量	文献[151]、文献[156]、文献[179]、文献[181]
获赞数量	文献[158]
语言风格	文献[158]、文献[162]、文献[163]、文献[164]、文献[165]、文献[180]、文献[181]、文献[185]

续表

影响因素	参考文献
评论一致性	文献[151]、文献[156]、文献[164]、文献[179]、文献[180]、文献[186]、文献[187]、
评论相似性	文献[151]、文献[164]、文献[181]、文献[185]
效价与极值	文献[158]、文献[164]、文献[165]、文献[169]、文献[174]、文献[180]、文献[181]、 文献[182]、文献[188]
非文字性表达	文献[156]、文献[164]、文献[165]、文献[171]
上下文信息	文献[165]
细节	文献[158]、文献[164]、文献[165]、文献[174]、文献[181]、文献[185]
长度	文献[158]、文献[164]、文献[174]、文献[180]、文献[181]、文献[182]、文献[185]

(2) 以用户为中心的影响因素。

如表 3.5 所示，以用户为中心的影响因素是从用户，即评论浏览、阅读者本身而言的因素，主要包括参与度、怀疑主义、道德意识形态、感知同质性、品牌认同度、经验与知识、感知特异性、感知夸大性、感知的动机。其中，用户感知同质性、经验与知识是研究较多的因素，这些因素将通过以下方式影响用户在一般虚假评论场景以及 AIGC 背景下的虚假评论感知与判断。

参与度影响用户评估产品或服务评论时所投入的认知努力，高度参与购买过程的消费者会花费更多的时间和精力批判性阅读大量的在线评论，更有可能感知到欺骗性评论[158]。相关研究表明，消费者在信息搜索过程中会根据参与购买的程度，阅读一定数量的评论。一般来说，参与度越高，消费者在做出购买决定之前需要的信息量(即消费者评论)就越多。在这种情况下，消费者更有可能注意到虚假评论[164]。而在 AIGC 时代，用户会投入同样甚至更多的认知努力来判断评论的真实性以及可信度。与一般的虚假评论相比，AI 生成的虚假评论在识别难度上会更大，因此，用户会投入更多的认知努力去仔细判别评论的可靠性[189]。

怀疑主义是一种个人特质，使个人倾向于怀疑他人的真实性或怀疑他人的动机。高度怀疑的消费者会发展出一种普遍不信任的倾向，这种倾向可能会超越特定的情况，并可能在消费者在线评论的特定背景下出现，从而引发欺骗性的感知[156]。而由于 AI 生成的虚假评论与真实评论更容易混淆，因此，怀疑主义会更加强烈地影响用户对评论的判断过程。高度怀疑的消费者会更加批判性地阅读评论，特别是当他们认为评论可能是疑似 AI 生成的时候，这种怀疑使他们在评估评论时投入更多的认知努力[190]。例如，怀疑主义者会更加注重评论的来源和评论者的背景信息。他们会仔细检查评论者的历史记录和可信度，以判断评论是否为 AI 生成[191]。

与怀疑主义密切相关的是道德意识形态,Román 等[156]研究发现相对主义和理想主义的个人对在线评论的欺骗性感知有差异,倾向相对主义的个人不太相信评论,往往会认为评论是虚假评论,而倾向理想主义的个人往往认为人们不会伤害他们,因此认为在线评论是真实可信的。此外,道德意识形态高的用户通常对不道德行为更加敏感,他们对虚假评论的容忍度较低,更倾向于认为虚假评论是不道德的行为。因此,他们在阅读评论时会更加警惕和怀疑,投入更多认知努力来识别评论的真实性[192]。在 AIGC 背景下,道德意识形态等伦理因素则影响更为突出,用户对 AI 生成内容的道德评价可能更加严格,因为他们可能认为使用AI 生成虚假评论本身就是一种违反伦理的行为[193]。

经验与知识作为用户个人因素影响虚假评论和真实评论的区分,在使用和撰写消费者评论方面经验丰富的用户更有信心发现不可信的评论[164]。消费者对评论真假的检测能力也取决于消费者对相关产品的了解程度,产品知识可以帮助消费者检测对该产品的评论是否为假[179]。但也有研究指出,具有丰富产品专业知识的消费者认为自己已经拥有足够的信息来做出购买决策,从而对产品的评价投入较少的精力,因此不太容易察觉到在线评论的感知欺骗。此外,该研究还指出拥有更高互联网知识的用户更有能力在在线评论中发现和避免欺骗[156]。除此之外,用户还会判断自己与评论者之间在某些属性方面的相似程度(即感知同质性),例如,年龄、国籍等社会人口背景信息以及评论中表达的偏好、经历等,从而影响对评论者发布的评论的感知欺骗性[156]。在 AIGC 时代,经验与知识对用户虚假评论感知与决策的影响不仅表现在产品专业知识上,更表现为用户对AI 相关知识的了解程度上,拥有高信息素养、更加了解 AI 内容生成机制的用户能够更好地利用各种线索(如评论者的历史记录、评论的具体性和逻辑一致性)来判断评论的真实性,使得他们能够更快地处理和分析大量信息,从而更有效地识别虚假评论[194]。品牌认同是指消费者感觉与品牌有联系的心理状态,对品牌的高认同会使消费者认为夸大且积极的在线评论是可信的[195]。

感知的动机也是用户评估在线评论的关键。Chatterjee 等[179]认为消费者的认知能力是用户有效地意识到评论是否具有欺骗性的关键。消费者评估在线评论时会判断评论是否能够满足评论者的功利动机或享乐动机,若存在其一或者两者均有,那么消费者可能会认为这种外在动机和内在动机导致评论者发布虚假评论,并认为这些评论是虚假的。功利动机和享乐动机同样是用户在 AIGC 环境下评估在线评论时的重要考量因素,用户会结合内在动机(如个人信念、价值观)和外在动机(如经济利益、社会压力)来评估评论的真实性。在 AI 生成的虚假评论中,如果用户感知到评论者的动机是混合的,那么他们会更仔细地分析评论,以辨别其中的真实成分和虚假成分[196]。以用户为中心的影响因素如表 3.5 所示。

表 3.5　基于用户本身的影响因素

影响因素	参考文献
参与度	文献[156]、文献[164]
怀疑主义	文献[156]、文献[195]
道德意识形态	文献[156]
感知同质性	文献[156]、文献[179]、文献[184]、文献[197]
品牌认同度	文献[195]
经验与知识	文献[156]、文献[164]、文献[179]、文献[185]、文献[198]
感知特异性	文献[176]、文献[199]
感知夸大性	文献[176]、文献[185]、文献[199]
感知的动机	文献[179]、文献[200]

(3) 以外部来源为中心的影响因素。

以外部来源为中心的影响因素是在虚假评论感知与识别中，除开评论和用户的其他来源因素，包括评论者、卖家、评论平台、干预指南。由于评论者是评论的直接发起人，因此与评论者相关的因素受到了较多的关注。

评论者是评论内容的直接撰写者，是影响用户感知在线评论的重要因素。评论者身份是用户区分真实评论和虚假评论的重要线索之一，同行评论者和专家评论者的身份作为启发式线索在用户处理在线评论中起着至关重要的作用。消费者经常基于评论者的身份来区分真实的评论和虚假的评论，对由"字母和数字的随机组合"组成的不寻常的用户账号生成的评论持怀疑态度[151]。有研究进一步表明，同行和专家评论者个人资料信息会影响消费者对酒店在线评论的可信度判断，消费者认为那些同行和专家评论者以虚假账户发布的评论不可信[201]。Siddiqi 等[202]研究发现同行和专家评论者在追加评论中隐藏的动机影响消费者对追加评论的怀疑，并且专家补充评论中的别有用心比同行补充评论中的别有用心对消费者感知欺骗的形成作用更大。此外，评价者的评价历史，即评论次数会影响用户在阅读夸张评论时可信度的判断[185]。评价者的声誉也是用户评估虚假评论的重要依据。声誉对评论的可信度有积极的影响，用户往往认为具有较高排名、头衔和徽章的评论者写出的评论更可能是真实的[180]。在 AIGC 背景下，用户同样会通过查看评论者的信息来判断评论是否为 AI 生成，例如，如果一个评论者在短时间内发布了大量评论，特别是涉及不同产品或服务，用户可能会怀疑这些评论的真实性，而这种高频率的评论发布行为可能是 AI 生成评论的特征[113]。此外，如果评论者的个人信息不完整或显得不真实，用户可能会怀疑其真实性。例如，缺少个人照片、简介或社交媒体链接等信息的账户更容易被认为是虚假账户，如果评论者只发布评论而没有其他互动行为，也可能被认为是 AI 生成评论的特征。社交互动与活跃度也是影响 AI 生成评论判断的重要依据之一，用户会查看评论者与其朋友或其他用户的互动记录。如果这些互动显得机械化或缺乏真实感，用户可能会认为评论是 AI 生成的[203]。

卖家是消费者评估在线评论的重要依据之一。Peng 等[151]发现，卖家声誉和贸易记录越高或越好，消费者就越认为产品的评论是值得信赖的；对于那些与评论、卖家声誉和交易记录不匹配的评论，消费者认为这些评论是被操纵的虚假评论。此外，有关研究表明，卖家在网站上的影响力越大，评论就越可能被操纵，这是因为消费者认为有影响力的卖家可以删除或发布评论，因此这些评论更有可能是虚假评论。Román 等[156]通过定性研究发现，当消费者购买的产品或服务得到电子零售商或者卖家的验证时，对于虚假评论的感知会减少。在 AI 生成评论的场景中，随着人工智能技术的进一步普及，商家通过 AI 生成虚假评论的可能性进一步加大，部分卖家通过提供验证机制(如第三方审核)来增加评论的可信度，用户会更倾向于相信经过验证的评论，而非简单的用户生成内容。更有卖家通过公开声明某些评论是由 AI 生成的，来提供透明度，这种做法帮助消费者更好地理解他们正在阅读的内容的来源[204]。而当前卖家发布内容以及审核机制的透明度与可信度仍然存在一定不足，因此，通过卖家判断评论的真实性的难度较之一般情形下的虚假评论识别难度进一步加大。

评论平台是影响用户虚假评论感知的另一个重要来源。不同研究发现，用户对发布在不同平台上的评论的感知有差异。Filieri[164]研究发现消费者对独立的消费者评论网站(或在线社区)、第三方电子商务网站和企业网站这三种类型的网站的评论看法不一，他们通常认为公司官方网站上的评论是公司为了获益而发布的，因此更有可能是虚假评论。评论平台对用户虚假评论感知的影响不仅包括平台类型，还包括检测能力、虚假评论标记显示等。相关研究发现，如果网站上显示的虚假评论被平台检测并标记为虚假评论，那么该网站上的评论更值得信赖[205]。此外，当网站虚假评论检测能力得到第三方机构有效测试时，在线评论阅读者认为该网站的评论更真实[186]。整体而言，平台的检测与审核机制是用户信任平台评论可信度的重要来源，而大部分平台的 AI 生成内容检测能力尚在进一步开发中，目前高声誉的平台如亚马逊、TripAdvisor 等已经开发出初步的 AI 生成内容检测工具，因而用户通常会认为这些平台对评论的审核更严格，认为其评论更可信[206]，此外，平台是否明确标示评论的来源以及是否使用了 AI 生成内容同样会影响用户的信任度。

干预指南将有助于提高虚假评论识别的准确度。Banerjee 等[199]设计了基于语言线索的区分真实和虚假评论的指南，并招募 240 名实验参与人员，将其分为对照组和干预组。对照组的实验人员被要求启发式地判断评论是真实的还是虚构的；实验组的实验人员被要求按照提供的指南中的指示来辨别评论的真实性。最后研究发现实验组在识别虚假评论的准确度高于对照组，这表明这种干预可以提高识别虚构评论的能力。不少平台也开始在用户指南或者平台页面中提示用户注意辨别 AI 生成的评论，并提供帮助用户识别 AI 生成的虚假评论的策略建议，除此之外，平台提供的评论内容反馈机制也是影响用户识别 AI 生成内容、提高其积极性的重要影响因素之一。以外部来源为中心的影响因素如表 3.6 所示。

表 3.6　基于外部来源的影响因素

评论者	身份	文献[151]、文献[156]、文献[158]、文献[164]、文献[169]、文献[180]、文献[181]文献[183]、文献[187]、文献[201]、文献[207]
	隐藏动机	文献[202]
	评价历史	文献[180]、文献[185]
	声誉	文献[180]、文献[208]、文献[209]
卖家	卖家声誉	文献[151]、文献[181]
	交易记录	文献[151]、文献[181]
	影响力	文献[158]、文献[181]、文献[207]
	卖家验证	文献[156]
平台	平台类型	文献[156]、文献[158]、文献[164]、文献[181]、文献[207]
	检测能力	文献[181]、文献[186]
	标记显示	文献[181]、文献[186]、文献[187]、文献[205]
干预指南		文献[199]

3.2.3　基于虚假评论感知驱动的用户信息鉴别行为分析

作为一种扭曲的在线产品评论形式，这些非中立的虚假评论的出现与传播，使得平台存在大量与商品真实质量不符的信息，加剧了商品评分的分散程度，掩盖了商品的真实质量，极容易误导消费者的购买决策。因此，用户在做出消费决策的时候，一般需要根据已掌握的客观信息对评论内容进行判断[210]。比如根据该商品评论信息的文本特征，对于其是否属于虚假评论进行分析判断。

然而，在线虚假评论者发布者为了防止虚假评论被平台监管部门或者消费者识别出来，会尽可能地对其所撰写的虚假评论进行粉饰，使得其看起来更像是真实的评论[211]。特别是随着神经语言模型技术的进步，计算机已经能够生成流畅且有实际意义的虚假评论，还可以自动过滤那些不具有情感色彩的评论[212]。这说明人工智能生成的虚假评论甚至可以有效地欺骗经验丰富的技术娴熟的用户，一般用户在浏览评论的过程中，更是难以凭借自己的能力，将其与真实的评论进行区分[213]。

尽管用户现在难以直接通过语法、词句等简单明了的特征，判断其正在浏览的信息是否属于虚假评论，但由于评论信息对于辅助购物决策的重要性，用户依旧存在对于评论内容质量的信息鉴别需求。因此，当用户通过平台给出的虚假评论提醒，或者凭借自身的购物经验等方式，感知到可能存在的虚假评论时，极大概率会主动采取措施，核查该评论的准确性、可信度或权威性[214]，进而避免自己做出错误或者被诱导的消费行为，更大程度保护自己的利益。

基于此，本节旨在系统探讨用户在感知到存在虚假评论以后，如何做出信息鉴别行为，以帮助自身更好做出决策。通过对这一行为模式的基本动因、理论逻辑与具体表现进行详细分析，帮助研究者更好把握基于虚假评论感知视角下用户相关行为的基本特征，同时帮助用户在发现人为撰写或者生成式人工智能撰写的虚假评论时，制定自己的信息鉴别行为策略，引导用户更好地维护自身的权益。

(1) 行为模式的基本动因。

在当前的开放网络环境下，用户不再只是被动的信息接收者，而是逐渐参与到信息生命周期的整个过程，其中就包括对于信息的鉴别与评估[215]。当用户基于自身的经验，或者看到平台给出的 AI 生成评论警告等线索时，其是否会做出信息鉴别行为受到多种因素的影响，这既包括自身的认知与素养，也包括外界的刺激与诱发，如图 3.1 所示。

动机是用户针对虚假评论采取措施的先决条件。当人们产生了对于虚假评论的认知，就会产生信息鉴别与核实的动机。更具体一点说，核实信息的必要性往往是由于用户发现了评论内容中出现了可能不准确的迹象，这促使人们主动去评估评论信息的准确性、可信度或权威性，并有可能去寻求更多的信息来支持或削弱信息的准确性[214]。这种信息鉴别行为出现于生活中的很多地方。比如，某些学者常在发现印刷错误或更复杂的错误后，会试图对所有信息进行抽查，或者尽可能核实所有信息[216]。同样地，当用户感知到当前浏览的评论信息可能是人为伪

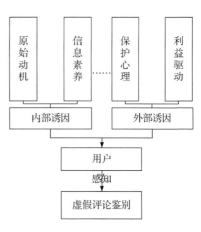

图 3.1　基于虚假评论感知驱动用户信息鉴别行为的基本动因

造或者人工智能撰写，其通常做法也是去鉴别评论中相关信息的真假情况，或者是对整条信息的可信度和真实性进行重新判断。

用户的信息素养则是其针对虚假评论采取措施的重要影响因素。电商平台发展的早期，用户自我报告的信息查证行为较少；而随着用户网络经验的增长，用户的信息鉴别意识也在增强，但是鉴别意识、鉴别倾向与实际鉴别行为之间依然有着一道难以逾越的鸿沟[217]。具备良好的信息素养是跨越这道鸿沟的关键要素。根据美国图书馆协会的定义，信息素养是指一个人能够识别何时需要信息，具备查找、评价和有效使用所需信息的能力[218]。用户在感知到存在虚假评论的

时候，同样也需要一定的信息搜集、鉴别与利用技巧，才可能对哪些评论属于虚假评论、评论内容的哪些信息可以相信等，做出合理的判断。缺乏相应的信息素养，就难以识别或者判断出带有欺骗性质的评论内容[219]，这也使得用户难以做出下一步的信息鉴别行为。相关研究也表明，作为信息素养普遍较高的群体，大学生更有可能在发现信息内容在多个来源中不一致等反常迹象以后，选择去验证信息的可信度和真实性[220]。比如，检查网站信息是否是最新、完整和全面的，寻找其他来源来验证网络信息等[221]。因此，在 AIGC 时代，一个人的信息素养也会影响到其是否会采取鉴别虚假评论真实性的行为。

而当虚假评论的内容存在明显的误差，甚至可能导致严重的社会影响时，也可能诱发用户对虚假评论采取相应的措施。根据有关研究，虚假评论已经成为目前金融网络、医药网络中的一个重大隐患[222]。比如在医疗领域，由于用户与平台之间的信息不对称性，一旦急于看病求医的病人被虚假评论误导，相信了该平台上投放的虚假广告，被导流到冒牌医生或者不正规医院处就诊，将蒙受财产和健康的双重损失。而当医疗专业人员查看到相关的虚假评论时，出于保护心理也可能驱动其鉴别该评论内容的真实性，并做出监管举措[223]。这一行为符合第三人效果理论和保护动机理论的相关概念。前者认为人们倾向于认为媒体负面信息对他人更易造成不利影响，个人会根据这种感知差异去评估他人可能有的态度和行为，从而采取相应的保护行动避免弱势群体受到信息的负面影响[224]；后者则表明人们在对社会层面的威胁进行判断时，会去评估威胁信息对他人的严重性和易感性，当个体在威胁评估过程中感知到不良媒体内容对他人造成严重后果时，会采取行为保护他人[225]。如果用户在其专业领域或者知识范围内，发现由生成式人工智能撰写的具有较强诱导性的虚假评论，其较有可能出于自身的职业道德感与保护心理，对相关评论采取监管行为，以避免其他用户被这些看似与正常评论相差无异的信息误导。

此外，用户的行为还可能受到一定的利益驱动。在消费者虚假评论不良生态形成过程中，消费者和商家作为虚假评论的直接参与者，其行为的选择是利益驱动的，奖励或惩罚政策的制定对其利益与行为的影响更为显著[226]。因此，平台是否提供关于鉴别虚假评论的奖励措施，将影响用户是否参与虚假评论信息的核实工作[227]。如果现有的电商平台鼓励用户举报生成式人工智能所撰写的虚假评论，并予以一定的奖励措施，那么也将会极大激发用户鉴别并监管人工智能虚假评论的热情。

(2) 行为模式的理论逻辑。

虽然用户会因为自身或者外部因素刺激，而存在处理感知到的虚假评论的可能，但是事实上并非所有的用户都会将其付之于实践。这是因为当前网络上的虚假评论生态是消费者、商家和平台三方复杂利益关系博弈后的综合结果。其中，对于消费商品的虚假评价是综合好评收益、差评损失及名誉损失等参数，并将这些参数嵌入由消费者、商家和平台三方演化博弈框架中的行为[226]。因此，用户在对虚假评论进行信息鉴别或者监管等行为时，通常还需要对于其中的利弊关系进行通盘考虑，包括衡量自己在其中花费的时间成本与精力成本等。

我们可以从双加工理论(dual process theory，DPT)切入，对这一行为背后的理论逻辑进行分析。双加工理论指出人们在处理信息的过程中会采用两种不同模式。第一种是对信息进行浅层加工，信息处理者在不需要耗费太多认知资源(cognitive effort)的情况下，凭借着以往的经验就当下呈现的一些暗示信息(cue)做出判断或决策；第二种是对信息进行深层次加工，信息处理者往往需要花费较多的认知资源，在处理信息过程中需要对信息进行仔细认真思考，并根据具体情况做出判断[228]。而人们加工或者深入分析信息内容的程度，取决于信息接收者的动机和能力[215]。比如在感知到虚假评论存在的时候，如果人们对于准确信息的需求比较高，或者其判定自己在理解某些问题的时候，带着一定程度的个体风险。在这些要素的驱动下，人们较大概率会选择深加工的方式，会更加关注信息的内容，并且会仔细考证内容的合理性和正确性，也会更容易寻找更多的认知资源予以佐证。而在另一种情况下，即用户并不一定对商品十分感兴趣，或者对于商品评论的相信程度普遍较低时，其对评论信息的鉴别或处理则会更倾向于选择基于表面的标准。

更进一步来说，用户在感知到虚假评论以后，其背后的行为逻辑更多取决于用户的理性与期望[229]。有限理性理论认为，由于认知能力、资源和时间的限制，人类无法在做出选择之前对所有的选择进行评估。相反，人类会依次检查替代品，并继续搜索过程，直到找到满足或超过期望水平的满意替代品。这些期望水平不是固定的，而是根据试验顺序的情况进行调整。如果容易找到令人满意的替代品，愿望水平就会上升，如果难以获得，愿望水平就会下降[230]。换句话说，人类在有限理性的范围内运作，并简化了决策中可用的选择。事实上，人们在判断或者决策的过程中，更多会采取这种满意策略，减少理性选择的信息和计算需求，尽可能花费更少的时间和更少的认知努力[231]。

相关研究者在有限理性理论的基础上，进一步提出"适应性工具箱"(adaptive toolbox)的隐喻，其认为大脑已经进化出适合特定任务的机制或方法，例如，在备选方案之间进行选择，对物品进行分类，估计数量，选择配偶，判断栖息地质量，甚至决定在孩子身上投资多少，针对特定的问题形成了对应的分析模块[232]。这种方式说明人们在思考和判断问题时存在一定的适应性，以及动态的判断标准。宽松的标准意味着快速而节俭的信息搜索，而严格的标准则要求在做出决定之前提供更多信息。用户在做出决策的时候，可能会调整阈值，而不是选择策略[232]。而根据学者的研究，人类在做决策时使用快速而节俭的策略，因为这种简单的策略在真实的环境中表现良好，使人们能够参与适应性行为[233]。人们之所以采用基于认知的决策机制，是因为虽然他们使用尽可能少的信息，但认知推理比随机选择更能产生准确的决策。事实上，增加更多的知识甚至会降低决策的准确性，这一解释可以帮助我们理解为什么人们会选择更为便捷的信息处理方式，并且倾向于不验证信息[234]。

综上所述，用户在感知到虚假评论之后做出的措施，是其综合时间、精力、收益等多方因素博弈的结果。由于人们受到有限理性的制约，在处理可能存在的虚假评论时，其更希望采取花费更少的时间和更少的认知努力的行为，因而往往会遵循模块化的认知方式，并且倾向于不验证消息。只有当用户对于该评论的内容质量存在较高的期望水平时，即用户对于该商品服务存在较大的兴趣，或者迫切需要一个比较准确的信息，才会倾向于选择信息深加工的方式，从多种渠道开展针对虚假评论的信息鉴别行为。同样地，在 AIGC 时代，用户是否真正采取信息鉴别行为，也是基于利益的权衡考量。只有当鉴别信息的收益远大于付出的各类成本时，用户才会主动从多种渠道核实评论的可信度。

(3) 行为模式的具体表现。

用户针对虚假评论的信息鉴别行为与一般的信息鉴别行为一致。张薇薇综合了以往网络信息可信度的相关研究，将这些信息鉴别行为与信息的可信度评估总结归纳为一系列检查列表，每一个鉴别项目都对应着可信度内涵的某一方面指标，如表 3.7 所示，这对本章节的内容具有较大的借鉴价值[215]。

表 3.7　信息鉴别的基本查找项目

查找项目	可信度指标
检查信息是否是最新的	时效性
考察内容表述是反映事实还是评论	客观性
检查信息是否完整和全面	完整性
查找其他信源以验证该信息	准确性
考察作者发布信息的目的是什么	客观性
检查网站的作者是谁	可鉴别性
寻找官方认可的许可标志或熟人的推荐	第三方推荐
检查网站上是否提供了个人或组织的联系方式	可鉴别性
核实作者的资格证书	作者权威性

由于虚假评论一般出现在电子商务服务平台，该平台的信息交流方式与博客、在线社交平台等相比相对较为窄。从前文已经论述过的用户感知视角下的虚

假评论特征来看，不难发现用户针对虚假评论的判断标准也相对较为集中。具体来说，在 AIGC 时代，用户在感知到存在虚假评论后，可以通过文本信息、评论发布账号及其互动信息、其他信息来源等渠道进行信息鉴别，帮助自己识别该评论的可信度和准确性，如表 3.8 所示。

表 3.8　AIGC 视域下信息鉴别的基本查找项目

查找范围	查找项目	可信度指标	可信度表现
评论文本	检查评论的用语习惯	客观性	判断该账号是否与正常人类用语习惯一致，若过于客观或过于主观，则可能由人工智能生成
	检查信息是否完整和全面	完整性	判断该评论是否完整全面，若内容突然中断，则可能由人工智能生成
	检查信息的感情色彩	准确性	判断该账号是否准确评价内容，若多次评论都不带任何感情色彩，则可能由人工智能生成
账号信息	检查账号是否有认证信息	作者权威性	判断该账号是否具有官方认证的信息，若有官方警告的 AI 生成标识，则可能由人工智能生成
	检查账号的个人资料	可鉴别性	判断该账号的个人资料信息，若相关资料明显 AI 伪造，则可能由人工智能生成
	检查账号或评论的互动情况	互动性	判断该账号是否存在互动行为，若无，则可能由人工智能生成
其他信息来源	询问搜索引擎	来源可靠性	从可靠来源验证内容的真实性
	询问周围人的了解情况	来源可靠性	从可靠来源验证内容的真实性
	询问线上用户的了解情况	来源可靠性	从可靠来源验证内容的真实性

针对文本信息的判断主要是对评论内容及其结构进行分析。虽然当前神经语言模型技术已经相对成熟，可以生成具有感情色彩的流畅文本，但是这一方式的制作成本相对较大，当前市场上泛滥的虚假评论依旧存在一些较为明显的文本特征。高级内容营销专家 Kristen 提到，大部分的虚假评论都可能存在错别字和蹩脚的语法问题，并且其一般不带有深刻的感情色彩和产品的内容细节[235]。基于此，用户可以根据评论文本的显著特征，快速判断该评论是否确实属于虚假评论。

针对评论发布账号及其互动信息的判断则是根据该账号的详细信息，辅助判断该评论的真实性。Kristen 同样提到，对于账号信息的判断也是审查虚假评论的重要方式。如果该账号具有平台认证的标识，则可信程度能够上升；如果该平台的资料照片使用某些名人的照片等，则需要小心；而如果该账户一天内发布上百条信息的账号，用户同样需要对该账户报以警惕。除此之外，如果该账户在网站上没有其他评论，或者专门针对某一个商家或制造商进行热情洋溢的评论，其真实性也可能大打折扣[236]。另一方面，该账户评论的互动信息也能够帮助用户了解该账户评论信息的真实性。如果该评论缺乏互动，或者其互动信息同样存在伪造的情况，那么也可以佐证该评论的虚假与否。

除了根据该平台提供的信息判断以外，用户还可以通过其他来源对评论的内容进行交叉检查，以确定该评论内容的真实性。比如，通过搜索引擎和其他授权及可信的网站，确认在社交媒体上遇到的信息是否准确。此外，用户还可能从个人社交范围或者网络社交媒体平台进行信息的搜集[237]。比如，用户在遇到虚假评论的时候，可能会直接询问周围购买过该商品或者服务的人，从周围人的看法和感受中判断该评论的真实性与该商品的真实质量；如果周围没有人使用过该商品或者服务，则可能通过私人群聊、微信朋友圈等私域场所，或者公开发帖等方式，寻求网络用户的帮助，从而辅助判断该评论内容的真实性。

在 AIGC 时代，当用户根据相关评论的文本特征或其他影响因素，感知到其正在浏览的内容可能是虚假评论时，该用户是否会主动采取行动，对该信息进行鉴别甚至监管，取决于其个人的动机与能力。其中，鉴别生成式人工智能撰写的评论的收益比，是用户是否采取行动的重要因素。当该评论内容的重要性较高时，用户才有可能从评论文本特征、评论账号及其互动信息，以及搜索引擎、社交媒体等其他信源进行验证，从而帮助自己更好做出决策。

参 考 文 献

[1] Wu Y, Ngai W E, Wu P, et al. Fake online reviews: literature review, synthesis, and directions for future research. Decision Support Systems, 2020, 132:113280.

[2] Arvind M, Kumar R D. Research on false review detection methods: a state-of-the-art review. Journal of King Saud University: Computer and Information Sciences, 2022, 34(9): 7530-7546.

[3] Paul H, Nikolaev A. Fake review detection on online e-commerce platforms: a systematic literature review. Data Mining and Knowledge Discovery, 2021, 35(5): 1830-1881.

[4] Abri F, Gutiérrez L F, Namin A S, et al. Linguistic features for detecting fake reviews//2020 19th IEEE International Conference on Machine Learning and Applications (ICMLA), Miami, 2020.

[5] Lau R Y, Liao S Y, Kwok C W R, et al. Text mining and probabilistic language modeling for online review spam detection. ACM Transactions on Management Information Systems, 2011, 2(4):1-30.

[6] Ott M, Cardie C, Hancock J T. Negative deceptive opinion spam//Proceedings of NAACL HLT, Atlanta, 2013.

[7] Feng S, Xing L, Gogar A, et al. Distributional footprints of deceptive product reviews//Proceedings of 6th International AAI Conference on Weblogs and Social Media, Dublin, 2012.

[8] Sun H, Morales A, Yan X. Synthetic review spamming and defense//Proceedings of ACM

SIGKDD International Conference on Knowledge Discovery and Data Mining, Chicago, 2013.

[9] Gao X Y, L Si, Zhu Y Y, et al. Identification of deceptive reviews by sentimental analysis and characteristics of reviewers. Journal of Engineering Science and Technology Review, 2019, 12(1): 196-202.

[10] Li Y, Feng X, Zhang S. Detecting fake reviews utilizing semantic and emotion model//2016 3rd International Conference on Information Science and Control Engineering, Beijing, 2016.

[11] Luca M. Reviews, reputation, and revenue: the case of Yelp. com. Harvard Business School Working Paper, 2016: 12-16.

[12] Jindal N, Liu B. Opinion spam and analysis//The 2008 International Conference on Web Search and Data Mining, Palo Alto, 2008.

[13] Lim E P, Nguyen V A, Jindal N, et al. Detecting product review spammers using rating behaviors//The 19th ACM International Conference on Information and Knowledge Management, Toronto, 2010.

[14] Mukherjee A, Venkataraman V, Liu B, et al. What yelp fake review filter might be doing?//Proceedings of the International AAAI Conference on Web and Social Media, Massachusetts, 2013.

[15] Narayan R, Rout J K, Jena S K. Review spam detection using opinion mining//Progress in Intelligent Computing Techniques: Theory, Practice, and Applications: Proceedings of ICACNI, Singapore, 2018.

[16] Ott M, Choi Y, Cardie C, et al. Finding Deceptive Opinion Spam by Any Stretch of the Imagination. https://arxiv.org/abs/1107.4557, 2011.

[17] Fontanarava J, Pasi G, Viviani M. Feature analysis for fake review detection through supervised classification//2017 IEEE International Conference on Data Science and Advanced Analytics (DSAA), Tokyo, 2017.

[18] 邓莎莎, 张朋柱, 张晓燕, 等. 基于欺骗语言线索的虚假评论识别. 系统管理学报, 2014, 23(2): 263-270.

[19] Moon S, Kim M, Iacobucci D. Content analysis of fake consumer reviews by survey-based text categorization.International Journal of Research in Marketing, 2020, 38(2):343-364.

[20] 任亚峰, 尹兰, 姬东鸿. 基于语言结构和情感极性的虚假评论识别. 计算机科学与探索, 2014, 8(3): 313-320.

[21] Saumya S, Singh J P. Detection of spam reviews: a sentiment analysis approach. CSI Transactions on ICT, 2018, 6(2): 137-148.

[22] Chua A Y K, Chen X. Online "helpful" lies: an empirical study of helpfulness in fake and authentic online reviews//International Conference on Information, 2022.

[23] Shan G, Zhou L, Zhang D. From conflicts and confusion to doubts: examining review inconsistency for fake review detection. Decision Support Systems, 2021, 144: 113513.

[24] Cao N, Ji S, Chiu D K W, et al. A deceptive reviews detection model: separated training of multi-feature learning and classification. Expert Systems with Applications, 2022, 187: 115977.

[25] Fahfouh A, Riffi J, Mahraz M A, et al. PV-DAE: a hybrid model for deceptive opinion spam based on neural network architectures. Expert Systems with Applications, 2020, 157: 113517.

[26] Ouyang L, Wu J, Jiang X, et al. Training Language Models to Follow Instructions with Human Feedback. https://arxiv.org/abs/2203.02155, 2022.

[27] Gehrmann S, Strobelt H, Rush A M. GLTR: Statistical Detection and Visualization of Generated Text. https://arxiv.org/abs/1906.04043, 2019.

[28] Mitchell E, Lee Y, Khazatsky A, et al. Detectgpt: Zero-Shot Machine-Generated Text Detection Using Probability Curvature. https://arxiv.org/abs/2301.11305, 2023.

[29] Bao G, Zhao Y, Teng Z, et al. Fast-Detectgpt: Efficient Zero-Shot Detection of Machine-Generated Text Via Conditional Probability Curvature. https://arxiv.org/abs/2310.05130, 2023.

[30] Su J, Zhuo T Y, Wang D, et al. DetectLLM: Leveraging Log Rank Information for Zero-Shot Detection of Machine-Generated text. https://arxiv.org/abs/2306.05540, 2023.

[31] Mukherjee A, Liu B, Glance N. Spotting fake reviewer groups in consumer reviews//the International World Wide Web Conference, Lyon, 2012.

[32] Neisari A, Rueda L, Saad S. Spam review detection using self-organizing maps and convolutional neural networks. Computers & Security, 2021, 106: 102274.

[33] Li H, Fei G, Wang S, et al. Bimodal distribution and co-bursting in review spam detection//Proceedings of the 26th International Conference on World Wide Web, Perth, 2017.

[34] Li F H, Huang M, Yang Y, et al. Learning to identify review spam//Proceedings of the 22nd International Joint Conference on Artificial Intelligence, Barcelona, 2011.

[35] Li Y. Highlighting the fake reviews in review sequence with the suspicious contents and behaviours. Journal of Information and Computational Science, 2015, 12(4):1615-1627.

[36] Rayana S, Akoglu L. Collective opinion spam detection: bridging review networks and metadata//Proceedings of the 21th ACM SIGKDD International Conference on Knowledge Discovery and Data Mining, Sydney, 2015.

[37] Mukherjee A, Liu B, Glance N. Spotting fake reviewer groups in consumer reviews//Proceedings of the 21st International Conference on World Wide Web, New York, 2012.

[38] Ji S J, Zhang Q, Li J, et al. A burst-based unsupervised method for detecting review spammer groups. Information Science, 2020, 536:454-469.

[39] Akram A U, Khan H U, Iqbal S, et al. Finding rotten eggs: a review spam detection model using diverse feature sets. KSII Transactions on Internet and Information Systems, 2018, 12(10):5120-5142.

[40] Mukherjee A, Kumar A, Liu B, et al. Spotting opinion spammers using behavioral footprints//Proceedings of the 19th ACM SIGKDD International Conference on Knowledge Discovery and Data Mining, Chicago, 2013.

[41] Mukherjee A, Venkataraman V, Liu B. Fake review detection: classification and analysis of real and pseudo reviews. Technical Report, 2013, 80(2):159-169.

[42] Barbado R, Araque O, Iglesias C A. A framework for fake review detection in online consumer electronics retailers. Information Processing & Management, 2019, 56(4): 1234-1244.

[43] Pan Y, Xu L. Detecting fake online reviews: an unsupervised detection method with a novel performance evaluation. International Journal of Electronic Commerce, 2024, 28(1): 84-107.

[44] Rout J K, Dash A K, Ray N K. A framework for fake review detection: issues and challenges//2018

International Conference on Information Technology, New York, 2018.

[45] Lin Y, Zhu T, Wu H, et al. Towards online anti-opinion spam: spotting fake reviews from the review sequence//2014 IEEE/ACM International Conference on Advances in Social Networks Analysis and Mining, New York, 2014.

[46] 聂卉, 吴毅骏. 基于特征表现的虚假评论人预测研究. 图书情报工作, 2015, 59(10): 102-109.

[47] Zhang D, Zhou L, Kehoe J L, et al. What online reviewer behaviors really matter? effects of verbal and nonverbal behaviors on detection of fake online reviews. Journal of Management Information Systems, 2016, 33(2): 456-481.

[48] Liu P, Xu Z, Ai J, et al. Identifying indicators of fake reviews based on spammer's behavior features//2017 IEEE International Conference on Software Quality, Reliability and Security Companion, Prague, 2017.

[49] Manaskasemsak B, Tantisuwankul J, Rungsawang A. Fake review and reviewer detection through behavioral graph partitioning integrating deep neural network. Neural Computing and Applications, 2023, 35: 1169-1182.

[50] Tang X, Qian T, You Z. Generating behavior features for cold-start spam review detection with adversarial learning. Information Sciences, 2020, 526: 274-288.

[51] Wu X, Dong Y, Tao J, et al. Reliable fake review detection via modeling temporal and behavioral patterns//2017 IEEE International Conference on Big Data (Big Data), Boston, 2017.

[52] He D, Pan M, Hong K, et al. Fake review detection based on pu learning and behavior density. IEEE Network, 2020, 34(4):298-303.

[53] Xie S. Review spam detection via temporal pattern discovery//Proceedings of the 18th ACM SIGKDD International Conference on Knowledge Discovery and Data Mining, Beijing, 2012.

[54] Kumar Y S, Akoglu L, Ye J. Temporal Opinion Spam Detection by Multivariate Indicative Signals. https://arxiv.org/abs/1603.01929, 2016.

[55] Chowdhary N S, Pandit A A. Fake review detection using classification. International Journal of Computer Applications, 2018, 180(50):16-21.

[56] Hu N, Pavlou P A, Zhang J. Can online reviews reveal a product's true quality? empirical findings and analytical modeling of online word-of-mouth communication//Proceedings of the 7th ACM Conference on Electronic Commerce, New York, 2006.

[57] Chevalier J A, Mayzlin D. The effect of word of mouth on sales: online book reviews. Journal of Marketing Research, 2006, 43(3): 345-354.

[58] Malbon J. Taking fake online consumer reviews serious. Journal of Consumer Policy, 2013, 36: 139-157.

[59] Salminen J, Kandpal C, Kamel A M, et al. Creating and detecting fake reviews of online products. Journal of Retailing and Consumer Services, 2022, 64: 102771.

[60] 周瑾宜, 黄英辉, 李伟卿, 等. 生成式人工智能的虚假评论言语行为分析及人机比较研究: 可解释性机器学习方法//中国心理学会. 第二十五届全国心理学学术会议摘要集——博/硕研究生论坛, 成都, 2023.

[61] Ott M, Cardie C, Hancock J. Estimating the prevalence of deception in online review communities//

Proceedings of the 21st International Conference on World Wide Web, New York, 2012.

[62] Wang N, Yang J, Kong X, et al. A fake review identification framework considering the suspicion degree of reviews with time burst characteristics. Expert Systems with Applications, 2022, 190: 116207.

[63] Banerjee S, Chua A Y K. Authentic versus fictitious online reviews: a textual analysis across luxury, budget, and mid-range hotels. Journal of Information Science, 2017, 43(1): 122-134.

[64] Ball L, Elworthy J. Fake or real? the computational detection of online deceptive text. Journal of Marketing Analytics, 2014, 2: 187-201.

[65] Huang Y K, Yang W I, Lin T M Y, et al. Judgment criteria for the authenticity of internet book reviews. Library & Information Science Research, 2012, 34(2): 150-156.

[66] Banerjee S, Chua A Y K. Theorizing the textual differences between authentic and fictitious reviews: validation across positive, negative and moderate polarities. Internet Research, 2017, 27(2): 321-337.

[67] Ong T, Mannino M, Gregg D. Linguistic characteristics of shill reviews. Electronic Commerce Research and Applications, 2014, 13(2): 69-78.

[68] Chua A Y K, Banerjee S. Understanding review helpfulness as a function of reviewer reputation, review rating, and review depth. Journal of the Association for Information Science and Technology, 2015, 66(2): 354-362.

[69] Chua A Y K, Banerjee S. Helpfulness of user-generated reviews as a function of review sentiment, product type and information quality. Computers in Human Behavior, 2016, 54: 547-554.

[70] Song Y, Wang L, Zhang Z, et al. Do fake reviews promote consumers' purchase intention?. Journal of Business Research, 2023, 164: 113971.

[71] Liu W, He J, Han S, et al. A method for the detection of fake reviews based on temporal features of reviews and comments. IEEE Engineering Management Review, 2019, 47(4): 67-79.

[72] 查先进, 张晋朝, 严亚兰. 微博环境下用户学术信息搜寻行为影响因素研究——信息质量和信源可信度双路径视角. 中国图书馆学报, 2015, 41(3): 71-86.

[73] Chen Y, Xie J. Online consumer review: word-of-mouth as a new element of marketing communication mix. Management Science, 2008, 54(3): 477-491.

[74] Weiss A M, Lurie N H, MacInnis D J. Listening to strangers: whose responses are valuable, how valuable are they, and why?. Journal of Marketing Research, 2008, 45(4): 425-436.

[75] Feldman J M, Lynch J G. Self-generated validity and other effects of measurement on belief, attitude, intention, and behavior. Journal of applied Psychology, 1988, 73(3): 421.

[76] Bickart B, Schindler R M. Internet forums as influential sources of consumer information. Journal of Interactive Marketing, 2001, 15(3): 31-40.

[77] DeLone W H, McLean E R. The DeLone and McLean model of information systems success: a ten-year update. Journal of Management Information Systems, 2003, 19(4): 9-30.

[78] Zhuang W, Zeng Q, Zhang Y, et al. What makes user-generated content more helpful on social media platforms? Insights from creator interactivity perspective. Information Processing & Management, 2023, 60(2): 103201.

[79] DePaulo B M, Lindsay J J, Malone B E, et al. Cues to deception. Psychological Bulletin, 2003,

129(1): 74.

[80] Choi H S, Leon S. An empirical investigation of online review helpfulness: a big data perspective. Decision Support Systems, 2020, 139: 113403.

[81] Lee S, Choeh J Y. The determinants of helpfulness of online reviews. Behaviour & Information Technology, 2016, 35(10): 853-863.

[82] Mudambi S M, Schuff D. Research note: What makes a helpful online review? a study of customer reviews on Amazon.com. MIS Quarterly, 2010: 185-200.

[83] Harrison-Walker L J, Jiang Y. Suspicion of online product reviews as fake: cues and consequences. Journal of Business Research, 2023, 160: 113780.

[84] Liu Z, Liu L, Li H. Determinants of information retweeting in microblogging. Internet Research, 2012, 22(4): 443-466.

[85] Banerjee S, Chua A Y K, Kim J J. Using supervised learning to classify authentic and fake online reviews//Proceedings of the 9th International Conference on Ubiquitous Information Management and Communication, New York, 2015.

[86] Falconnet A, Coursaris C K, Beringer J, et al. Improving user experience with recommender systems by informing the design of recommendation messages. Applied Sciences, 2023, 13(4): 2706.

[87] Otterbacher J. 'Helpfulness' in online communities: a measure of message quality//Proceedings of the SIGCHI Conference on Human Factors in Computing Systems, New York, 2009.

[88] Filieri R, McLeay F. E-WOM and accommodation: an analysis of the factors that influence travelers' adoption of information from online reviews. Journal of Travel Research, 2014, 53(1): 44-57.

[89] Toma C L, Hancock J T. What lies beneath: the linguistic traces of deception in online dating profiles. Journal of Communication, 2012, 62(1): 78-97.

[90] Maurer C, Schaich S. Online customer reviews used as complaint management tool//Information and Communication Technologies in Tourism 2011, Innsbruck, 2011.

[91] Duan W, Gu B, Whinston A B. Do online reviews matter?: an empirical investigation of panel data. Decision Support Systems, 2008, 45(4): 1007-1016.

[92] Zhou L, Burgoon J K, Twitchell D P, et al. A comparison of classification methods for predicting deception in computer-mediated communication. Journal of Management Information Systems, 2004, 20(4): 139-166.

[93] Vrij A, Edward K, Roberts K P, et al. Detecting deceit via analysis of verbal and nonverbal behavior. Journal of Nonverbal Behavior, 2000, 24: 239-263.

[94] Ren G, Hong T. Examining the relationship between specific negative emotions and the perceived helpfulness of online reviews. Information Processing & Management, 2019, 56(4): 1425-1438.

[95] Burgoon J K, Qin T. The dynamic nature of deceptive verbal communication. Journal of Language and Social Psychology, 2006, 25(1): 76-96.

[96] Harris C G. Detecting deceptive opinion spam using human computation//Workshops at the 26th AAAI Conference on Artificial Intelligence, Ontario, 2012.

[97] Metzger M J, Flanagin A J. Credibility and trust of information in online environments: the use of

cognitive heuristics. Journal of Pragmatics, 2013, 59: 210-220.

[98] Gunther A C. Biased press or biased public? Attitudes toward media coverage of social groups. Public Opinion Quarterly, 1992, 56(2): 147-167.

[99] Schaefers T, Schamari J. Service recovery via social media: the social influence effects of virtual presence. Journal of Service Research, 2016, 19(2): 192-208.

[100] Lim Y, van der Heide B. Evaluating the wisdom of strangers: the perceived credibility of online consumer reviews on Yelp. Journal of Computer-Mediated Communication, 2015, 20(1): 67-82.

[101] Reimer T, Benkenstein M. When good WOM hurts and bad WOM gains: the effect of untrustworthy online reviews. Journal of Business Research, 2016, 69(12): 5993-6001.

[102] Hovland C I, Janis I L, Kelley H H. Communication and Persuasion. New Haven: Yale University Press, 1953.

[103] Sundar S S. The MAIN Model: a Heuristic Approach to Understanding Technology Effects on Credibility. Cambridge: MacArthur Foundation Digital Media and Learning Initiative, 2008.

[104] Winter S, Metzger M J, Flanagin A J. Selective use of news cues: a multiple-motive perspective on information selection in social media environments. Journal of Communication, 2016, 66(4): 669-693.

[105] 魏宝祥, 陆路正, 王耀斌, 等. 三人可成虎? ——旅游产品在线评论可信度研究. 旅游学刊, 2019, 34(8): 78-86.

[106] Riley M W. Communication and Persuasion: Psychological Studies of Opinion Change. New Haven: Yale University Press, 1954.

[107] Park C, Wang Y, Yao Y, et al. Factors influencing eWOM effects: using experience, credibility, and susceptibility. International Journal of Social Science and Humanity, 2011, 1(1): 74.

[108] Guan X, Gong J, Zheng Y, et al. Exploring online deviant behaviour: a study on the impact of internet anonymity on tourists' exaggerated comments. Current Issues in Tourism, 2024: 1-17.

[109] Joinson A N. Understanding the Psychology of Internet Behaviour: Virtual Worlds, Real Lives. London: Palgrave Macmillan, 2002.

[110] Yang Y, Park S, Hu X. Electronic word of mouth and hotel performance: a meta-analysis. Tourism Management, 2018, 67: 248-260.

[111] Bago B, Rosenzweig L R, Berinsky A J, et al. Emotion may predict susceptibility to fake news but emotion regulation does not seem to help. Cognition and Emotion, 2022, 36(6), 1166-1180.

[112] Hlee S, Lee H, Koo C, et al. Fake reviews or not: exploring the relationship between time trend and online restaurant reviews. Telematics and Informatics, 2021, 59: 101560.

[113] Lappas T, Sabnis G, Valkanas G. The impact of fake reviews on online visibility: a vulnerability assessment of the hotel industry. Information Systems Research, 2016, 27(4): 940-961.

[114] Wang E Y, Fong L H N, Law R. Detecting fake hospitality reviews through the interplay of emotional cues, cognitive cues and review valence. International Journal of Contemporary Hospitality Management, 2022, 34(1): 184-200.

[115] Fan-Osuala O. Exploring the relationship between online review framing, pictorial image and review "coolness". Journal of Consumer Marketing, 2023, 40(1): 56-66.

[116] Ott M, Cardie C, Hancock J T. Negative deceptive opinion spam//Proceedings of the 2013

Conference of the North American Chapter of the Association for Computational Linguistics: Human Language Technologies, Georgia, 2013.

[117] Yang S B, Hlee S, Lee J, et al. An empirical examination of online restaurant reviews on Yelp. com: a dual coding theory perspective. International Journal of Contemporary Hospitality Management, 2017, 29(2): 817-839.

[118] Chen Z, Lurie N H. Temporal contiguity and negativity bias in the impact of online word of mouth. Journal of Marketing Research, 2013, 50(4): 463-476.

[119] Luca M, Zervas G. Fake it till you make it: reputation, competition, and Yelp review fraud. Management science, 2016, 62(12): 3412-3427.

[120] Park S, Nicolau J L. Asymmetric effects of online consumer reviews. Annals of Tourism Research, 2015, 50: 67-83.

[121] Abulaish M, Bhat S Y. Classifier ensembles using structural features for spammer detection in online social networks. Foundations of Computing and Decision Sciences, 2015, 40(2): 89-105.

[122] Barry M, Doherty G. How we talk about interactivity: modes and meanings in HCI research. Interacting with Computers, 2017, 29(5): 697-714.

[123] Koroleva K, Kane G C. Relational affordances of information processing on Facebook. Information & Management, 2017, 54(5): 560-572.

[124] Miranda S M, Saunders C S. The social construction of meaning: an alternative perspective on information sharing. Information Systems Research, 2003, 14(1): 87-106.

[125] Liu Q, Zhou M, Zhao X. Understanding news 2.0: a framework for explaining the number of comments from readers on online news. Information & Management, 2015, 52(7): 764-776.

[126] Li K, Zhou C, Yu X. Exploring the differences of users' interaction behaviors on microblog: the moderating role of microblogger's effort. Telematics and Informatics, 2021, 59: 101553.

[127] Zhao H, Wang X, Ni D, et al. The quality-signaling role of manipulated consumer reviews. Group Decision and Negotiation, 2023, 32(3): 503-536.

[128] Kumar N, Qiu L, Kumar S. Exit, voice, and response on digital platforms: an empirical investigation of online management response strategies. Information Systems Research, 2018, 29(4): 849-870.

[129] Yang S, Zhou C, Chen Y. Do topic consistency and linguistic style similarity affect online review helpfulness? An elaboration likelihood model perspective. Information Processing & Management, 2021, 58(3): 102521.

[130] Xue J, Liang X, Xie T, et al. See now, act now: how to interact with customers to enhance social commerce engagement?. Information & Management, 2020, 57(6): 103324.

[131] Crijns H, Cauberghe V, Hudders L, et al. How to deal with online consumer comments during a crisis? the impact of personalized organizational responses on organizational reputation. Computers in Human Behavior, 2017, 75: 619-631.

[132] Li M, Huang P. Assessing the product review helpfulness: affective-cognitive evaluation and the moderating effect of feedback mechanism. Information & Management, 2020, 57(7): 103359.

[133] Chu K M, Yuan J C. The effects of perceived interactivity on e-trust and e-consumer behaviors: the application of fuzzy linguistic scale. Journal of Electronic Commerce Research, 2013, 14(1): 124.

[134] Chen W, Gu B, Ye Q, et al. Measuring and managing the externality of managerial responses to online customer reviews. Information Systems Research, 2019, 30(1): 81-96.

[135] 刘婷艳, 王晰巍, 张雨. 基于 TAM 模型的直播带货用户信息交互行为影响因素研究. 现代情报, 2022, 42(11): 27-39.

[136] Bradshaw S, Howard P. Troops, trolls and troublemakers: a global inventory of organized social media manipulation. Computational Propaganda Research Project, 2017.

[137] Pang N, Ho S S, Zhang A M R, et al. Can spiral of silence and civility predict click speech on Facebook?. Computers in Human Behavior, 2016, 64: 898-905.

[138] Kim S J, Maslowska E, Tamaddoni A. The paradox of (dis) trust in sponsorship disclosure: the characteristics and effects of sponsored online consumer reviews. Decision Support Systems, 2019, 116: 114-124.

[139] Cheung M Y, Luo C, Sia C L, et al. Credibility of electronic word-of-mouth: informational and normative determinants of on-line consumer recommendations. International Journal of Electronic Commerce, 2009, 13(4): 9-38.

[140] Martinez-Torres M R, Toral S L. A machine learning approach for the identification of the deceptive reviews in the hospitality sector using unique attributes and sentiment orientation. Tourism Management, 2019, 75: 393-403.

[141] Chaiken S. Heuristic versus systematic information processing and the use of source versus message cues in persuasion. Journal of Personality and Social Psychology, 1980, 39(5): 752.

[142] Salehi-Esfahani S, Ravichandran S, Israeli A, et al. Investigating information adoption tendencies based on restaurants' user-generated content utilizing a modified information adoption model. Journal of Hospitality Marketing & Management, 2016, 25(8): 925-953.

[143] McGinnies E, Ward C D. Better liked than right: trustworthiness and expertise as factors in credibility. Personality and Social Psychology Bulletin, 1980, 6(3): 467-472.

[144] Chakraborty U. The impact of source credible online reviews on purchase intention: the mediating roles of brand equity dimensions. Journal of Research in Interactive Marketing, 2019, 13(2): 142-161.

[145] Graf J, Erba J, Harn R W. The role of civility and anonymity on perceptions of online comments. Mass Communication and Society, 2017, 20(4):526-549.

[146] Wu P F. In search of negativity bias: an empirical study of perceived helpfulness of online reviews. Psychology & Marketing, 2013, 30(11): 971-984.

[147] Martínez-Torres M R, Arenas-Marquez F J, Olmedilla M, et al. Identifying the features of reputable users in eWOM communities by using particle swarm optimization. Technological Forecasting and Social Change, 2018, 133: 220-228.

[148] 徐志明, 李栋, 刘挺, 等. 微博用户的相似性度量及其应用. 计算机学报, 2014, 37(1): 207-218.

[149] Eagly A H, Chaiken S. An attribution analysis of the effect of communicator characteristics on opinion change: the case of communicator attractiveness. Journal of Personality and Social Psychology, 1975, 32(1): 136.

[150] Dong L, Zhang J, Huang L, et al. Social influence on endorsement in social Q&A community:

moderating effects of temporal and spatial factors. International Journal of Information Management, 2021, 61: 102396.

[151] Peng L, Cui G, Zhuang M, et al. Consumer perceptions of online review deceptions: an empirical study in China. Journal of Consumer Marketing, 2016, 33(4): 269-280.

[152] Lin C A, Xu X. Effectiveness of online consumer reviews: the influence of valence, reviewer ethnicity, social distance and source trustworthiness. Internet Research, 2017, 27(2): 362-380.

[153] Kirilenko A P, Stepchenkova S O, Hernandez J M. Comparative clustering of destination attractions for different origin markets with network and spatial analyses of online reviews. Tourism Management, 2019, 72: 400-410.

[154] Huiyue L, Peihan G, Haiwen Y. Consistent comments and vivid comments in hotels' online information adoption: which matters more?. International Journal of Hospitality Management, 2022, 107: 103329.

[155] Bal B K, Saint-Dizier P. Who speaks for whom? towards analyzing opinions in news editorials//2009 8th International Symposium on Natural Language Processing, Bangkok, 2009.

[156] Román S, Riquelme I P, Iacobucci D. In Marketing in a Digital World. New York: Emerald Publishing Limited, 2019.

[157] Azimi S, Chan K, Krasnikov A. How fakes make it through: the role of review features versus consumer characteristics. Journal of Consumer Marketing, 2022, 39(5): 523-537.

[158] Ansari S, Gupta S, Dewangan J. Do customers perceive reviews as manipulated? a warranting theory perspective//ICEB 2018 Proceedings, Guilin, 2018.

[159] Hu N, Bose I, Koh N S, et al. Manipulation of online reviews: an analysis of ratings, readability, and sentiments. Decision Support Systems, 2012, 52(3): 674-684.

[160] Mariani M M, Borghi M. Online review helpfulness and firms' financial performance: an empirical study in a service industry. International Journal of Electronic Commerce, 2020, 24(4): 421-449.

[161] Schindler R M, Bickart, B. Perceived helpfulness of online consumer reviews: the role of message content and style.Journal of Consumer Behavior, 2012, 11(3): 234-243.

[162] Jensen M L, Averbeck J M, Zhang Z, et al. Credibility of anonymous online product reviews: a language expectancy perspective. Journal of Management Information Systems, 2013, 30(1):293-324.

[163] Carbonell G, Barbu C M, Vorgerd L, et al. The impact of emotionality and trust cues on the perceived trustworthiness of online reviews. Cogent Business & Management, 2019, 6:1586062.

[164] Filieri R. What makes an online consumer review trustworthy?. Annals of Tourism Research, 2016, 58:46-64.

[165] Ansari S, Gupta S. Customer perception of the deceptiveness of online product reviews: a speech act theory perspective. International Journal of Information Management, 2021, 57:102286.

[166] Cetinic E, She J. Understanding and creating art with AI: review and outlook. ACM Transactions on Multimedia Computing, Communications, and Applications, 2022, 18(2): 1-22.

[167] Cheung C M Y, Sia C L, Kuan K K. Is this review believable? a study of factors affecting the credibility of online consumer reviews from an ELM perspective. Journal of the Association for

Information Systems, 2012, 13(8):2.

[168] Cardaioli M, Conti M, Di S A, et al. It's a matter of style: Detecting social bots through writing style consistency//2021 International Conference on Computer Communications and Networks, Athens, 2021.

[169] Kusumasondjaja S, Shanka T, Marchegiani C. Credibility of online reviews and initial trust: the roles of reviewer's identity and review valence. Journal of Vacation Marketing, 2012, 18(3):185-195.

[170] Markowitz D M, Hancock J T, Bailenson J N. Linguistic markers of inherently false AI communication and intentionally false human communication: evidence from hotel reviews. Journal of Language and Social Psychology, 2024, 43(1): 63-82.

[171] Sikder N A. Identifying Perceived Deception in Online Consumer Reviews. Montreal: Concordia University, 2022.

[172] Cao Y, Li S, Liu Y, et al. A Comprehensive Survey of Ai-Generated Content (AIGC): A History of Generative Ai from GAN to ChatGPT. https://arxiv.org/abs/2303.04226, 2023.

[173] Ko E E, Kim D, Kim G. Influence of emojis on user engagement in brand-related user generated content. Computers in Human Behavior, 2022, 136: 107387.

[174] Kronrod A, Lee J K, Gordeliy I. Detecting fictitious consumer reviews: a theory-driven approach combining automated text analysis and experimental design. Marketing Science Institute Working Papers Series, 2017: 117-124.

[175] Banerjee S. Study of Authentic and Fictitious Online Reviews. Singapore: Nanyang Technological University, 2017.

[176] Banerjee S, Chua A Y. Calling out fake online reviews through robust epistemic belief. Information & Management, 2021, 58(3): 103445.

[177] Vayadande K, Bohri M, Chawala M, et al. The Rise of AI‐Generated News Videos: A Detailed Review// How Machine Learning is Innovating Today's World: A Concise Technical Guide, 2024: 423-451.

[178] Albahri A S, Duhaim A M, Fadhel M A, et al. A systematic review of trustworthy and explainable artificial intelligence in healthcare: assessment of quality, bias risk, and data fusion. Information Fusion, 2023, 96: 156-191.

[179] Chatterjee S, Chaudhuri R, Kumar A, et al. Impacts of consumer cognitive process to ascertain online fake review: a cognitive dissonance theory approach. Journal of Business Research, 2023, 154: 113370.

[180] Abedin E, Mendoza A, Karunasekera S. Credible vs fake: a literature review on differentiating online reviews based on credibility//International Conference on Interaction Sciences, 2020.

[181] Walther M, Jakobi T, Watson S J, et al. A systematic literature review about the consumers' side of fake review detection: which cues do consumers use to determine the veracity of online user reviews?. Computers in Human Behavior Reports, 2023, 10: 100278.

[182] Ansari S, Gupta S. Fake reviews and manipulation: do customer reviews matter?//European Conference on Information Systems, 2019.

[183] Luo C, Luo X R, Schatzberg L, et al. Impact of informational factors on online recommendation

credibility: the moderating role of source credibility. Decision Support Systems, 2013, 56:92-102.

[184] Racherla P, Mandviwalla M, Connolly D J. Factors affecting consumers' trust in online product reviews. Journal of Consumer Behaviour, 2012, 11(2):94-104.

[185] Baker M A, Kim K. Value destruction in exaggerated online reviews: the effects of emotion, language, and trustworthiness. International Journal of Contemporary Hospitality Management, 2019, 31(4):1956-1976.

[186] Munzel A. Malicious practice of fake reviews: experimental insight into the potential of contextual indicators in assisting consumers to detect deceptive opinion spam. Recherche et Applications en Marketing (English Edition), 2015, 30(4):24-50.

[187] Munzel A. Assisting consumers in detecting fake reviews: the role of identity information disclosure and consensus. Journal of Retailing and Consumer Services, 2016, 32:96-108.

[188] Agnihotri A, Bhattacharya S. Online review helpfulness: role of qualitative factors. Psychology and Marketing, 2016, 33(11):1006-1017.

[189] Köbis N, Mossink L D. Artificial intelligence versus maya angelou: experimental evidence that people cannot differentiate AI-generated from human-written poetry. Computers in Human Behavior, 2021, 114: 106553.

[190] Lee J, Herskovitz J, Peng Y H, et al. ImageExplorer: multi-layered touch exploration to encourage skepticism towards imperfect AI-generated image captions//Proceedings of the 2022 CHI Conference on Human Factors in Computing Systems, New Orleans, 2022.

[191] Molina M D, Sundar S S. Does distrust in humans predict greater trust in AI? Role of individual differences in user responses to content moderation. New Media & Society, 2024, 26(6): 3638-3656.

[192] Darke P R, Ashworth L, Main K J. Great expectations and broken promises: misleading claims, product failure, expectancy disconfirmation and consumer distrust. Journal of the Academy of Marketing Science, 2010, 38: 347-362.

[193] Mikalef P, Gupta M. Artificial intelligence capability: conceptualization, measurement calibration, and empirical study on its impact on organizational creativity and firm performance. Information & Management, 2021, 58(3): 103434.

[194] Zhang J J, Wang Y W, Ruan Q, et al. Digital tourism interpretation content quality: a comparison between AI-generated content and professional-generated content. Tourism Management Perspectives, 2024, 53: 101279.

[195] Román S, Riquelme I P, Iacobucci D. Fake or credible? antecedents and consequences of perceived credibility in exaggerated online reviews. Journal of Business Research, 2023, 156:113466.

[196] Lee H, Cho C H, Lee S Y, et al. A study on consumers' perception of and use motivation of artificial intelligence (AI) speaker. The Journal of the Korea Contents Association, 2019, 19(3): 138-154.

[197] Shan, Y. How credible are online product reviews? the effects of self-generated and system generated cues on source credibility evaluation. Computers in Human Behavior, 2016, 55:633-

641.

[198] Gillespie E A, Hybnerova K, Esmark C, et al. A tangled web: views of deception from the customer's perspective. Business Ethics: A European Review, 2016, 25(2):198-216.

[199] Banerjee S, Chua A Y, Kim J J. Don't be deceived: using linguistic analysis to learn how to discern online review authenticity. Journal of the Association for Information Science and Technology, 2017, 68(6):1525-1538.

[200] Dacko S, Schmidt R, Möhring M. Retail Futures. New York: Emerald Publishing Limited, 2020.

[201] Akhtar N, Ahmad W, Siddiqi U I, et al. Predictors and outcomes of consumer deception in hotel reviews: the roles of reviewer type and attribution of service failure. Journal of Hospitality and Tourism Management, 2019, 39:65-75.

[202] Siddiqi U I, Sun J, Akhtar N. Ulterior motives in peer and expert supplementary online reviews and consumers' perceived deception. Asia Pacific Journal of Marketing and Logistics, 2020, 33(1):73-98.

[203] Hua Y, Niu S, Cai J, et al. Generative AI in user-generated content//Extended Abstracts of the CHI Conference on Human Factors in Computing Systems, Honolulu, 2024.

[204] Su Y, Wang Q, Qiu L, et al. Navigating the sea of reviews: unveiling the effects of introducing AI-generated summaries in e-commerce. Available at SSRN 4872205, 2024.

[205] Ananthakrishnan U M, Li B, Smith M D. A tangled web: should online review portals display fraudulent reviews?. Information Systems Research, 2020, 31(3):950-971.

[206] Calero-Sanz J, Orea-Giner A, Villacé-Molinero T, et al. Predicting a new hotel rating system by analysing UGC content from Tripadvisor: machine learning application to analyse service robots influence. Procedia Computer Science, 2022, 200: 1078-1083.

[207] DeAndrea D C, van der Heide B, et al. How people evaluate online reviews. Communication Research, 2018, 45(5):719-736.

[208] Abedin E, Mendoza A, Karunasekera S. What makes a review credible? heuristic and systematic factors For the credibility of online reviews//ACIS 2019 Proceedings, Perth, 2019.

[209] Banerjee S, Bhattacharyya S, Bose I. Whose online reviews to trust? understanding reviewer trustworthiness and its impact on business. Decision Support Systems, 2017, 96:17-26.

[210] 李宗伟, 张艳辉, 栾东庆. 哪些因素影响消费者的在线购买决策?——顾客感知价值的驱动作用. 管理评论, 2017, 29(8): 136-146.

[211] 高慧. 在线虚假评论对消费者购买行为影响研究. 合肥: 合肥工业大学, 2019.

[212] Adelani D I, Mai H, Fang F, et al. Generating sentiment-preserving fake online reviews using neural language models and their human-and machine-based detection//Proceedings of the 34th International Conference on Advanced Information Networking and Applications, Caserta, 2020.

[213] Juuti M, Sun B, Mori T, et al. Stay on-topic: generating context-specific fake restaurant reviews// European Symposium on Research in Computer Security, Barcelona, 2018.

[214] Gutierrez L M, Makri S, MacFarlane A, et al. Making newsworthy news: the integral role of creativity and verification in the human information behavior that drives news story creation. Journal of the Association for Information Science and Technology, 2022, 73(10): 1445-1460.

[215] 张薇薇. 网络用户信息查证行为探究. 情报资料工作, 2013, (5): 71-76.

[216] Ellis D, Cox D, Hall K. A comparison of the information seeking patterns of researchers in the physical and social science. Journal of Documentation, 1993, 49(4): 356-369.

[217] 张薇薇, 柏露. 开放内容情境下用户信息查证行为的动因机理研究. 情报资料工作, 2015, (5): 58-63.

[218] Join A C R L, Forces T. Presidential Committee on Information Literacy. http://home. ubalt. edu/ub78l45/My%20Library/storage/4THAEQQP/presidential.html, 1989.

[219] Jones-Jang S M, Mortensen T, Liu J. Does media literacy help identification of fake news? Information literacy helps, but other literacies don't. American Behavioral Scientist, 2021, 65(2):371-388.

[220] Rieh S Y, Hilligoss B. College students' credibility judgments in the information-seeking process. Digital Media, Youth, and Credibility, 2008: 49-72.

[221] Metzger M J, Flanagin A J, Zwarun L. College student web use, perceptions of information credibility, and verification behavior. Computers & Education, 2003, 41(3): 271-290.

[222] 李世豪. 融合多元关系的深度图学习方法研究与设计. 大连: 大连理工大学,2022.

[223] 喻梅, 余诗雅, 刘蕊. 医护人员的社交媒体虚假健康信息纠正意图研究——基于 SEM 与 fsQCA 方法. 信息资源管理学报, 2024, 14(3): 104-120.

[224] Shah D V, Faber R J, Youn S. Susceptibility and severity: perceptual dimensions underlying the third-person effect. Communication Research, 1999, 26(2): 240-267.

[225] Sun Y. When presumed influence turns real. The SAGE handbook of persuasion. Developments in Theory and Practice, 2013: 371-387.

[226] 陈瑞义, 刘梦茹, 姜丽宁. 基于多方演化博弈的网络消费虚假评论行为治理策略研究. 软件工程, 2021, 24(11): 2-6, 23.

[227] 马海云, 薛翔. 用户信息搜寻到信息规避的演化机制研究——以突发公共卫生事件领域为例. 现代情报, 2024, 44(9): 107-118, 130.

[228] 黄鹂强, 王刊良. 信息加工模式采用的影响因素及其交互作用: 双加工理论的视角. 管理工程学报, 2021, 35(6): 1-9.

[229] Flanagin A J, Metzger M J. The role of site features, user attributes, and information verification behaviors on the perceived credibility of web-based information. New Media & Society, 2007, 9(2): 319-342.

[230] Simon H A. A behavioral model of rational choice. The Quarterly Journal of Economics, 1955: 99-118.

[231] Byron M. Satisficing and optimalit. Ethics, 1998, 109(1): 67-93.

[232] Bröder A, Newell B R. Challenging some common beliefs: empirical work within the adaptive toolbox metaphor. Judgment and Decision Making, 2008, 3(3): 205-214.

[233] Gerd G. Bounded Rationality: The Adaptive Toolbox. Cambridge: MIT Press, 2002.

[234] Lim S, Simon C. Credibility judgment and verification behavior of college students concerning Wikipedia. First Monday, 2011: 16.

[235] Kristen M. 9 Ways to Spot a Fake Review (+How Amazon is Fighting Back). https://www. g2.com/articles/fake-reviews, 2019.

[236] Ben P. 30 Ways You Can Spot Fake Online Reviews. https://consumerist.com/2010/04/14/how-you-spot-fake-online-reviews, 2010.

[237] Lavilles R Q, Tinamisan M A C, Palad E B B, et al. Information verification practices and perception of social media users on fact-checking service. Journal of Information Science Theory & Practice, 2023, 11(1): 1-13.

第4章 基于对比学习的电商平台虚假评论识别模型

4.1 问题的提出

电商平台上的用户评论作为消费者决策的重要参考，其影响力日益凸显。在线评论不仅为消费者提供了宝贵的信息资源，帮助他们减少对产品的不确定性和解决信息不对称问题，还极大地影响了消费者的购买行为和决策过程。它不仅影响着消费者的购买决策，也是电商平台企业运营成功的关键因素，维护一个健康、真实的在线评论环境对于保障消费者权益、促进市场公平竞争以及推动电子商务行业的可持续发展具有重要意义。对于整个电商市场来说，虚假评论阻碍了消费者和平台、商家之间信任的建立，影响了真实评论的权威性和可信度，扰乱了市场的公平竞争环境，对电商行业和数字经济的健康、可持续发展产生了极大的负面影响。

开发精确且可靠的算法以检测和分类虚假评论是打击虚假评论的高效策略，关于虚假评论的检测与识别研究一直受到学术界关注。起初，研究者主要依赖于特征提取和机器学习技术，通过细致分析评论中的词汇选择、句型结构和情感倾向来辨识虚假内容。然而，这些传统方法在处理越来越复杂的虚假评论时显得力不从心，因为它们往往缺乏对语义的深度理解，导致准确率和鲁棒性有限。随着技术的进步，深度学习成为了一种有前景的解决方案。卷积神经网络、循环神经网络和对抗生成网络等先进的神经网络模型被用于提取评论文本的深层语义信息，以更精准地识别虚假评论。尽管传统的机器学习方法在虚假评论识别中取得了一定成效，但其局限性在于其训练过程通常是单样本输入、单样本输出。这意味着分类模型通常只能基于每条评论的独立特征进行判断，而忽略了评论之间可能存在的语义关系。这种方法容易受到评论中复杂语言结构或隐含语义的误导，导致模型可能在面对具有类似词汇或句型结构的虚假评论时出现误判。

对比学习，作为一种前沿且富有前景的学习方法，其核心在于通过比较不同输入样本之间的相似度，使模型可以更好地理解评论中的全局语义关系。通过这种方式，对比学习能够更有效地捕捉评论之间的语义差异，从而提升虚假评论识别的准确性和鲁棒性。这种方法特别适用于处理那些具有隐蔽性和复杂性的虚假评论，使得模型在面对多样化的评论文本时能够做出更为可靠的判断。对比学习方法在图像处理领域已经取得了令人瞩目的成就，然而，在虚假评论识别这一细分领域中，其应用仍然相对匮乏，尚待进一步探索和开拓。有鉴于此，本章提出了一种新颖的基于对比学习的虚假评论识别模型——SimCSE，并在多个数据集上进行了实验验证。结果显示，与传统的神经网络相比，SimCSE在检测虚假评论方面表现出了更优的性能，为打击虚假评论提供了一种新的、有效的工具。

4.2 研 究 现 状

本书 1.2.3 节详细回顾了面向虚假评论识别方法的相关研究。本节将详细介绍对比学习的相关研究并讨论其运用于虚假评论识别领域的可能性和潜在优势。

对比学习作为一种新兴的技术，在自然语言处理的各个领域都取得了良好的表现。对比学习最初是计算机视觉中提出的一种弱监督表示学习方法，它已成功应用于许多与计算机视觉相关的应用，如物体检测[1]、图像/视频分类[2]、图像修补和视听对应[3]。自 Mikolov 等[4]首次将其引入自然语言处理领域以来，研究人员开始致力于寻找适合文本处理的模型，并在分类、文本增强、文本生成、释义和其他自然语言处理任务方面取得了重大进展。对比学习的关键思想是在表示空间中将锚点和相似(或正)样本拉在一起，并将锚点推离其他不同(或负)样本[5]，即学习同类样本之间的共同特征，区分不同类型样本之间的差异[6]。这使得对比学习在区分相似文本之间的语义差异时相比于其他模型具有一定优势。因此，它被广泛应用于基于语义文本相似性的文本分类任务。例如，Chen 等[7]引入了一种双重对比学习(dual contrastive learning，DualCL)框架，它同时学习输入样本的特征和同一空间中的分类器的参数，对五个基准文本分类数据集及其低资源版本的实证研究证明了双重对比学习在文本分类精度上的提高。Xie 等[8]提出了一种多标签分类框架，用于学习灾害文本的特征并识别不同的灾害类型信息。为了提高句子相似度测量的可解释性和质量，Lee 等[9]提出了一种新的距离测量方法和对比学习框架，该框架从句子对中学习到语义对齐的标记对的相关性，优化句子之间的距离，进一步增强了句子相似性方法的可解释性。

语义级神经网络模型依赖于有效的预训练，现有的预训练模型已经在各种文本分类任务中取得了先进的表现。然而，预训练模型无法有效区分相似文本之间的语义差异，这对复杂分类任务的性能有很大影响[10]。为了解决这一问题，对比学习被引入到 BERT 等预训练语言模型的预训练和微调过程中，以监督或自监督的方式对模型进行预训练，使预训练模型的性能普遍得到提高[11]。在自监督对比学习中，Wu 等[12]将词级掩码语言建模目标与句子级对比学习目标结合起来，该模型可以捕获单词级隐藏特征以识别具有相似含义的句子。Gunel 等[13]使用交叉熵和监督对比损失的组合来微调预训练的语言模型，以提高在少样本学习场景下的性能。Gao 等[14]提出了一个对比学习框架 SimCSE，它使用对比目标来微调预训练的语言模型以获得句子嵌入，极大地提高了在 STS(spring tool suite)任务中的性能。

综上所述，对比学习在自然语言处理特别是文本分类领域已经取得了良好的表现，对比学习的关键思想使得对比学习在区分相似文本之间的语义差异有着相比于其他模型的优势。同时，对比学习已经被引入到预训练语言模型的预训练和微调过程中，以监督或自监督的方式对模型进行预训练，使预训练模型的性能普遍得到提高。因此，本章认为将对比学习应用于虚假评论识别是可行的。可以通过将对比学习引入到预训练语言模型的预训练和微调过程中，以监督或自监督的方式将虚假评论和真实评论作为不同类型的样本进行训练，以区分它们之间的语义差异，进而提高虚假评论检测的准确性。

4.3　基于对比学习的电商平台虚假评论识别模型构建

当下的虚假评论筛选技术面临许多困境，主要原因在于真实评论与虚假评论之间仅有难于区分的微小差别，为应对这个问题，本章采用基于对比学习的 SimCSE 以构建虚假评论识别模型。首先，简要描述了 SimCSE 的原理和工作机制；其次，从数据加载、预训练和对比学习三个主要模块说明了基于 SimCSE 的虚假评论识别模型的实现过程。

4.3.1　基于对比学习的文本分类模型 SimCSE

为了更好地解决语义理解能力不足带来的分类困难的问题，本章拟引入对比学习的方法，帮助模型比较分析不同评论分类指标特征表示间的差距，通过分别与相同类别分类指标表征与不同类别分类指标表征进行对比，学习虚假评论和真实评论的潜在规律。本章借鉴 Gao 等[14]提出的基于对比学习的 BERT 框架 SimCSE，在涉及细粒度类的下游任务中提高预训练语言模型的微调目标，获得在线评论的语义相似度表示，以用于虚假评论检测。

SimCSE 是一个基于 Transformer 的对比学习框架，它通过修改 BERT 或 RoBERTa 编码器以生成句子嵌入并进行对比学习，通过最大化同义句的相似性和最小化非同义句的相似性，学习到紧凑、语义丰富的句子表示。SimCSE 有两种学习形式：无监督和有监督 SimCSE。有监督 SimCSE 利用数据集标签在对比学习中纳入注释句对，将语义相近的注释对描述为正样本对，将矛盾的注释对作为负样本对，从而预测句对之间的关系是 entailment(蕴含)、contradiction(矛盾)或

neutral(中立)。这一修改相比于无监督 SimCSE 的性能实现了实质性的提升，因此，本章拟采用有监督 SimCSE 框架进行虚假评论识别模型构建。

4.3.2　基于有监督 SimCSE 的虚假评论识别模型构建

(1) 模型总体架构。

本章采用的有监督 SimCSE 模型训练与预测流程主要包括：数据加载模块、预训练模块和对比学习模块，其中数据加载模块和对比学习模块是该模型的核心内容。首先，将经过预处理的数据集构造成"正例-正例-负例"或"负例-负例-正例"的样本对作为模型输入；再利用预训练语言模型 BERT 将输入文本转换为对应的向量表示进行表征学习，并利用一个简单的线性层将分类表征转化为分类概率序列；在训练过程中，SimCSE 对比学习框架将相似数据与相异数据的分类概率序列作为参考计算余弦相似度，并结合真实标签数据计算对比损失，同时结合 BERT 模型输出的分类概率向量与真实标签进行对比，通过交叉熵损失函数计算分类损失，进而进行反向传递以调整模型参数，达到训练评估模型的作用，最后实现虚假评论的区分；在训练完成后，加载表现最佳的模型参数，并使用测试集评估模型分类性能。基于 SimCSE 框架的虚假评论识别模型总体架构如图 4.1 所示。

(2) 数据加载模块。

SimCSE 对比学习方法将原始 BERT 分类模型的单一分类文本输入 (x_i) 扩展为 (x_i, x_i^+, x_i^-)，其中，x_i 是预设分类指标的文本输入，x_i^+ 是相似分类指标的文本输入，x_i^- 是相异分类指标的文本输入。在有监督的 SimCSE 模型中，将蕴含关系的两个句子对视为正例，矛盾关系的两个句子对视为负例对。

数据加载模块则负责从经过预处理的数据集中读取多个数据并构建正例和负例文本的样本对作为文本输入。以训练集为例，本章从原始的文本数据集 T 中拆分出虚假评论数据集 T_0 和真实评论数据集 T_1，分别用于构造对比样本。对于每个训练样本，首先在原始训练集 T 中读取文本内容及其标签，以作为预设分类指标的文本输入 x_i；根据标签值，分别从 T_0 和 T_1 中读取具有蕴含关系的样本和矛盾关系的样本。如果标签值为 1，则首先从 T_1 中随机读取具有相似分类标签的样本作为文本输入 x_i^+，再随机从 T_0 中读取具有相异分类标签的样本作为文本输入 x_i^-；如果标签值为 0，则首先从 T_0 中读取具有相异分类标签的样本作为文本输入 x_i^+，再随机从 T_1 中读取具有相异分类标签的样本作为文本输入 x_i^-。样本对构造示意图如图 4.2 所示。按照上述方法，分别构造训练集和测试集的文本输入 (x_i, x_i^+, x_i^-)。

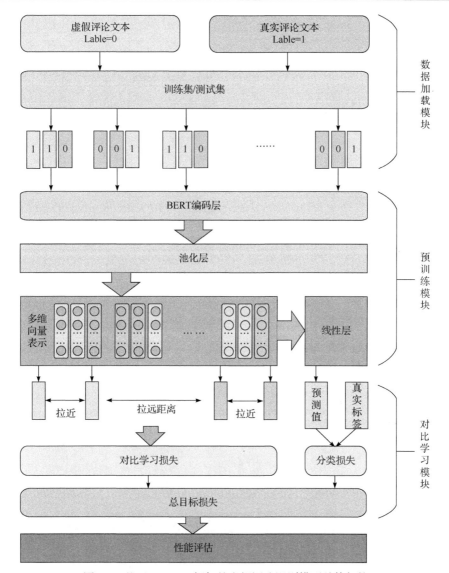

图 4.1　基于 SimCSE 框架的虚假评论识别模型总体架构

(3) 预训练模块。

由于虚假评论识别考虑到了评论文本内容、评论者、产品类型、评论时间等众多属性输入，因此需要模型具有强大的语言理解能力。而双向自注意力机制可以帮助模型理解虚假评论检测文本特征输入的上下文关系。为此，在预训练模块中，本章拟采用预训练模型 BERT 作为虚假评论检测特征的理解模型并加载其预训练参数，将经过数据读取模块数据构建的正负例样本对进行特征抽取，转化为高维特征表示。模型结构包括一个 BERT 模型和一个用于对比学习的全连接层。

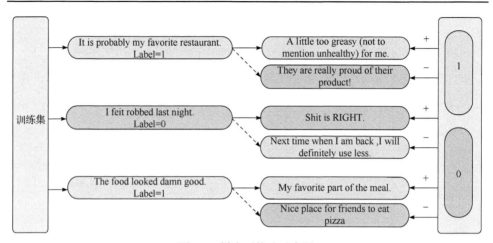

图 4.2　样本对构造示意图

具体框架由图 4.3 所示。

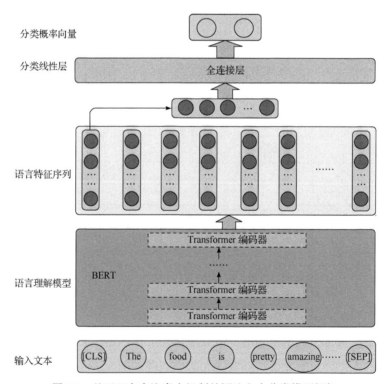

图 4.3　基于双向自注意力机制的评论文本分类模型框架

　　图 4.3 显示了基于 SimeCSE 的评论文本分类模型预训练模块的框架。首先，使用预训练模型的分词器 tokenizer 函数将构造好的文本输入 (x_i, x_i^+, x_i^-) 进行编

码转换，将其转换为 BERT 模型所需的张量格式，并进行了截断、填充等操作。BERT 的输入包含一个额外的 "CLS" 符号和 "SEP" 符号，用于标记输入句子的开头和结尾。从分词器输出中获得 input_ids(输入文本的 token ID 序列)、attention_mask(掩码序列)、token_type_ids(用于区分不同句子的标识符序列)。其中 input_ids 为输入文本的索引，这样对于每个标记，我们都可以获得它在 BERT 模型词汇表字典中的唯一标识符；attention_mask 为注意力掩码，为避免对填充的索引执行注意而添加注意力掩码属性用于指示哪些标记是实际输入，其中 1 表示未填充的标记，0 表示填充的标记；token_type_ids 是用于区分不同句子的张量，它将第一个句子的标记设置为 0，第二个句子的标记设置为 1。

这些参数将作为输入传递给 BERT 模型，用于获得文本评论中每个句子的嵌入表示。本章采用的 BERT 模型由 12 个 Transformer 编码器组成，每个编码器包含两个子层，即自注意力子层和前馈子层。每个编码器层都可以独立地对输入进行编码，它将自注意力机制应用于输入序列，以产生一组上下文相关的特征表示。BERT 的输入经过多层 Transformer 编码器的处理后，根据池化参数，选择相应的池化方式(cls、pooler、last-avg、first-last-avg)计算句子的表示，输出嵌入大小为 768 的各个语义单元的向量表示，即

$$y_i, y_i^+, y_i^- = \mathrm{Bert}\left(x_i, x_i^+, x_i^-\right) \tag{4-1}$$

其中，y_i 为 x_i 的分类概率向量，Bert 为 BERT 分类模型。

最后，通过在 BERT 模型输出部分衔接一个全连接层作为分类层，将编码器层的输出维度映射到大小为 2 的分类概率向量。

(4) 对比学习模块。

对比学习模块定义了有监督 SimCSE 模型的损失函数，是 SimCSE 模型的核心部分。为了实现基于对比学习的分类训练，将经过 BERT 模型处理后的输出的向量表示作为输入，计算一个样本对中两两向量之间的余弦相似度得到相似度矩阵，并经过温度系数调整相似度分布，再与真实的标签进行对比，并计算相似度损失。这样可以使得相似的句子在向量空间中距离更近，不相似的句子距离更远。同时，结合 BERT 模型输出的分类概率向量与真实值进行对比，通过交叉熵损失函数计算分类损失。

因此，该模型采用了交叉熵损失与对比学习损失(contrastive loss)两种损失计算方式。其中，交叉熵损失 h_i 的计算方法为

$$h_i = -\sum_{i=1}^{M} P(x_i) \log Q(x_i) \tag{4-2}$$

其中，M 为分类数量，P 为真实值，Q 为由 BERT 模型分类层输出的预测值。对比学习损失 l_i 的计算方法为

$$l_i = -\log \frac{e^{\text{sim}\left(y_i, y_i^+\right)/\tau}}{\sum_{j=1}^{N}\left(e^{\text{sim}\left(y_i, y_i^+\right)/\tau} + e^{\text{sim}\left(y_i, y_j^-\right)/\tau}\right)} \tag{4-3}$$

其中，N 为小批量样本大小，τ 为温度系数(temperature parameter)，sim 为余弦相似度计算函数。温度系数一般用于模糊化相似度值，使得相似度更平滑。温度系数越小，对比学习效果越强，即对比学习使相似样本距离越近，不相似样本距离越远；但是若要样本特征分布均匀，则温度系数需要适中。

在模型损失计算过程中，该模型将分类交叉熵损失与对比学习损失相结合，计算总目标损失。最终的损失函数 Loss 为

$$\text{Loss} = \text{CrossEntropy}\left(y_i\right) + \text{SimCSE\_Loss}\left(y_i, y_i^+, y_i^-\right) \tag{4-4}$$

其中，CrossEntropy 为交叉熵损失函数，SimCSE_Loss 为对比学习损失函数。该损失函数同时考虑了相似度损失和分类损失。

最后，在模型的训练和评估过程中使用有监督的损失函数 Loss 对模型进行训练，使用 AdamW 优化器进行参数更新以提高模型的分类性能。在模型训练完成后，加载最佳模型进行测试，并计算测试集上的精确度、召回率、F1 分数和混淆矩阵等评估指标。

4.4　实　验　研　究

4.4.1　实验设计与结果

本节根据构建的模型进行实验设计与分析，首先，介绍了本章实验数据的数据来源和数据处理过程；其次，说明了实验的软硬件环境配置、实验模型参数设置、实验效果评价指标以及实验基线模型；再次，根据构建的模型与基线模型的对比实验，对实验结果进行细致的分析，对比不同分类算法的实验结果；最后，通过调整模型的池化策略和温度系数开展消融实验，验证了模型的有效性。下面首先对实验数据相关内容进行介绍。

4.4.1.1　数据集来源

(1) 数据集统计信息。

本章在来自 Yelp 的三个虚假评论数据集以及 YouTube 虚假评论数据集上进行了实验，从而验证模型的有效性。本章实验中用于识别虚假评论所采用实验数据的统计信息如表 4.1 所示。

表 4.1　实验数据统计信息

数据集	评论数(虚假评论百分比)	评论者数(虚假评论者百分比)	产品数
YelpChi	67395 (13.23%)	38063 (20.33%)	201
YelpNYC	359052 (10.27%)	160225 (17.79%)	923
YelpZIP	608598 (13.22%)	260277 (23.91%)	5044
YouTube	1956 (51.53%)	—	5

该数据集来源于 Yelp.com，涵盖了芝加哥、纽约以及美国多个州邮编连续区域的酒店和餐厅的真实商业评论。与 Yelp 过滤算法形成的过滤评论和推荐评论相关的类别标签对此数据集进行了分类。

Yelp 的第一个数据集是 YelpChi，最初由 Mukherjee 等[15]使用。该数据集包括来自芝加哥地区 201 家酒店和餐厅的 67395 条评论，由 38063 位评论者撰写。另外两个数据集分别是 YelpNYC 和 YelpZIP[16]。YelpNYC 包含来自纽约市 923 家餐厅的 359052 条评论，由 160225 位评论者发表。相比之下，YelpZIP 涵盖了更多地区的餐厅评论，包括新泽西州、佛蒙特州、康涅狄格州和宾夕法尼亚州等地区的 5044 家餐馆的 608598 条评论。

YouTube 虚假评论数据集(YouTube spam collection data set)来自 Alberto 等[17]，其中包括关于不同视频的虚假和真实评论。该数据集共包含五个子数据集，其中包括从观看次数最多的五个视频中提取的 1956 条真实评论。YouTube 作为一个拥有社交网络功能的知名视频内容发布平台，部署了货币化系统，吸引了越来越多的用户制作高质量的原创内容，然而，这也导致了平台上虚假评论的泛滥。此外，随着社交电商的发展，YouTube 进一步扩大了平台内的电商功能，允许创作者在视频内通过联盟网络推广第三方产品以赚取佣金，这也加速了虚假评论在 YouTube 上的传播。因此，本章选用 YouTube 虚假评论数据集作为实验数据集之一，以探索电子商务发展新业态下社交电商和内容社交平台中虚假评论的识别模型。

四个数据集的文本长度频次统计如图 4.4 所示，可以看出 YelpChi 数据集与其他三个数据集相比，其评论文本长度频次分布差异较大。

(2) 数据集元数据基本构成。

除了评论文本之外，涉及评论的信息被称为元数据，比如评论编号、评论者身份、商店编号、评论发布时间、评论者评级、评论发布地理位置(IP 地址)等。元数据可以帮助捕捉评论者的异常模式或异常行为，能够用于虚假评论的识别。将元数据作为其他特征构建的虚假评论识别模型，相比于仅基于评论文本内容的虚假评论识别模型更为有效。

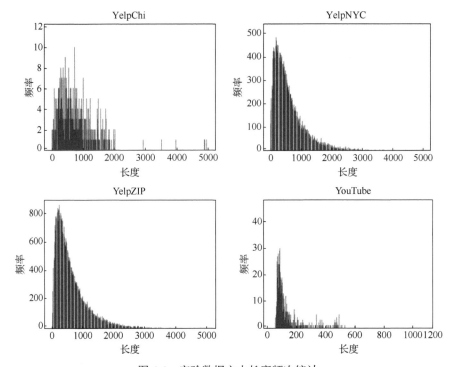

图 4.4　实验数据文本长度频次统计

本章利用所采用的数据集中的元数据作为分类特征进行虚假评论识别,包括产品或服务 ID、评论者 ID 或名称、评级、评论时间、评论文本以及类别标签。举例来说,Yelp 数据集提供了产品 ID、评论者 ID、评级、评论时间、评论文本以及类别标签等元数据;而 YouTube 的元数据则包括 YouTube 视频 ID、评论 ID、评论者名称、评论时间、评论文本以及类别标签。

4.4.1.2　数据预处理

(1) 文本规范化。

用于虚假评论识别的数据集分类特征包括两个部分:一个分类特征属性集合 x 和一个属性值集合 $Y = S(x)$,其中, $X = \{x_1, x_2, \cdots, x_n\} \in x$, $S(\cdot)$ 为属性与属性值间的映射。本章使用数据集中提供的多样化特征属性,这些属性的取值范围差异很大。例如,评论内容以文本形式呈现,评级则以数字表示,而评论时间则采用时间戳表示。选择以文本形式统一各种类型的特征,将多种分类特征统一为文本表示的形式。借助语言表达的丰富性,努力最大程度地保留原始分类特征中的潜在信息。另外,为了使模型更好地理解文本表示中属性与属性值之间的对应关系,采用了"分类特征属性-属性值"键值对的形式来规范化文本语言,将分

类特征数据集合 $D = \{\langle x_1, y_1 \rangle, \langle x_2, y_2 \rangle, \cdots, \langle x_n, y_n \rangle\}$ 表示为文本键值对序列 $T = \{t_1, t_2, \cdots, t_n\}$。具体示例如表 4.2 所示。

表 4.2　规范化文本输入示例

属性	属性值
userID	68354
productID	2479
rating	5
date	2014.03.15
review	5 stars for the polite and happy two ladies behind the counter who never fail to make you feel like your in their own kitchen. Lali Restaurant does some mean Dominican food; sweet plantains and all. The chicken stew is worth a stop in and don't miss the ox tail on Wednesday, it will be gone by noon! 1

(2) 数据划分。

由于实验所采用的数据集中虚假和真实评论的分布极不均衡，因此在将数据集分割为训练集和测试集时，从每个数据集中抽取了相同数量的不同类别数据(真实评论和虚假评论各 160 条)作为测试集，以确保获得一个平衡的测试集。这种分割方法对本章所采用的训练集影响较小，能够有效评估模型的分类性能，并且可以在短时间内获得测试结果。下面对实验设置进行介绍。

① 实验环境。

本章主要使用 Python 语言进行开发，由于深度学习模型对设备算力要求较高，因此本章依托武汉大学信息中心服务器，对采用的深度学习模型进行远程训练和调参。具体的实验环境配置信息如表 4.3 所示。

表 4.3　实验环境

环境	名称	参数
硬件环境	CPU	2×Intel Xeon E5-2630 v3 x86_64@2.4GHz
	内存	96GB DDR4 2133MHz ECC
	GPU	2×NVIDIA Tesla V100-SXM2-16GB
软件环境	操作系统	CentOS 7.5 Linux_x86(64 位)
	编程语言	Python 3.10
	深度学习框架	PyTorch 1.0.2；Sklearn 0.23.1

② 参数设置。

本章所实现的 SimCSE 模型采用如表 4.4 所示的参数设置。使用 BERT 作为预训练模型，训练时，使用 AdamW 优化器进行参数学习；初始学习率设为 $1×10^{-5}$；batch size 设为 64。此外，对比学习损失函数模块的初始温度系数设置为 0.5；初始池化方式设置为 cls。

表 4.4　参数设置

参数名	说明	参数值
Model_type	模型	BERT
MAXLEN	输入最大句子长度	64
Pooling	池化方式	cls；pooler；last-avg；first-last-avg
EPOCHS	所有样本被完整训练一次的过程	5
BATCH_SIZE	每次训练使用的数据量	64
LR	学习率	$1×10^{-5}$；$5×10^{-5}$
Temperature	温度系数	0.5；1；2

③ 评价指标。

在深度学习中，选择合适的性能评价指标非常重要，因为通过这些指标可以了解模型在不同方面的表现，从而优化模型和改进模型的性能。为了全面评估 SimCSE 模型的性能，本章使用三种常用于深度学习二分类模型的性能评价指标对构建的虚假评论识别模型的性能进行评估，即召回率、精确率和 F1 分数。这些指标能够评估模型在不同方面的表现，例如，召回率和精确率能够评估模型对正负样本的分类效果；F1 分数综合考虑了精确率和召回率的指标，能够更全面地评估模型的性能。

召回率：模型能够正确预测正样本的比例，其公式为

$$Recall = \frac{TP}{TP+FN} \qquad (4-5)$$

精确率：模型预测为正样本的样本中，真正为正样本的比例，其公式为

$$Precision = \frac{TP}{TP+FP} \qquad (4-6)$$

F1 分数：综合考虑了精确率和召回率的加权平均数，其公式为

$$F1 = 2 \times \frac{Precision \times Recall}{Precision+Recall} \qquad (4-7)$$

其中，TP(即真阳性)代表正确识别到的虚假评论数量；FP(即假阳性)代表本来为真实评论却被错误识别为虚假评论的评论数；FN(即假阴性)代表本来为虚假评论

却被识别为真实评论的评论数；TN(即真阴性)代表本来为真实评论也被正确识别为真实评论的评论数。这四个度量值的范围均为0～100%。正确预测目标类别的数量越多，模型表现越佳。换言之，TP 和 TN 越大，FP 和 FN 越小，模型的识别效果越好。基于此，本章进一步采用混淆矩阵(confusion matrix)以更清晰地展示模型在不同类别上的分类性能。

需要注意的是，不同应用场景对于评价指标的要求也不同，因此在选择评价指标时需要根据具体需求进行权衡。例如，在正负样本比例相差极大的情况下，精确率可能并不是一个理想的指标，而应该选择召回率或 F1 分数来对模型的性能进行评估。

下面介绍本章的基线设置。为了验证本章所采用的 SimCSE 模型在虚假评论识别中的有效性，在虚假评论数据集上进行了实验，将 SimCSE 模型与几种常用于文本分类任务的深度学习算法作为基线进行对比，以评估基于对比学习的模型与传统模型在虚假评论识别方面的性能差异。主要包括：基于 Embedding 的文本分类模型 TextRNN_Attention[18]、TextRCNN[19]、FastText[20]、DPCNN(deep pyramid convolutional neural network)[21]和基于预训练模型的 BERT。

DPCNN 是由 Johnson 和 Zhang[21]提出的一种用于文本分类的低复杂度词级深度卷积神经网络架构。它的本质仍然是使用卷积核对文本进行特征提取，从而实现文本分类，但它通过加深网络结构的方式有效地解决了 TextCNN 无法获取文本远距离关联的问题。

TextRNN_Attention 和 TextRCNN 是基于 TextRNN 的循环神经网络模型。它们可以有效地捕捉序列中具有可变长度的双向 n-gram 特征，以更好地捕获局部特征[22]。在 TextRNN 的基础上，TextRNN_Attention 引入了注意力机制，可以自动学习文本中的关键信息，从而提高模型的性能。而 TextRCNN 则是 TextCNN 和 TextRNN 的结合体，它在 TextRNN 的基础上加入了卷积层，可以进一步提取文本中的局部特征。

FastText 是将词袋模型和 n-gram 相结合的文本分类算法。它通过将每个单词表示为向量，并对文本中的所有单词向量进行平均，然后结合 softmax 层进行学习，同时引入一些 n-gram 特征来捕获局部序列信息。相较于其他文本分类模型，FastText 模型大幅缩短了训练时间，特别适用于处理大规模的文本分类和情感分析任务，并能够实现更为准确和迅速的结果[23]。

BERT 是一种基于 Transformer 结构的预训练语言模型，通过大规模无监督学习获得通用的文本表示。在特定的文本分类任务中，可通过微调 BERT 模型获得更佳性能。该模型已在虚假新闻识别[24]、虚假评论识别[25]以及情感分析[26]等领域得到广泛应用。

4.4.2　实验结果及分析

本节通过在 Yelp 数据集和 YouTube 数据集上进行对比实验，将本章采用的模型与几种代表性文本分类的基准方法进行了比较。通过对评估指标和混淆矩阵的分析，对比了不同识别模型的效果，旨在验证本章所采用模型在虚假评论识别中的有效性。

4.4.2.1　分类性能对比

(1) YelpChi 数据集上的模型性能比较。

表 4.5 展示出了 SimCSE 模型在 YelpChi 数据集上与其他模型在各个性能指标上的比较。

表 4.5　在 YelpChi 数据集上的模型性能比较

模型	精确率	召回率	F1
TextRNN_Attention	0.7614	0.5437	0.6335
TextRCNN	0.7685	0.5687	0.6536
FastText	0.7649	0.5563	0.6447
DPCNN	0.7703	0.5750	0.6577
BERT	0.7909	0.6406	0.7075
SimCSE	0.7930	0.6469	0.7126

从表 4.5 中可以看出，本章采用的模型在 YelpChi 数据集上具有出色表现，其精确率、召回率以及 F1 指标分别为 0.7930、0.6469 和 0.7126，显示出综合评估性能均优于其他模型。此外，BERT 模型的精确率、召回率和 F1 指标分别为 0.7909、0.6406、0.7075，仅次于 SimCSE。基于 Embedding 的模型展现出一致的分类性能。这一结果验证了 SimCSE 模型相对于本章所采用的一般文本分类模型在预测 YelpChi 数据集中的虚假评论方面表现更佳。

SimCSE 模型相对其他模型表现优越之处在于其更高的 F1 指标。在 YelpChi 数据集中，除了 BERT 和 SimCSE 两个模型外，其他模型的 F1 得分均未达到 0.7，显示出基于预训练的模型在精确性和召回率之间取得了更好的平衡。此外，基于对比学习的模型也胜过 BERT 模型。BERT 和 SimCSE 两个模型的优势或许源自它们均采用了预训练方法，这有助于提高模型性能。然而，相对于 BERT 模型，SimCSE 模型融合了对比学习框架的语义相似度计算，从而在虚假评论识别任务中表现更为突出。

(2) YelpNYC 数据集上的模型性能比较。

如表 4.6 所示，本章所采用的 SimCSE 模型在 YelpNYC 数据集上展现出显著的性能优势，其精确率、召回率和 F1 指标均达到了 0.9938，效果优于其他模型。

表 4.6　在 YelpNYC 数据集上的模型性能比较

模型	精确率	召回率	F1
TextRNN_Attention	0.9816	0.9812	0.9814
TextRCNN	0.9751	0.9750	0.9750
FastText	0.8192	0.7312	0.7114
DPCNN	0.9848	0.9844	0.9846
BERT	0.9878	0.9875	0.9876
SimCSE	0.9938	0.9938	0.9938

　　根据三个评价指标，所有模型在 YelpNYC 数据集上表现较好，精确率均超过 0.8。不同模型间存在明显差异，除 FastText 外，其他模型在精确率、召回率和 F1 指标方面表现相当稳定，均高于 0.97；预训练模型 BERT 的 F1 指标甚至高达 0.9876。这可能是因为循环神经网络系列模型在处理自然语言文本中的序列信息方面具有优势，能更好地捕捉文本的上下文信息和语义特征；DPCNN 在远距离文本关联能力方面也具备优势，有利于捕捉文本的语义信息和局部特征；而 BERT 作为预训练模型在文本分类中具有更强的表示能力和泛化能力。此外，大多数基线模型的分类性能也较佳，可能因为 YelpNYC 是经典的虚假评论识别实验数据集，其中正负样本的文本和标签均源自 Yelp 评论和 Yelp 过滤算法。该数据集已经经过标注和预处理，包括去除特殊字符和词汇规范化等操作，使得文本具有高可读性和统一性。这些预处理操作有助于模型更轻松地学习文本的规律和特征，从而提高分类效果。因此，这些模型在该数据集上的分类性能也非常出色。

　　由于 FastText 是基于词级别的模型，无法有效捕捉单词之间的上下文信息。与其他复杂的深度学习模型相比，一定程度上无法更好地捕捉和建模 YelpNYC 数据集中的复杂长文本特征，导致性能下降。

　　(3) YelpZIP 数据集上的模型性能比较。

　　在 YelpZIP 数据集上的模型性能对比结果如表 4.7 所示。

表 4.7　在 YelpZIP 数据集上的模型性能比较

模型	精确率	召回率	F1
TextRNN_Attention	0.9553	0.9531	0.9542
TextRCNN	0.9588	0.9563	0.9575
FastText	0.7780	0.6344	0.6984
DPCNN	0.9329	0.9313	0.9321

续表

模型	精确率	召回率	F1
BERT	0.9457	0.9406	0.9431
SimCSE	0.9608	0.9594	0.9601

　　总体而言，与 YelpNYC 数据集相比，SimCSE 模型在 YelpZIP 数据集上的表现相似，其精确率、召回率和 F1 指标约为 0.96，优于其他模型。相较于 BERT，SimCSE 模型的召回率提高了近 2 个百分点，显示了对比学习在虚假评论识别中的有效性。

　　此外，基线模型中，TextRNN_Attention、TextRCNN、DPCNN 和 BERT 表现出色，各项指标均超过 0.9。其中，TextRCNN 和 TextRNN_Attention 在 YelpZIP 数据集上表现最佳，精确率、召回率和 F1 均超过 0.95。相比之下，基于 FastText 的表现不佳，F1 值均未超过 0.7，显示出基于词级别模型在虚假评论识别任务中的一定局限性。

　　总体来说，在 YelpZIP 数据集上，与基于 Embedding 的模型和 BERT 模型相比，SimCSE 模型的性能更优。

　　(4) YouTube 数据集上的模型性能比较。

　　如表 4.8 所示，在 YouTube 数据集上，SimCSE 和 BERT 模型，分别取得了 0.8377 和 0.7971 的 F1 指标，明显优于其他模型。

表 4.8　在 YouTube 数据集上的模型性能比较

模型	精确率	召回率	F1
TextRNN_Attention	0.5628	0.5188	0.5400
TextRCNN	0.5144	0.5125	0.5134
FastText	0.6670	0.6313	0.6485
DPCNN	0.5310	0.5281	0.5295
BERT	0.8005	0.7937	0.7971
SimCSE	0.8380	0.8375	0.8377

　　这是因为 BERT 和 SimCSE 是经过预训练的模型，能够充分利用大量数据进行训练，从而学习到更丰富的特征。本章所采用的 SimCSE 模型在 YouTube 测试集上的精确率和 F1 分别达到了 0.8380 和 0.8377，比 BERT 模型提高了 3~4 个百分点。因此，在虚假评论识别任务中，基于对比学习的 BERT 模型要优于一般的 BERT 模型，凸显了利用对比学习进行虚假评论识别的优越性。

　　综上所述，SimCSE 模型在 Yelp 和 YouTube 四个数据集上的性能指标均优于其他模型，这一结果验证了相较于一般的分类任务，本章提出的 SimCSE 模型在虚假评论识别方面的有效性。

具体来说，在 YelpNYC 数据集上，SimCSE 表现出了较高的精确率、召回率和 F1 指标，均超过了 0.99。而在 YelpZIP 数据集上，SimCSE 的精确率、召回率和 F1 指标也都超过了 0.95，明显优于其他模型。然而，本章所采用的 SimCSE 模型以及部分基线模型的分类性能普遍较好。这可能是因为 YelpNYC 和 YelpZIP 数据集作为经典的虚假评论识别实验数据具有规范的数据格式，以往研究表明基于结构简单的机器学习模型已能够在这些数据集上取得较高的性能。尽管 SimCSE 模型在 YelpChi 数据集上的表现略逊于在 YelpNYC 和 YelpZIP 数据集上的表现，但仍然明显优于其他基线模型。根据数据量和文本长度频次统计，YelpChi 数据集中的样本量较少，但包含更多长文本，而模型最大输入文本长度设置为 64，这可能会导致文本信息被截断，使得模型无法准确分类。此外，该数据集的虚假评论特征可能更具隐蔽性，但这并不影响对 SimCSE 模型性能的比较和优势分析。在 YouTube 数据集上，SimCSE 的 F1 值为 0.8377，远高于其他大部分基准模型的 F1 值(0.5~0.7)，并且比 BERT 模型提高了 4%的精确率和 F1 值。这可能是因为该数据集的数据量和样本分布更加均衡，文本长度适中，使得模型更容易学习到有意义的特征。

本章使用了 SimCSE 模型对比学习的方法对 BERT 预训练模型进行微调，以获得更优的虚假评论识别效果，可视为 BERT 的升级版本。因此，本章着重对比了 SimCSE 和 BERT 的性能表现。总体而言，SimCSE 在四个数据集上的性能都优于 BERT 模型，这表明 SimCSE 通过对比学习方法微调 BERT 模型取得了最佳效果，充分展现了对比学习的优势。

此外，可以观察到几乎所有模型的精确率都高于召回率和 F1 分数，这表明模型在预测正类时非常准确，但可能会忽略一些真正的正类样本，导致召回率略低。这种情况可能发生在样本不平衡时，即正类样本数量较少，而负类样本数量较多。在此类情况下，分类器倾向于预测为负类，因为这会导致更高的精确率。本章通过混淆矩阵进一步验证了这一猜想。

4.4.2.2　消融实验与结果分析

消融实验是指在不改变模型架构的前提下，逐步移除模型的某些组件或特征，以观察这些组件或特征对模型性能的影响。它是深度学习研究中的重要实验方法之一，有助于研究者更好地确定哪些参数或特征对模型性能的影响最为显著，从而指导模型的设计和优化。为了验证本章所采用的模型性能的卓越性，本章通过一系列消融实验来比较不同的池化策略和温度系数对模型性能的影响，以进一步探讨基于对比学习模型 SimCSE 在不同参数设置下的性能表现，从而有助于找到最佳参数模型。

(1) 池化策略调整。

在对比学习中，池化方式用于整合多个局部特征，从而得到全局特征。不同的池化方式可能对模型学习到的特征表示产生影响，因此，需要进行消融实验来研究池化方式对模型性能的影响。本章首先在 YouTube 训练集上采用 cls、pooler、last-avg 和 first-last-avg 这四种池化策略进行调参实验，其中 cls 和 pooler 是 BERT 模型内置的池化策略，而 last-avg 和 first-last-avg 则是根据具体任务的需求自定义的池化策略。它们都用于从序列中提取固定长度的向量表示，但在实现上存在一些差异。

① cls 池化：这种池化策略首先引入于 BERT 模型中，通常应用于分类任务。它将序列的第一个 token(即[CLS])的隐藏状态作为整个序列的向量表示，在许多自然语言处理任务中表现良好。

② pooler 池化：这是 BERT 模型中常用的池化策略之一，它指的是取 BERT 模型最后一层的输出。该策略对整个序列的隐藏状态进行加权求和，得到一个序列的向量表示。加权求和的权重通过一个简单的前馈神经网络(pooler)学习得到，主要应用于文本分类等序列级别任务。

③ last-avg 池化：这种池化策略对应于对 BERT 模型中所有 token 对应的向量进行加权平均，得到一个序列的向量表示，其中权重为 1/序列长度。它在许多序列标注任务中表现良好，因为能够捕捉序列结尾的信息。

④ first-last-avg 池化：这种池化策略指取 BERT 模型中第一个和最后一个 token 对应的向量进行加权平均，其中权重为 1/2。通常用于文本分类和文本似度任务，因为它能够捕捉序列的开头和结尾的信息。

实验中将 1 作为温度系数初始设置，实验结果如图 4.5 所示。

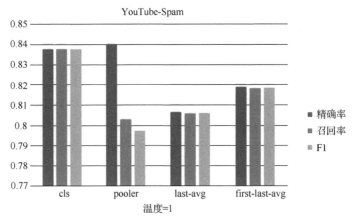

图 4.5　不同池化策略下的 SimCSE 模型性能对比

实验结果表明，在 YouTube 数据集上，当温度系数设为 1 时，本章采用的 cls 池化在初步对比实验中展现出了较明显的优势，相比其他三种池化方式，对 SimCSE 模型的综合性能都有明显提升，召回率和 F1 值均提高了 1~4 个百分点。这一结果验证了本章采用模型的有效性，同时也表明 cls 池化策略可能适合虚假评论识别任务。然而，需注意的是，这些结果只适用于温度系数为 1 的情况，在不同的实验条件下，这些池化方式的表现可能会有所不同。因此，本章进一步对温度系数进行调参。

(2) 温度系数调整。

为了验证本章所采用温度系数为最佳参数设置，本章进一步在不同温度系数和池化方式下进行了消融实验以对比模型性能。在实验过程中，尝试了四种不同的池化方式，包括 cls、pooler、last-avg 和 first-last-avg，并采用了三个不同的温度系数，分别为 0.5、1 和 2。

在对比学习中，温度系数是一个重要的超参数。较小的温度系数更注重难以识别的负例样本，更容易形成均匀的表示空间，从而增强对比学习效果。然而，当温度系数过小时，损失函数会倾向于只重视难以识别的负例样本的特征；而当温度系数过大时，损失函数则会丢失对难以识别的负例样本的关注。因此，为了让样本特征分布均匀，对比学习性能更好，温度参数需要适中。大部分对比学习相关研究中都倾向于选择较小的温度系数进行实验，因此本章选取了 0.5、1 和 2 进行对比实验。消融实验结果如表 4.9 所示。

表 4.9 SimCSE 模型不同池化策略和温度系数下的性能展示

池化策略	温度系数	评估指标		
		精确率	召回率	F1
cls	0.5	0.8171	0.8094	0.8132
	1	0.8380	0.8375	0.8377
	2	0.7545	0.7188	0.7361
pooler	0.5	0.8122	0.8063	0.8092
	1	0.8405	0.8031	0.8213
	2	0.8402	0.8344	0.8373
last-avg	0.5	0.8142	0.8000	0.8070
	1	0.8067	0.8062	0.8065
	2	0.8070	0.7969	0.8019
first-last-avg	0.5	0.8037	0.8031	0.8034
	1	0.8192	0.8188	0.8190
	2	0.7742	0.7344	0.7538

实验结果显示出了不同的池化方式和温度系数对对比学习模型的性能产生的影响，这也验证了本章初步对比实验中所采用的模型的优越性。在 YouTube 数据

集上，当温度系数设为 1 时，选择 cls 时，SimCSE 模型取得最佳结果。通过实验结果的比较分析，得出以下结论。

首先，在四种池化方式中，使用 cls 池化方式的模型表现最佳。它在大多数情况下都优于其他池化方式，不论温度系数为何，其召回率和 F1 结果相对较高，仅次于 pooler，尤其是在温度系数为 1 和 2 时。而使用 last-avg 的模型在大多数情况下表现较差，尤其在温度系数为 2 时表现最差。这可能是因为 pooler 能更好地捕捉与样本相关的信息，从而更好地进行样本区分。

其次，温度系数对模型的性能也有一定影响。通常情况下，当温度系数较高时，模型的调节相对温和，无论模型是否正确预测正样本，都会进行调节。这是因为增加温度系数会扩大相似度分布的范围，可能使模型难以区分不同的样本。温度系数的选择应根据具体任务需求而定。一般情况下，温度系数为 1 时模型性能较佳，但特定情况下可能需要不同的温度系数。例如，在需要更强的模型辨别能力时，可能需要选择较高的温度系数。

为了更清晰地分析不同温度系数和池化方式对模型性能的影响，本章在此基础上绘制了折线图进行对比分析。如图 4.6 所示，在不同温度系数下，四种池化方式的表现存在差异。

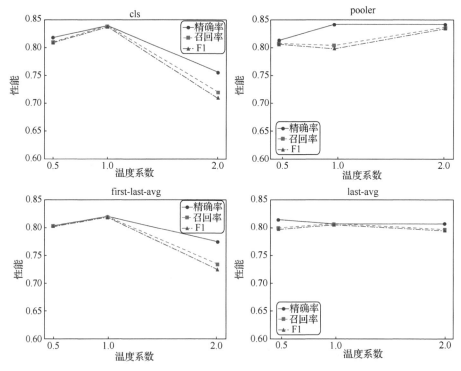

图 4.6　不同池化策略和温度系数对 SimCSE 模型性能的影响

例如，在温度系数为 0.5 和 2 时，cls 和 first-last-avg 的表现略有下降，而 last-avg 和 pooler 的表现较为稳定甚至略有上升。另外，对比四种不同的池化方式发现，在同一温度系数下，它们的表现也会有所变化。举例来说，在温度系数为 2 时，pooler 和 last-avg 的综合评价指标普遍表现较好，而在温度系数为 0.5 时，cls 和 pooler 的表现最佳。

总体而言，实验结果验证了模型的有效性和鲁棒性。通过消融实验，更深入地了解不同因素对模型性能的影响，进而更好地选择适合的模型架构和参数。实验结果表明，温度系数的变化会影响虚假评论分类器的性能，而不同的池化方式在不同温度系数下的表现也各不相同。因此，在实际应用中需要根据具体情况选择合适的温度系数和池化方式。最后，需要注意的是，以上结论仅适用于给定的实验设置。不同的数据集和任务可能对结果产生不同的影响，因此在参数组合时需要结合具体的应用场景来确定最适合的池化方式和温度系数。

(3) 实验结论。

基于对比实验与消融实验的结果可以得出结论，SimCSE 模型在四个数据集上的性能表现优于其他模型，验证了其在虚假评论识别中的有效性，也证实了对比学习在该领域的优势。通过调整池化方式和温度系数进行消融实验，达到了最佳的评估准确度，从而对虚假评论识别模型进行了优化。具体来说，基于双向 Transformers、预训练的 BERT 模型在融入对比学习后取得了最佳的评估性能。另外，通过对池化策略和温度系数进行消融实验，本章发现不同的池化方式和温度系数会对对比学习模型的性能产生一定影响。这也证实了本章初步对比实验中采用的模型为较优选择，并验证了采用方法的参数设置对模型性能的有效性。

4.5 小 结

针对电子商务平台上虚假评论泛滥的现状及其所带来的商业挑战，本章提出了一种融合对比学习和 BERT 模型的虚假评论识别框架——SimCSE，以提高虚假评论识别的准确率和效率，从而为基于文本的虚假评论识别提供一种有效的解决方案。

首先，本章对虚假评论识别的现状和问题进行了全面分析，深入调研了电子商务快速发展背景下虚假评论识别问题和国内外虚假评论识别研究现状。通过分析虚假评论对比学习方法这一领域，明确了研究对象和目标，探索了对比学习在虚假评论识别中的可行性和优势。

其次，本章提出了一种融合对比学习和 BERT 预训练分类模型的解决方案——SimCSE 模型。该模型通过学习真实评论和虚假评论之间的差异，提高分类器的性能，并利用 BERT 模型对文本进行特征提取和分类，从而实现对虚假评论的自动识别。SimCSE 模型的创新性在于其结合了有监督对比学习框架和 BERT 模型，显著提高了虚假评论识别的准确率和鲁棒性。

再次，本章通过对比实验和消融实验验证了 SimCSE 模型的优越性。在 Yelp 和 YouTube 平台的四个标准虚假评论数据集上的实验结果表明，SimCSE 模型在各项性能指标上均优于其他模型，验证了其在虚假评论识别中的有效性。同时，通过调整池化方式和温度系数的消融实验，进一步优化了虚假评论识别模型。

最后，本章所提出的基于对比学习的虚假评论识别模型为电子商务平台提供了一种新颖的解决方案，能够更准确地识别虚假评论，保护消费者权益，增强平台公信力，从而促进电子商务领域的健康发展。

尽管本章提出的虚假评论识别方法具有创新性和有效性，但在数据集和模型泛化方面仍存在一定的局限性。首先，使用的标准数据集中，虚假评论数量较少且类别分布不均匀，影响了模型的识别性能。此外，缺乏评论者特征和产品特征等元数据，使得模型分类性能受限。随着时间推移，虚假评论特征的变化可能导致先前训练的模型在新数据集上的性能下降。同时，数据集限制为英文评论，对于非英文评论的实际应用相对有限。

在模型泛化方面，本章主要针对 Yelp 和 YouTube 数据集进行研究，现实中的虚假评论场景更加多样化和复杂化，模型在其他领域的适用性需要进一步验证。因此，本章的研究成果在不同场景下的泛化能力有限。

针对上述局限，本章提出了以下改进措施和未来工作方向。在数据集的拓展和优化方面，未来的研究可以通过采集多样性的数据源，优化数据集的类别分布，并结合无监督或半监督学习方法，改善虚假评论识别模型的性能和泛化能力。具体而言，通过采集来源多样、语种多元的数据集并纳入更多的元数据信息，可以提高模型的泛化性能；在构建数据集时应注重选择具有代表性的评论样本，避免数据偏斜；采用无监督或半监督对比学习方法，可以充分利用少量标记数据和大量未标记数据进行模型训练，提升模型的性能和泛化能力。

在模型的优化和改进方面，未来的研究可以聚焦于参数优化、对抗训练和多模态信息融合。通过进一步优化模型参数，包括超参数搜索和自动化调参，可以找到最佳的模型配置，提高模型在虚假评论识别方面的表现；使用复杂的人工智能算法构建虚假评论机器人，与识别模型进行对抗训练，可以提高模型的鲁棒性和抵抗攻击的能力；引入多模态学习技术，结合文本、图像、音频等信息，可以更全面地理解评论内容和情感，从而提高模型的识别能力。

在多场景下的虚假评论识别研究中，需要注重收集和处理不同场景下的数据，挖掘并分析虚假评论在不同场景中的特点和规律。通过跨场景迁移学习，可以将一个场景中的知识应用到其他场景，提高模型的泛化能力；通过多模型融合，可以结合不同模型的预测结果，得到更准确和鲁棒的虚假评论识别结果。

综上所述，对比学习在虚假评论识别方面具有重要的理论和实践意义。未来的研究可以进一步深入探讨对比学习在虚假评论识别方面的应用和优化，进而更好地防范虚假评论的危害。

参 考 文 献

[1] Li G, Yu Y. Deep contrast learning for salient object detection//Proceedings of the IEEE Conference on Computer Vision and Pattern Recognition, New York, 2016.

[2] Chen T, Kornblith S, Norouzi M, et al. A simple framework for contrastive learning of visual representations//Proceedings of the 37th International Conference on Machine Learning, Vienna, 2020.

[3] Morgado P, Li Y, Nvasconcelos N. Learning representations from audio-visual spatial alignment// Advances in Neural Information Processing Systems, Vancouver, 2020.

[4] Mikolov T, Sutskever I, Chen K, et al. Distributed representations of words and phrases and their compositionality//Advances in Neural Information Processing Systems, Lake Tahoe, 2013.

[5] Qian T, Li F, Zhang M, et al. Contrastive learning from label distribution: a case study on text classification. Neurocomputing, 2022, 507: 208-220.

[6] Xu Y, Raja K, Pedersen M. Supervised contrastive learning for generalizable and explainable deepfakes detection//Proceedings of the IEEE/CVF Winter Conference on Applications of Computer Vision, New York, 2022.

[7] Chen Q, Zhang R, Zheng Y, et al. Dual Contrastive Learning: Text Classification via Label-Aware Data Augmentation. https://arxiv.org/abs/2201.08702, 2022.

[8] Xie S, Hou C, Yu H, et al. Multi-label disaster text classification via supervised contrastive learning for social media data. Computers and Electrical Engineering, 2022, 104: 108401

[9] Lee S, Lee D, Jang S, et al. Toward Interpretable Semantic Textual Similarity via Optimal Transport-Based Contrastive Sentence Learning. https://arxiv.org/abs/2202.13196, 2022.

[10] Ghosh S, Maji S, Desarkar M S. Supervised Graph Contrastive Pretraining for Text Classification. https://arxiv.org/abs/2112.11389, 2021.

[11] Rethmeier N, Augenstein I. A primer on contrastive pretraining in language processing: methods, lessons learned, and perspectives. ACM Computing Surveys, 2023, 55(10): 1-17.

[12] Wu Y, Ngai E W T, Wu P, et al. Fake online reviews: literature review, synthesis, and directions for future research. Decision Support Systems, 2020, 132: 113280.

[13] Gunel B, Du J, Conneau A, et al. Supervised Contrastive Learning for Pre-Trained Language Model Fine-Tuning. https://arxiv.org/abs/2011.01403, 2020.

[14] Gao T, Yao X, Chen D. Simcse: Simple Contrastive Learning of Sentence Embeddings. https://arxiv.org/abs/2104.08821, 2021.

[15] Mukherjee A, Venkataraman V, Liu B, et al. What yelp fake review filter might be doing?// Proceedings of the International AAAI Conference on Web and Social Media, 2013, 7(1): 409-418.

[16] Rayana S, Akoglu L. Collective opinion spam detection: bridging review networks and metadata// Proceedings of the 21th ACM SIGKDD International Conference on Knowledge Discovery and Data Mining, New York, 2015.

[17] Alberto T C, Lochter J V, Almeida T A. Tubespam: comment spam filtering on YouTube //2015 IEEE 14th International Conference on Machine Learning and Applications, New York,2015.

[18] Zhou P, Shi W, Tian J, et al. Attention-based bidirectional long short-term memory networks for relation classification//Proceedings of the 54th Annual Meeting of the Association for Computational Linguistics, Stroudsburg,2016.

[19] Lai S, Xu L, Liu K, et al. Recurrent convolutional neural networks for text classification// Proceedings of the AAAI Conference on Artificial Intelligence, Palo Alto,2015.

[20] Joulin A, Grave E, Bojanowski P, et al. Bag of Tricks for Efficient Text Classification. https:// arxiv.org/abs/1607.01759, 2016.

[21] Johnson R, Zhang T. Deep pyramid convolutional neural networks for text categorization// Proceedings of the 55th Annual Meeting of the Association for Computational Linguistics, New York,2017.

[22] Cai J, Li J, Li W, et al. Deep learning model used in text classification//The 15th International Computer Conference on Wavelet Active Media Technology and Information Processing, New York,2018.

[23] Hu S, Kumar A, Al-Turjman F, et al. Reviewer credibility and sentiment analysis based user profile modelling for online product recommendation. IEEE Access, 2020, 8: 26172-26189.

[24] Liu Y, Pang B, Wang X. Opinion spam detection by incorporating multimodal embedded representation into a probabilistic review graph. Neurocomputing, 2019, 366: 276-283.

[25] Adelani D I, Mai H, Fang F, et al. Generating sentiment-preserving fake online reviews using neural language models and their human-and machine-based detection// Proceedings of the 34th International Conference on Advanced Information Networking and Applications, Cham, 2020.

[26] Acheampong F A, Nunoo-Mensah H, Chen W. Transformer models for text-based emotion detection: a review of BERT-based approaches. Artificial Intelligence Review, 2021, 54: 5789-5829.

第 5 章　基于上下文学习的不平衡虚假评论识别方法

5.1　问题的提出

在虚假评论识别中，不平衡数据问题是一个重要的挑战。2015 年，来自 Yelp 的研究者指出，虚假评论大概占总评论数的 16%[1]。2021 年一份来自 Uberall 的研究报告显示，仅有 10.7%的谷歌评论、7.1%的 Yelp 评论和 5.2%的 Tripadvisor 评论为虚假评论[2]。通常情况下，真实评论的数量远多于虚假评论，这使得识别模型容易偏向于真实评论，因此虚假评论的漏检率较高。传统的监督学习方法在处理不平衡数据时往往表现不佳，需要通过数据采样、权重调整等方法来缓解这一问题。然而，这些方法往往依赖于大量的标注数据来训练针对特定场景的模型，考虑到获取虚假评论数据标签的困难性以及在线评论平台不断变化的内容，大量且频繁的数据标注和模型训练带来的巨额成本使得这些方法在实际应用中效果有限，难以全面应对复杂多变的虚假评论检测场景。

近年来，以 ChatGPT 为代表的大语言模型已经在情感分类、AI 生成文本检测等各种自然语言处理任务中展示出了卓越的性能，Brown 等[3]的研究表明，大语言模型可以通过上下文学习(in-context learning，ICL)完成有监督的任务，与传统的基于权重的学习不同，上下文学习不需要进行参数更新，仅需在提示中添加少量样本-标签对即可对新样本进行预测。这一现象为解决虚假评论识别问题带来了新的思路。

凭借大规模语言模型在预训练阶段获得的语言建模能力，上下文学习方法能够在少量示例的情况下迅速适应新任务，且具有强大的泛化能力，但其仍然存在一些挑战：首先，虚假评论识别任务依赖于模型对评论隐藏模式的理解，大模型无法通过预训练阶段获得的知识对结果进行直接推理，上下文学习方法在此任务中的有效性尚未有研究验证。其次，虽然示例个数的增加一般会带来性能的提升，但过长的上下文也意味着缓慢的推理速度和计算资源的大量消耗。再次，上下文学习具有对示例敏感的特点，不同的示例选择和示例顺序会造成性能的波动。此外，受到提示模板[3]、语言表达器[4](verbalizers)、示例及其标签分布[5]等多重因素的共同作用，大语言模型在进行上下文学习时，往往会对预测标签产生一定的偏见。这种偏见表现为模型倾向于预测某些特定标签而忽略其他可能的标签，从而在实际应用中表现出不公平性和性能降低。特别是在处理不平衡数据的少数类标签时，这一问题尤为明显。

　　针对大语言模型上下文学习的能力以及其提示示例的局限性，本章旨在验证上下文学习在虚假评论识别任务中的适用性。通过多个数据集和多组实验，本章证明了该框架在不同场景下，即使在数据不平衡的情况下，仍能保持较高的识别准确度。具体而言，本章的目标包括：

① 探究上下文学习方法在虚假评论任务中的适用性与高效的模型设置；

② 开发一个基于上下文学习的虚假评论识别框架；

③ 设计实验并通过实验验证所提出框架的有效性。

5.2　研 究 现 状

5.2.1　大模型与上下文学习

　　最近，人们对大语言模型的进步和扩展的关注度显著增加。大语言模型包括 GPT-3、Chinchilla 和 PaLM 等，在自然语言处理任务中有许多令人印象深刻的表现。但由于需要大量的计算资源，对这些大语言模型进行微调变得越来越不切实际。现在更常见的方法是设计提示，利用模型的指令跟随能力来完成特定的任务。当提示一些演示示例(shots)时，这些大语言模型生成的输出变得更加可控，即上下文学习，这是一种新的学习范式，可以利用大语言模型来执行新任务，而无须更新任何参数及权重。然而，它的性能并不总是稳定的，因为它受到多种因素的影响，例如，演示示例的个数、演示示例的选择，以及这些示例的顺序等。

　　受限于上下文窗口大小，大模型通常只能选择有限的示例作为模型上下文，在先前的研究中，一般是 5-shots 或者 10-shots。近期，越来越多的模型获得了长上下文能力，鉴于示例个数的增长能够增强上下文学习能力的一般规律，部分学者对多示例设置下的模型上下文学习能力进行了进一步探究。Agarwal 等[6]对 LLM 在多种任务中的小样本(few-shots)和大样本(many-shots)上下文学习的表现进行了探究，使用包括 MATH 和 GSM8K 问题解决、GPQA 和 BBH 问答、XSum 和 XLSum 数据摘要以及情感分析等多种任务评估了大样本上下文学习的表现，研究发现，从小样本学习到大样本学习，LLM 在各种生成性和区分性任务中的性能显著提升，同时，与小样本学习不同，大样本学习可以有效覆盖预训练的偏差，学习高维数值输入的函数，并且与微调表现相当。Jiang 等[7]研究了多模态基础模型在上下文学习中随着示例数量增加性能的表现情况，研究发现，提供多达 2000 个示例的大样本上下文学习比提供少于 100 个示例的小样本上下文学习在所有研究的数据集上都带来了显著的性能提升，使用的 Gemini 1.5 Pro 模型在多数数据集上的性能随着示例数量的增加而持续对数线性提升，但使用的 GPT-

4o 模型的性能提升不稳定，同时 Gemini 1.5 Pro 在多数数据集上展现出了比 GPT-4o 更高的上下文学习数据效率。Song 等[8]探讨了多样本上下文学习(many-shot in-context learning)是否可以帮助大语言模型在单答案评分任务中提高评估的一致性和质量，提出了强化上下文学习(reinforced in-context learning)和无监督上下文学习(unsupervised in-context learning)这两种多样本上下文学习的变体，通过实验验证了多样本 ICL 在提高 GPT-4o 模型评估结果质量和一致性方面的有效性，同时揭示了 GPT-4o 在成对比较中存在的一种新的符号偏见并提出了减轻方法。Su 等[9]研究了在没有外部信息的情况下减少模型对示例的依赖同时提高零样本 ICL 的性能，提出了一种叫作 DAIL(demonstration augmentation for in-context learning) 的方法，利用模型先前预测的历史样本作为后续样本的示例，不需要额外的推理成本，也不依赖于模型的生成能力，结果表明 DAIL 可以显著提高模型的性能，并且具有强大的泛化能力。

为了构建更具有代表性的上下文，一些研究使用各种方法来选择示范范例。例如，Peng 等[10]假设有效的示例可以增强推理模型对测试输入的理解，基于假设提出了一种名为 TopK + ConE 的数据和模型依赖的示例选择方法，即有效的示例能够通过减少测试输入在推理模型下的条件熵来提高模型对测试输入的理解，通过在不同大小的模型以及在自然语言理解与生成任务上进行实验，进一步分析了该方法的普适性和鲁棒性，验证了该方法在多种任务中性能的一致性提高。Yang 等[11]认为在上下文学习中示例的质量通常是不均匀的，且不同的权重分配对 ICL 性能有显著影响，因此提出了一种加权上下文学习方法(weighted in-context learning，WICL)，即为示例分配不同的权重来提高 ICL 的性能，同时通过两种策略来实现：缩放键矩阵(scaling key matrix，SKM)，将权重应用于示例的注意力键矩阵；调整注意力权重(scaling attention weights，SAW)，直接调整注意力权重。在 8 个文本分类任务上的实验表明 WICL 在大多数任务上都优于传统的 ICL 方法。Xu 和 Zhang[12]提出了一种名为上下文映射(in-context reflection，ICR) 的新方法来克服在实践中选择示例的障碍。ICR 从一组随机初始示例开始，通过策略性地选择示例来减少 LLM 输出与实际输入输出映射之间的差异，并不断进行迭代优化，在 13 个二元或多分类任务中进行了评估，发现 ICR 在所有任务上都优于基线方法且平均提高了 4%。同时，研究测试了 ICR 在不同任务上的鲁棒性，发现在不同任务集上选择示例，ICR 也获得了相当甚至更优的结果。Mavromatis 等[13]提出了一种新算法 ADAICL(adaptive in-context learning)，该算法结合了基于不确定性的采样和基于多样性的采样，用于在注释资源有限的情况下，自适应地识别有助于模型学习新信息的语义不同的示例，使用了 9 个数据集和 7 种不同大小的大语言模型进行实验，发现 ADAICL 在多个自然语言处理任务上的表现优于现有方法，平均准确率提高了 4.4%，并且在标签效率上达到了 3

倍的提升。

大模型的预测性能对示例的顺序敏感，因此许多学者对如何对示例进行排序也开展了一些研究。Lu 等[14]提出了一种基于语言模型的生成性质的方法来构建人工开发集(probing set)，并使用熵统计量来识别性能高的排序，在不同大小的 GPT-2 和 GPT-3 模型上进行多个文本分类任务的实验，实验结果表明基于熵的探测方法能够有效地选择性能高的排序，平均提高 13%的性能，证明了少样本提示存在顺序敏感性问题。Zhao 等[15]认为大语言模型在给定少量训练示例时能通过上下文学习执行多种任务，但是通过研究发现这种少样本学习(few-shot learning)的性能可能非常不稳定，这种不稳定性源于大语言模型在少数样本学习中的偏差，例如模型倾向于预测在提示词末尾出现的答案。Xie 等[16]按照 Zhao 等[15]的方法测试了小型合成数据集 GINC 的上下文准确性对提示示例顺序的敏感性，考虑从单个概念生成的提示，对 4 个示例的 10 个不同集合进行采样，并为每个示例集合生成所有 24 种可能的排列，在 GINC 上训练 4 层 Transformer 的上下文准确性，发现同一组示例的不同排列之间存在显著变化(10%～40%差异)。但是，Zhang 等[17]研究了改变上下文示例的顺序是否会产生影响，将上下文示例的数量固定为 3，评估所有可能的组合并计算平均值和标准差，结果发现标准偏差通常很小，表明上下文示例的顺序对结果影响不大。Wu 等[18]提出了一种新的自适应上下文学习(self-adaptive in-context learning)方法，用一个两阶段框架来解决自适应上下文学习问题，其中第二阶段应用了一种排序算法来确定候选集中的最佳组织，该排序算法利用信息理论的框架，通过最小化码长，优化上下文示例的选择和排列，以提高自适应上下文学习模型的性能。

综上所述，已有研究从示例个数、示例选择、示例顺序等方面采取不同措施对大模型上下文学习性能进行了优化，但目前尚未有研究对多示例条件下的示例选择和顺序进行联合优化；上下文学习在虚假评论下游任务中的有效性也有待进一步验证。

5.2.2　基于不平衡数据的网络虚假信息识别技术

由于虚假信息在网络信息中的比例远低于真实信息，数据的不平衡性成为虚假信息识别中的一个重大挑战，这种不平衡性往往会使模型预测偏向多数类，从而使有效识别虚假信息变得困难。目前处理数据不平衡的技术大致可以分为三种：基于数据的路线、基于特征的路线和基于算法的路线。

在处理数据不平衡的问题中，对于数据的预处理是一种可行的解决方案。数据预处理主要分为三种数据重采样技术：过采样、欠采样和 SMOTE[19]。Mouratidis 等[20]提出了基于配对文本输入模式的深度学习假新闻检测方法，使用了 SMOTE(synthetic minority over-sampling technique)方法对少数类进行过采样，从而平衡数据集。Sastrawan 等[21]通过数据清洗删除无内容或标签的数据，避免干扰分析和决策过程，再使用数据增强生成新的数据，但保持数据意义不变，从而平衡不同类别之间的数据量。Jindal 等[22]针对虚假新闻检测中存在的数据不平衡问题，提出 NewsBag++数据集。此数据集通过一种智能数据增强算法，将现有的 15000 条虚假新闻与 170000 条额外的真实新闻进行组合，生成新的虚假新闻。这种方法确保了生成的新虚假新闻与实际存在的虚假新闻相似，并且能够显著增加虚假新闻的数量，从而改善数据不平衡问题。Thota 等[23]探讨了利用深度学习技术进行假新闻检测的方法。在不平衡数据方面通过使用分层比例分配和随机抽样进行数据集划分，确保每个类别在训练集和测试集中都保持一定的比例，此外，Torabi 与 Taboada [24]探讨了虚假信息的检测和分类，从自然语言处理的角度出发，通过多来源数据收集、扩展数据集等方法对数据预处理，扩大了原有数据集，避免不平衡数据集的产生。Keya 等[25]提出了一种名为 AugFake-BERT 的方法。该方法使用预训练的多语言 BERT 模型，通过插入和替换词语的方式生成合成假新闻数据，从而解决数据集不平衡的问题。这是数据预处理阶段的关键步骤，旨在扩充假新闻数据，使其与真新闻数据数量相当，从而提高模型性能。

另外，针对数据不平衡的问题，从特征层面采取相应的处理措施也是解决方案之一。在特征层面，通过适合的特征模型将数据映射到特征空间，得出训练数据和测试数据的特征表示[26]。Kaur 等[27]分析了虚假评论中不平衡数据的问题，并提出了多种解决方法。提出通过过滤、包装、嵌入式等方法，从高维数据集中选择与分类任务最相关的特征子集，从而降低模型的复杂度，并提高其在少数类上的性能。也可以通过主成分分析(principal components analysis，PCA)、奇异值分解(singular value decomposition，SVD)等方法，利用原始特征生成新的特征，从而降低数据维度，并提取出对分类任务更重要的信息。Hossain 等[28]研究了检测假新闻时如何处理数据不平衡问题，通过词袋模型将文本转换为包含唯一词和文本样本的稀疏矩阵，并且通过 TF-IDF 模型计算词在文档中的区分度，通过比较词在文档中出现的次数与词在所有文档中出现的次数来实现特征选择。Kang 等[29]提出使用伪标签与少样本学习。伪标签对用户评论进行立场分类，将用户评论分为负面和中性两类。少样本学习会从每个情绪类别中提取 128 个数据作为训练数据，并进行微调训练。这可以有效减少数据集中噪声的影响，并提高模型的泛化性能。通过特征层面的伪标签和分类算法层面的少样本学习来缓解虚假评论数据不平衡带来的影响。Raza 等[30]提出了一种基于新闻内容和社交上下文的虚假新闻检测框架，该框架利用了下采样技术(under-sampling)来处理数据不平衡问题。通过删除多数类样本的方式，多数类和少数类样本数量更加接近。Bonet-Jover 等[31]提出了一种利用传统数字媒体新闻的语篇结构来增强自动虚假新闻检测的新架构，采用了分层模型解决"NONE"和"WHAT"类别的标签数量远多于其他 5W1H 类别的问题。Das 等[32]提出了一种基于启发式算法和不确定性估计的集成框架，用于检测推特和新闻文章中的假新闻。该方法从新闻的元数据中提取特征，例如 URL 域名、用户名、新闻来源和作者等，并且使用预训练的语言模型对文本进行编码，并提取预测向量作为特征，以此进行特征分类。

分类算法也是处理数据不平衡问题的重要途径。刘美玲等[33]提出 MIANA-B(multilevel interactive attention neural network with aspect plan-balanced)模型，用于解决虚假评论识别任务中的数据不平衡问题。该模型利用用户行为特征和评论文本特征进行类别可分性计算，自动学习代价敏感矩阵，从而增强模型对不平衡数据的学习能力。同时，该模型还利用 BERT 模型对文本进行编码，进一步优化了模型性能。Cheng 等[34]提出了一个名为 RIRL(robust domain invariant representation learning)的框架来处理虚假新闻检测问题中的不平衡数据。它通过双重平衡策略处理不平衡数据，协变量平衡(covariate balancing，CB)通过对目标域的样本进行重加权，使目标域和源域的数据分布更加接近，从而解决变量偏差问题。而表示平衡(representation balancing，RB)通过对目标域的表示进行重加权，使目标域和源域的表示分布更加相似，从而解决表示偏差问题。Hamed 等[35]提出了一种基于情感分析和情绪分析的社会媒体假新闻检测模型。通过不进行数据重平衡、使用模型正则化、使用 dropout 层、使用 CNN 模型以及简化模型结构等策略处理虚假评论中不平衡数据的问题，这些策略有效地提高了模型的泛化能力。Alonso 等[36]探讨了情感分析在虚假新闻检测中的不同应用。通过基于情感词典、机器学习、深度学习等分类算法处理不平衡数据的问题。通过情感分析显著提高了假新闻检测的精度。Lai 等[37]针对虚假新闻检测，提出了谣言大语言模型(rumor large language model)。通过此模型生成谣言文本进行数据增强，从而解决数据不平衡问题。具体来说，谣言大语言模型生成新的谣言样本，使得数据集中少数类的数量增加，从而缓解数据不平衡问题。

综上所述，目前的研究为解决虚假信息检测中的数据不平衡问题提供了多种有效方法，但这些方法通常依赖于相对充足的数据和需要训练的模型，难以适应虚假评论识别任务中存在的资源稀缺和内容快速变化的特点。虚假评论识别模型的少样本能力和泛化性增强方法仍有待探索。

5.3　预　实　验

传统的虚假评论识别模型通常使用权重更新的方式进行训练和预测，上下文学习方法尚未得到探索。为验证上下文学习方法在虚假评论识别任务中的可行性，我们首先开展预实验探索不同大小模型以及不同示例个数在虚假评论识别任务中的性能表现。

5.3.1　实验设置

5.3.1.1　数据集

本节在预实验阶段选择的数据集为 Deceptive Opinion Spam Corpus[38]。该数据集是虚假评论研究的经典数据集之一，多年来被许多学者所认可和使用。其包含了针对芝加哥 20 家酒店的虚假和真实评论。具体而言，数据集中包括 400 条来自 TripAdvisor 的真实正面评论、400 条通过 Mechanical Turk 生成的虚假正面评论、400 条来自多种旅游网站的真实负面评论以及 400 条通过 Mechanical Turk 生成的虚假负面评论。每家酒店各包含 20 条评论。该数据集大小适中，便于进行模型的验证。本节使用 scikit-learn 框架将数据集按照 4∶1 的比例随机划分为训练集和测试集，最终得到的训练集具有1280条样本，测试集具有320条样本，其中正负样本比例均为 1∶1。

5.3.1.2　大语言模型底座

大语言模型按参数是否公开可分为闭源模型和开源模型，闭源模型通过 API 接口的方式调用模型提供商的服务，使用者无须部署模型，但只能通过文本与模型交互，即输入和输出均为文本，无法获取到模型内部状态信息；开源模型可以部署至本地或自有服务器中，具有高度的定制化和控制权。闭源模型需要按使用量(一般为词元数)计费，可能涉及较高的持续成本；开源模型的下载和使用通常是免费的，只需要考虑硬件和后续维护的费用。鉴于获取内部状态能够帮助我们进一步优化模型，且虚假评论识别通常需要长期部署，而闭源模型可能带来高额的持续使用费用和不稳定性，因此，开源模型更符合虚假评论识别的实际需求。

大语言模型按训练阶段可以分为基础模型和指令微调模型，基础模型是经过大规模未标注文本数据训练的通用语言模型，指令微调模型是在基础模型的基础上，进一步通过高质量的指令和偏好数据来微调模型，使其具有更好的指令理解和跟随能力。相比于指令微调模型，仅经过预训练的基础模型没有经过特定任务的微调，通常具备更好的泛化能力，能够更纯粹地适应上下文学习的示例模式，不会因为之前的指令训练而产生偏见。因此，基础模型更适合用于识别虚假评论。

Qwen2[39]是通义千问大语言模型的最新系列(截至 2024 年 7 月)，包含大小为 5 亿至 720 亿参数的 5 种模型。其中，7B 和 72B 是现有开源模型中最常见的尺寸。在针对大语言模型的评估中，对比当前最优的开源模型，Qwen2-72B 在包括自然语言理解、知识、代码、数学及多语言等多项能力上均显著超越当前领先

的模型，如 Llama-3-70B、Mixtral-8×22B 等。因此，本实验拟选取 Qwen2-7B 和
Qwen2-72B 作为预实验阶段的模型底座。

5.3.1.3　实验环境及评价指标

实验所用的编程语言为 Python，版本为 3.8.10，深度学习框架为 PyTorch，
版本为 2.3.0。实验所用硬件环境为超微 GPU 服务器，处理器为双路 Xeon
8276L，内存为 1TB，显卡为 10 张 NVIDIA RTX 3090 24G。

预实验阶段采用准确率(accuracy)作为模型的性能评价指标。计算公式为
$Accuracy=(TP+TN)/(TP+TN+FP+FN)$，其中，TP(true positive)为正确预测为正
类的样本数，TN(true negative)为正确预测为负类的样本数，FP(false positive)为
错误预测为正类的样本数，FN(false negative)为错误预测为负类的样本数。

5.3.2　预实验结果及分析

在预实验中，我们评估了 Qwen-72B 和 Qwen-7B 两个模型在识别虚假评论
任务中的上下文学习能力。从训练集中随机抽取样本，进行了 3 次独立实验，以
确定每个模型的最佳性能及其对示例数量的敏感度。实验结果如图 5.1 所示。

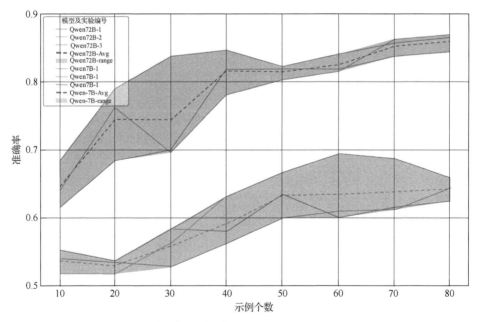

图 5.1　不同示例个数下模型上下文学习的性能(见彩图)

Qwen-72B 模型的表现随着示例数量的增加而显著提升。在 10 个示例时的平
均准确率为 64.69%，而在 80 个示例时达到了 85.94%。这表明，增加示例数量能

显著提高 Qwen-72B 识别虚假评论的能力。然而，在 40 个示例后，性能提升的幅度有所减缓，暗示着在这个节点之后增加更多的示例带来的边际效益会相对减少。相比之下，Qwen-7B 的性能提升则较为缓慢且不稳定。其在 10 个示例时的平均准确率为 53.75%，而在 80 个示例时仅提升到 64.27%，甚至出现了增加示例个数性能反而下降的情况。这说明通过增加示例个数的方式难以提升 Qwen-7B 模型识别虚假评论的能力。

综上所述，Qwen-72B 在所有示例数量条件下的表现均优于 Qwen-7B，特别是在 50 个以上示例时的优势更为明显，能够达到 80%以上的准确率，因此在后续实验中，我们使用 Qwen-72B 模型，并至少提供 50 个示例，以在性能和效率之间取得良好的平衡。

5.4 基于上下文学习的虚假评论识别框架

通过预实验可知，基于上下文学习的方法在虚假评论识别任务中展现出了一定的应用潜力，但仍存在性能指标不稳定等问题。本节实验构建了一种基于上下文学习的虚假评论识别框架，该框架的结构如图 5.2 所示，分为示例选择、上下

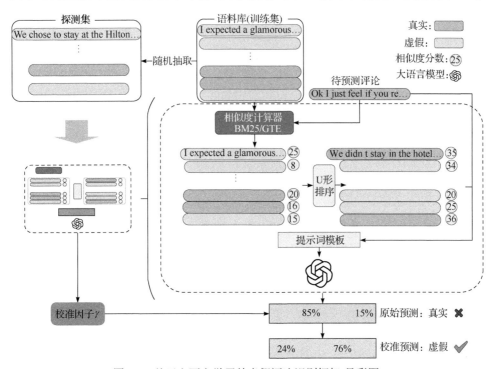

图 5.2　基于上下文学习的虚假评论识别框架(见彩图)

文排序和偏见校准三个模块，其中示例选择模块以文本相似度为评价标准，选择与待预测评论最相关的 k 个示例；随后，排序模块将对模型正确预测有较高价值的示例放在输入上下文的两端，将相对低价值的示例放在上下文的中部，并将待预测评论与示例经过提示词模板拼接后送入大语言模型，得到所有标签的初始预测概率；最后，根据探测集探测到的校准因子对初始预测概率进行偏见校准，选择概率较大的候选标签作为框架的最终预测。下文将详细介绍框架中的各个模块。

5.4.1　基于文本相似度的示例选择模块

由 5.3 节的预实验可知，Qwen-72B 需要至少 50 个示例才能在虚假评论识别任务中获得较高的准确率。上下文学习方法的性能对示例选择敏感，本书在 5.2.1 节中回顾了过去研究中选择上下文学习最佳示例的一些方法，这些方法在少样本的上下文学习中可以具有良好的效果，但往往需要不断迭代优化示例选择，当示例选择需求变为选择最佳的数十个示例时，进行多次采样和评估可能会消耗大量的计算资源和时间。最近有研究[40, 41]表明，与随机选择或是手工构建的示例相比，使用检索示例的方法可以显著提升下游任务的性能，一般来说，给定查询 q_* 和检索语料库 C，示例检索器 DR 选择 k 个示例 $(d_1, \cdots, d_k) \sim C$，其中每个演示 d_i 由评论示例 q_i 与其标签 a_i 组成。LLM 输入序列为 $(d_1, \cdots, d_k, q)$，检索器的目标是选择使正确标签 a_* 概率最大化的示例

$$\mathrm{DR}_{q_*, C} = \mathrm{argmax}_{(d_1, \cdots, d_k) \subseteq C} P(a_* \mid d_1, \cdots, d_k, q) \tag{5-1}$$

与 Koike 等[42]、Yang 等[43]类似，我们推测与查询文本相似度越高的文本价值越高，据此可将检索器的优化目标简化为选择与给定查询文本相似度最高的示例

$$\mathrm{DR}_{q_*, C} = \mathrm{argmax}_{(d_1, \cdots, d_k) \subseteq C} \sum_{i=1}^{k} \mathrm{sim}(q_*, q_i) \tag{5-2}$$

实验使用稀疏检索和稠密检索中的代表性算法对文本相似度进行计算，下面对相关算法和模型进行简要介绍。

5.4.1.1　BM25

BM25(best matching 25)是一种经典的稀疏检索算法，它基于词频-逆文档频率(TF-IDF)模型，考虑了查询词与文档词的匹配度及其在文档中的分布情况。具体而言，BM25 通过以下公式计算文本相似度

$$\text{BM25}(q,d) = \sum_{i=1}^{n} \text{IDF}(q_i) \cdot \frac{f(q_i,d) \cdot (k_1+1)}{f(q_i,d) + k_1 \cdot \left(1 - b + b \cdot \dfrac{|d|}{\text{avgdl}}\right)} \tag{5-3}$$

其中，q_i 表示查询中的第 i 个词，$f(q_i,d)$ 表示词 q_i 在文档 d 中的出现频次，$|d|$ 表示文档 d 的长度，avgdl 表示语料库中文档的平均长度，k_1 和 b 是调节参数，IDF 表示逆文档频率。

BM25 的优势在于能够有效处理长文档和短文档的词频差异，并通过调整参数来适应不同的应用场景。在实验中，我们使用 BM25 计算待预测评论文本与候选评论示例之间的相似度，从而筛选出与待预测评论最相关的示例。

5.4.1.2　GTE 通用文本嵌入模型

与 BM25 等稀疏检索方法不同，稠密检索方法通过将文本嵌入到高维向量空间中，计算文本之间的向量相似度来进行检索，我们使用 GTE 英文通用文本表示模型[44]来获得评论文本的向量表示，GTE 文本表示模型采用 Dual Encoder 框架，查询文档文本通过预训练语言模型编码后，采用[CLS]位置的向量作为最终的文本向量表示，通过计算查询文档文本向量表示之间的余弦距离度量两者之间的相关性

$$\text{sim}(q,d) = \cos\big(\text{GTE}(q), \text{GTE}(d)\big) \tag{5-4}$$

其中，q 表示查询，d 表示文档，GTE 表示模型获取文本向量表示的过程，cos 表示余弦相似度的计算。

5.4.2　示例排序模块

上下文学习性能对示例的顺序敏感，已有众多学者对这一现象进行研究，并提出了一些措施。但之前的方法大多通过遍历所有示例顺序来找到最佳排序策略，如共有 k 个示例，则需要进行 $n = k!$ 次实验，当 $k = 50$ 时，n 将会达到 3.04×10^{64} 次，巨大的计算开销使得这种方法在实际中难以得到应用。因此，对于虚假评论识别任务，我们需要找到一种更简洁的示例排序方法。

Liu 等[45]指出大模型不会对上下文输入的所有位置给予相同的关注度，他们选用多个开源和闭源大模型，设计了一个键值检索任务，实验发现相关的信息位于上下文输入的开头或者结尾时，模型的准确率最高，当相关信息位于中间位置时，模型的回复效果最差。受此启发，本节实验提出了一种 U 形排序策略，即将对模型正确预测有较高价值的示例放在输入上下文的两端，将相对低价值的示例放在上下文的中部。

具体来说，设 $\{d_1, d_2, \cdots, d_k\}$ 为已选择的 k 个示例，根据它们与查询文本的相似度得分 $\text{sim}(q_*, q_i)$ 进行排序。首先，将这些示例按相似度得分从高到低排列，记为 $\{d_{(1)}, d_{(2)}, \cdots, d_{(k)}\}$，其中 $\text{sim}(q_*, q_{(1)}) \geqslant \text{sim}(q_*, q_{(2)}) \geqslant \cdots \geqslant \text{sim}(q_*, q_{(k)})$。

然后，将这些示例按照 U 形排序策略进行重新排列，具体步骤如下：

① 将相似度最高的示例放在输入序列的开头，即 $d_{(1)}$ 放在第一个位置。

② 将相似度次高的示例放在输入序列的结尾，即 $d_{(2)}$ 放在最后一个位置。

③ 依次将剩余示例按相似度递减顺序交替放在开头和结尾，直到所有示例都被排列完毕。设 $S = \{d_{(1)}, d_{(2)}, \cdots, d_{(k)}\}$ 为初始排序后的示例集，新的排序结果 S' 按以下规则生成

$$S' = \{d_{(1)}, d_{(3)}, d_{(5)}, \cdots, d_{(k-1)}, d_{(k)}, d_{(k-2)}, d_{(k-4)}, \cdots, d_{(2)}\} \tag{5-5}$$

这样排列后的示例集 S' 可以更好地发挥上下文学习的性能，使模型对重要示例的关注度最大化，从而提升虚假评论识别任务的准确率。

5.4.3 上下文学习偏见校准模块

尽管已有学者对减少上下文偏见的方法进行了深入研究[14,46,47]，但现有方法主要针对静态上下文进行优化，对于动态的不同示例的上下文偏见校准的研究尚显不足。此外，不平衡分类问题中少数类样本标记数据的稀缺也给校准稳定性带来了挑战。

Batch calibration 方法[47]指出，一个没有偏见的模型在平衡数据集上对所有候选标签的输出概率的期望应是相等的。在其工作的基础上，本节实验针对基于上下文学习的虚假评论识别任务，设计了一种基于探测集的上下文学习偏见校准方法。与 Batch calibration 方法不同的是，本节实验并非仅局限于固定的上下文示例，而是认为在特定示例选择排序模块以及特定示例语料库的条件下，对于变化的上下文示例，模型的偏见是相对稳定的。具体来说，对于确定的查询语料库 C 和示例检索器 DQ 以及排序策略 B，本节实验从语料库 C 中平衡地随机选取 n 个示例作为探测集 $\text{ProbeSet} = \{d_1, d_2, \cdots, d_n\}$。对于探测集中的每一个样本 d_n，示例检索器从剩余的语料库 C^- 中选取 k 个最高价值的示例，再由排序策略 B 确定每个示例的先后顺序，得到新的示例集 S'。本节实验计算给定示例集 S' 条件下大模型在数据点 d_n 上针对特定标签 v 的预测概率

$$p = P_{d_n \sim C}(v \mid S') \tag{5-6}$$

在此基础上，本节实验对所有探测集中的样本 d_n 进行统计，计算在不同标

签 v 下的平均预测概率 $\overline{p_v}$。如果模型没有偏见，那么这些平均概率 $\overline{p_v}$ 应该在所有标签上尽可能接近。为了实现偏见校准，本节实验引入了一个校准因子 γ_v，用于调整特定标签 v 的输出概率，校准后的概率 p_v^{cal} 计算公式如下

$$p_v^{\text{cal}} = p_v \cdot \gamma_v \tag{5-7}$$

其中，校准因子 γ_v 根据探测集上的标签分布及其预测概率进行计算，以确保不同标签的输出概率在平衡数据集上趋于一致。具体而言，校准因子 γ_v 通过以下公式计算

$$\gamma_v = \frac{\frac{1}{|V|}\sum_{v'\in V}\overline{p_{v'}}}{\overline{p_v}} \tag{5-8}$$

其中，$|V|$ 表示标签的类别种类数。

在虚假评论识别任务中，标签为虚假(deceptive，D)和真实(truthful，T)两种，本节实验用这两种标签的相对校准因子 $\gamma_{\text{D-T}}$ 来简化校准过程，相对校准因子数值上等于 γ_{D} 与 γ_{T} 的比值，用公式表示为

$$\gamma_{\text{D-T}} = \frac{\gamma_{\text{D}}}{\gamma_{\text{T}}} \tag{5-9}$$

进一步地，本节实验通过网格搜索的方式确定探测集上的最佳相对校准因子大小，即在固定的范围 $[m,n]$ 内均匀采样 T 个不同的 γ 值进行网格搜索，调整校准量以最大化探测集的评估指标如准确性。最佳相对校准因子表示为

$$\gamma^* = \text{argmax}_{\gamma\in[a,b]}\text{Accuracy}(\gamma_{\text{D-T}}) \tag{5-10}$$

通过以上偏见校准过程，可以有效减少大模型在虚假评论识别任务中因上下文学习引起的偏见，提升模型对少数类样本的识别能力，进而提高整体的识别准确率和稳定性。

5.5　实 验 研 究

5.5.1　实验准备

5.5.1.1　数据集

为验证模型在不同场景下的性能，本节在预实验的基础上增加 YouTube 虚假评论数据集[48]作为补充，YouTube 数据集包括 YouTube 视频平台的不同视频的真实和虚假评论。

　　为了模拟虚假评论识别真实场景下的不平衡数据环境，实验从原始评论数据集的训练集中抽取部分数据来构建不平衡数据集中的训练集，不平衡训练集的正负样本比例为 1：10，测试集与原始数据集保持一致。各数据集的统计数据如表 5.1 所示。

表 5.1　数据集统计数据

标签	OP Spam		标签	OP Spam-UB	
	训练集	测试集		训练集	测试集
真实	640	160	真实	640	160
虚假	640	160	虚假	64	160
标签	YouTube		标签	YouTube-UB	
	训练集	测试集		训练集	测试集
真实	787	218	真实	780	218
虚假	777	174	虚假	78	174

5.5.1.2　基线介绍

　　BERT[49]是由 Google 提出的一种预训练语言模型，旨在改进自然语言处理任务的性能。BERT 通过在大量文本数据上进行预训练，然后在特定任务上进行微调，在许多自然语言处理任务中使效果得到了显著提升。BERT 模型的核心在于双向 Transformer 架构，其能够同时考虑句子中所有单词的左右上下文信息，从而更好地理解和生成自然语言。

　　BERT-GAN[50]是一种结合了生成对抗网络(GAN)和 BERT 模型的创新方法，旨在增强不平衡文本分类任务的效果。该模型通过利用 GAN 生成的数据来补充训练数据，从而在标注数据有限且类别不平衡的情况下，提升分类器的性能。具体而言，生成器(generator)尝试生成逼真的文本数据，而判别器(discriminator)则试图区分真实数据和生成数据。在这个过程中，BERT 模型被集成到判别器中，以利用其强大的自然语言理解能力，在不平衡数据集上实现更好的分类性能。

　　SimCSE[51]是一种通过对比学习方法改进句子嵌入的技术。本节实验使用的是有监督 SimCSE，其核心思想是在句子对比学习中引入有标签的数据，以提升嵌入表示的质量。具体而言，有监督 SimCSE 利用已标注的自然语言推理(natural language inference，NLI)数据集，将每个句子对的相似性信息纳入训练过程中。其中，模型采用 BERT 作为基础编码器，通过对比学习方法来训练句子嵌入。在训练过程中，模型最大化相似句子的嵌入表示之间的相似度，同时最小化不相似句子的嵌入表示之间的相似度。与无监督版本相比，有监督 SimCSE 利用 NLI 数据的标签信息，进一步增强了嵌入的语义一致性和表示能力。

不平衡数据集采样器[52](imbalanced dataset sampler)是一个兼容 PyTorch 框架的数据采样工具，旨在解决数据集中类别不平衡的问题。在许多机器学习应用中，数据集的某些类别可能比其他类别出现得更频繁。为了解决这一问题，该采样器通过对低频类别进行过采样和对高频类别进行欠采样来重新平衡数据分布。其核心思想是通过自动估算采样权重，在不创建新数据集的情况下进行采样，从而减少模型对多数类的偏倚。

5.5.1.3　评价指标

考虑到不平衡分类的特殊性，在预实验的基础上，我们在评价指标中加入宏观精度(macro precision)、宏观查全率(macro recall)、宏观 F1(macro F1)值作为参考。宏观指标能够避免少数类别被多数类别的性能掩盖，从而提供更均衡的模型表现评估。

5.5.2　实验结果及分析

5.5.2.1　主要结果

考虑到实际效果与计算成本的平衡，根据预实验部分的得出的结论，使用 Qwen-72B 模型在 60 个样本上开展了实验。按照示例选择模块中检索器的类型，实验分两组展开，两组实验都使用基于相似度的 U 形曲线进行示例排序，偏见校准模块中的探测集大小设置为 200 个样本，最后选取最佳的校准器类型的结果进行比较，实验结果如表 5.2 所示。

表 5.2　完整数据集上的性能比较

模型	OP Spam				YouTube			
	准确率/%	精确率/%	召回率/%	F1/%	准确率/%	精确率/%	召回率/%	F1/%
BERT	87.50	87.56	87.50	87.50	95.66	95.52	95.75	95.62
BERT-GAN	84.38	84.42	84.38	84.37	95.66	95.55	95.69	95.62
SimCSE	86.56	87.20	86.56	86.50	95.66	96.74	95.69	95.62
ICL-SRC(GTE)	89.06	89.06	89.06	89.06	97.06	97.30	97.17	97.19

可以看到 ICL-SRC 在两个数据集的所有评估指标中均表现最佳。在 OP Spam 数据集上达到了 89.06%的准确率，超过了基线模型中表现最好的 BERT 模型 1.56 个百分点；同时在 YouTube 数据集上的准确率达到了 97.06%，对比其他基线模型具有 1.4%的性能优势。

　　在不平衡数据集上的性能比较中，本节实验在基线模型中进一步加入数据采样器来增强模型在处理不平衡数据集时的性能。实验结果如表 5.3 所示。实验结果显示，基线模型中 BERT 的性能最差，在 OP Spam 数据集上的准确率从 87.5%下降到了 76.88%，在 YouTube 数据集上的准确率从 95.66%下降到了 91.07%。相比之下，SimCSE 和 BERT-GAN 在不平衡数据上的表现相对较好，在 OP Spam 数据集中分别达到了 82.19%和 83.15%的准确率，在 YouTube 数据集中对比 BERT 也有一定的性能优势，这说明生成对抗网络和对比学习的方法可以在一定程度上减少不平衡数据的影响。同时，不平衡数据采样器的加入使大部分的基线模型的性能得到了一定的提升，在两个数据集上 SimCSE 的准确率分别提升了 2.81%和 3.19%，性能改进最为明显。与基线模型相比，ICL-SRC 框架在所有评估指标上表现出色：在 OP Spam-UB 数据集上，其准确率为 85.31%，相比于其他模型都具有一定的优势；而在 YouTube-UB 数据集上，ICL-SRC 的准确率同样最高，达到了 95.66%。这说明 ICL-SRC 框架相较于传统的不平衡数据处理方法存在一定的性能优势。

表 5.3　不平衡数据集上的性能比较

模型	OP Spam-UB				YouTube-UB			
	准确率/%	精确率/%	召回率/%	F1/%	准确率/%	精确率/%	召回率/%	F1/%
BERT	76.88	77.99	76.88	76.64	91.07	91.32	91.80	91.06
BERT-GAN	83.75	83.77	83.75	83.75	92.35	92.16	92.54	92.29
SimCSE	82.19	82.99	82.19	82.08	91.33	91.54	92.03	91.31
BERT*	80.63	81.48	79.61	79.97	92.86	93.29	93.00	92.85
BERT-GAN*	80.63	81.25	80.12	80.29	93.11	93.78	93.02	93.07
SimCSE*	85.00	86.35	84.82	84.81	94.64	94.73	94.65	94.64
ICL-SRC(GTE)	85.31	86.20	85.31	85.22	95.66	95.49	95.93	95.63

注：*表示该模型使用不平衡数据采样器。

　　综合来看，在虚假评论识别任务中，无论是平衡数据集还是不平衡数据集，ICL-SRC 框架在所有评估指标上的表现都优于其他基线模型。这表明，ICL-SRC 框架在处理不同类型和分布的虚假评论数据时，均具有较强的泛化能力和鲁棒性，而且相比传统的权重更新模型来说无需训练过程，能够迅速地适应内容不断变化的虚假评论场景。

5.5.2.2　示例选择模块效果分析

　　为了验证基于文本相似度的示例选择模块在上下文学习中的有效性，在 OP

Spam 数据集中使用不同设置进行了多组实验，表 5.4 记录了固定 $k=60$ 的示例条件下，不同示例选择策略的虚假评论识别准确率。

表 5.4　不同示例选择策略的性能比较

示例选择策略	实验一	实验二	实验三	平均值
BM25-Top	84.69%	86.88%	86.25%	85.94%
BM25-Bottom	67.81%	65.31%	63.12%	65.41%
GTE-Top	87.50%	86.56%	88.12%	87.39%
GTE-Bottom	60.00%	58.44%	57.81%	58.75%
Random	84.06%	81.87%	81.56%	82.50%

其中，Top 表示选择最相关的样本，Bottom 表示选择最不相关的样本，如 BM25-Bottom 指使用 BM25 算法选择最不相关的 k 个样本，BM25-Top 指使用 BM25 算法选择最相关的 k 个样本；Random 表示随机选择 k 个样本。对于每一种示例选择策略选择出的样本进行 3 次随机排序和实验，以消除特定排列造成的性能异常。

从实验结果可以看出，选择最相关样本的策略的平均准确率大幅超过选择不相关样本的平均准确率，GTE 算法的性能差距达到了 28.64%，BM25 算法的性能差距也达到了 20.53%，同时也显著超过了随机选择样本的策略。此外，可以看到在示例样本完全相同的情况下，随机排序也给模型性能造成了一定幅度的波动。

该实验结果可以证明以下两点：首先，与查询文本相似度越高的示例，对于提升准确率的价值越大。这证明了我们在 5.4.1 节中的推测，将检索器的优化目标简化为选择与给定查询文本相似度最高的示例是一种合理且有效的方法。其次，在虚假评论识别任务中，上下文学习对示例位置分布同样具有敏感性，示例的不同排序会造成模型性能的不稳定，这凸显了框架中上下文排序模块的必要性。

5.5.2.3　示例排序模块效果分析

为验证示例排序模块的有效性，使用不同的排序策略在 OP Spam 数据集上进行了多组实验，实验结果如表 5.5 所示。

表 5.5　不同示例排序策略性能比较

示例选择策略	排序策略	准确率/%
BM25-Top	U 形曲线	88.12
	随机	85.94

续表

示例选择策略	排序策略	准确率/%
BM25-Top	递减	85.31
	递增	87.50
GTE-Top	U 形曲线	87.50
	随机	87.39
	递减	86.56
	递增	86.25

其中，U 形曲线表示 5.4.2 节中提出的示例排序策略，即将相似度最高的示例放在输入上下文的两端，将相对低相似度的示例放在上下文的中部；递减表示按相似度递减排序；递增表示按相似度递增排序；随机为随机排序 3 次实验结果的平均值，遵循 5.5.2.2 节的实验结果。

实验结果显示，相比于其他排序策略的最佳准确率，基于 BM25 和 GTE 的选择方法的模型性能分别提升了 0.62% 和 0.11%。这证明我们提出的 U 形曲线示例排序策略相较于其他排序策略具有一定的性能优势，减小了因随机示例排序造成的性能波动，增强了模型的稳定性。

5.5.2.4　偏见校准模块分析

为验证偏见校准模块的有效性，在示例选择模块和示例排序模块的基础上，本节实验使用 3 种偏见校准因子在 4 个不平衡数据集中对模型的原始输出概率进行了校准，并对其性能效果进行了验证和对比。不同校准因子在各数据集上的准确率如表 5.6 所示，相较于未校准状态，使用不同校准因子所产生的性能改进比率如图 5.3 所示。其中，完整数据集的探测集大小为 200 个，对于不平衡数据集，探测集大小均为训练集少数类数量×2，不平衡数据集 OP Spam-UB 的探测集大小为 128 个，YouTube-UB 的探测集大小为 156 个。

表 5.6　不同校准因子性能比较

数据集	模型	校准方式	准确率/%
OP Spam	BM25	探测最佳校准因子	88.12
		探测校准因子	88.44
		全局最佳校准因子	89.69

续表

数据集	模型	校准方式	准确率/%
OP Spam	GTE	探测最佳校准因子	89.06
		探测校准因子	88.44
		全局最佳校准因子	89.38
OP Spam_UB	BM25	探测最佳校准因子	81.56
		探测校准因子	83.44
		全局最佳校准因子	84.06
	GTE	探测最佳校准因子	85.31
		探测校准因子	83.75
		全局最佳校准因子	85.31
YouTube	BM25	探测最佳校准因子	96.17
		探测校准因子	96.17
		全局最佳校准因子	96.68
	GTE	探测最佳校准因子	97.19
		探测校准因子	97.19
		全局最佳校准因子	97.45
YouTube_UB	BM25	探测最佳校准因子	94.39
		探测校准因子	93.11
		全局最佳校准因子	95.15
	GTE	探测最佳校准因子	95.66
		探测校准因子	92.09
		全局最佳校准因子	96.43

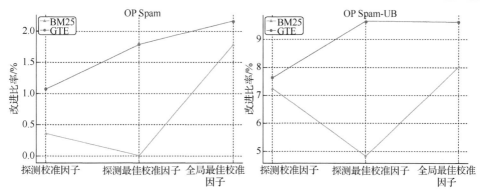

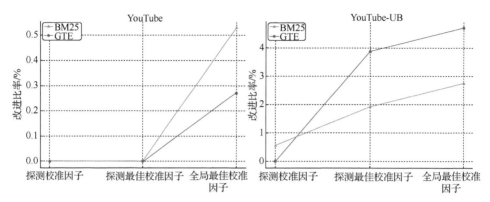

图 5.3　不同类型校准因子性能改进比较

探测校准因子表示在探测集中使用式(5-9)计算得出的校准因子，探测最佳校准因子是在探测集中由网格搜索得到的，其在探测集上的表现最佳。全局最佳校准因子为使用训练集标签网格搜索得到的最佳校准因子，其在测试集上的表现最佳，表示理想状况下的校准目标。

通过分析校准前后的性能及改进比率可知：首先，在所有数据集中，校准因子都没有劣化结果，改进率大于等于 0，证明了偏见校准模块的有效性；其次，相比于平衡数据集，偏见校准模块在不平衡数据集上的校准改进比率明显更高，原因是数据不平衡加剧了模型的偏见，而本节实验设计的偏见校准模块通过校准因子恰好弥补了这一点；此外，对比探测校准因子和探测最佳校准因子，探测校准因子的改进比率相对稳定但整体偏低，而通过网格搜索得到的最佳校准因子改进比率在多数情况下性能较高但稳定度较低，存在低于探测校准因子的情况(OP Spam(BM25)、OP Spam(GTE))。

在数据极度不平衡的情况下，可用的少数类标记样本数量可能会进一步减小，从而导致无法抽取足量的探测集，进一步使得校准因子的测量不够准确和模型性能下降。为探究极限情况下探测集样本数量对校准性能的影响，我们进一步设计了相关实验，分别在不同的探测集样本个数条件下，探究两种不同探测校准因子的性能表现。

由图 5.4 可知，除 OP Spam_UB 外，在探测集样本数大于 80 个时，探测最佳校准因子的性能优于探测校准因子，达到了最佳的性能。但在探测集样本个数变动时，探测最佳校准因子的性能容易产生剧烈的波动，在一些情况下的性能弱于探测校准因子。

该实验进一步验证了：探测校准因子的方法较为保守，对于性能具有比较稳定的改进；而网格搜索法较为激进，在数据充足时具有较好的效果，但在数据不足时有可能陷入探测集的"局部最优"。这个发现说明，在探测集数据量不足时，

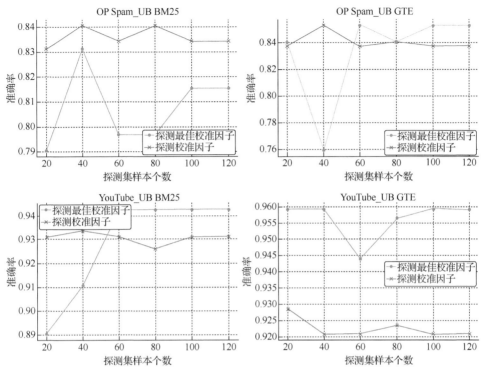

图 5.4　探测集样本数量对性能的影响

探测校准因子可能是一个更好的选择，而探测集数据量充足时，选择探测最佳校准因子更可能会达到预测性能上的最优。

5.6　小　　结

　　为应对虚假评论问题中普遍存在的不平衡数据问题，本章构建了一个基于上下文学习的不平衡虚假评论识别框架。针对大语言模型上下文的示例敏感特性，设计并实现了一种基于相似度的示例检索与排序模块；面对不平衡数据带来的预测偏见，提出并验证了一种基于统计的偏见校准方法。理论层面上，实验首先将上下文学习方法运用到了虚假评论任务，该方法无须训练且容易使用。其次，实验提出了一种鲁棒性的上下文学习示例检索与排序方法，能够选择最有助于上下文学习的样本，并通过将示例按重要程度合理排布，进一步地改善了上下文学习示例敏感造成的性能波动。此外，实验设计的基于统计的偏见校准方法有效地改善了上下文学习中样本不平衡造成的预测偏见问题，使模型性能超过了处理不平衡数据中通常使用到的经典模型与算法。实践层面上，面对虚假评论数据量少、标注困难的问题，实验引入的上下文学习方法在低样本情况下仍然可以做出相对可靠的预测，解决了传统虚假评论识别模型数据饥渴的问题。其次，电商平台上多样的话题和不断变化的内容也给虚假评论识别模型的泛化性能带来了挑战，大语言模型在预训练阶段获得的通用语言建模能力可以在一定程度上解决模型泛化性能的问题，实验的框架可以迅速迁移到任意场景中的虚假评论识别任务中并取得具有竞争力的结果。

同时，实验存在若干局限性：该框架依赖于 700 亿参数的大模型，模型推理的成本较高；示例选择模块仅使用了现有算法，没有进一步针对虚假评论任务构建针对性算法。如何将上下文学习能力迁移到较小参数量的大语言模型以及对示例选择模块的检索算法进一步优化，是我们未来的研究方向。

参 考 文 献

[1] Luca M, Zervas G. Fake it till you make it: reputation, competition, and Yelp review fraud. Management Science, 2016, 62(12): 3412-3427.

[2] Uberall, The State of Online Review Fraud: An Analysis of 4 Million Reviews on Google, Facebook, Yelp and Tripadvisor . https://join.momentfeed.com/hubfs/2021%20Fake%20Reviews/ Fake_ReviewsReport.pdf, 2021.

[3] Brown T, Mann B, Ryder N, et al. Language models are few-shot learners. Advances in Neural Information Processing Systems, 2020, 33: 1877-1901.

[4] Holtzman A, West P, Shwartz V, et al. Surface form Competition: Why the Highest Probability Answer Isn't Always Right. https://arxiv.org/abs/2104. 08315, 2021.

[5] Liu J, Shen D, Zhang Y, et al. What Makes Good In-Context Examples for GPT-3?. https:// arxiv.org/abs/2101.06804, 2021.

[6] Agarwal R, Singh A, Zhang L M, et al. Many-Shot In-Context Learning. https://arxiv.org/abs/ 2404.11018, 2024.

[7] Jiang Y, Irvin J, Wang J H, et al. Many-Shot In-Context Learning in Multimodal Foundation Models. https://arxiv.org/abs/2405.09798, 2024.

[8] Song M, Zheng M, Luo X. Can Many-Shot In-Context Learning Help Long-Context LLM Judges? See More, Judge Better!. https://arxiv.org/abs/2406.11629, 2024.

[9] Su Y, Tai Y, Ji Y, et al. Demonstration Augmentation for Zero-Shot In-Context Learning. https://arxiv.org/abs/2406.01224, 2024.

[10] Peng K, Ding L, Yuan Y, et al. Revisiting Demonstration Selection Strategies in In-Context Learning. https://arxiv.org/abs/2401.12087, 2024.

[11] Yang Z, Dai D, Wang P, et al. Not All Demonstration Examples are Equally Beneficial: Reweighting Demonstration Examples for In-Context Learning. https://arxiv.org/abs/2310.08309, 2023.

[12] Xu S, Zhang C. Misconfidence-Based Demonstration Selection for LLM In-Context Learning.

https://arxiv.org/abs/2401.06301, 2024.

[13] Mavromatis C, Srinivasan B, Shen Z, et al. Which Examples to Annotate for In-Context Learning? Towards Effective and Efficient Selection. https://arxiv.org/abs/2310.20046, 2023.

[14] Lu Y, Bartolo M, Moore A, et al. Fantastically Ordered Prompts and Where to Find Them: Overcoming Few-Shot Prompt Order Sensitivity. https://arxiv.org/abs/2104.08786, 2021.

[15] Zhao Z, Wallace E, Feng S, et al. Calibrate before use: improving few-shot performance of language models//International Conference on Machine Learning, 2021.

[16] Xie S M, Raghunathan A, Liang P, et al. An Explanation of In-Context Learning as Implicit Bayesian Inference. https://arxiv.org/abs/2111.02080, 2021.

[17] Zhang Y, Zhou K, Liu Z. What makes good examples for visual in-context learning?// Advances in Neural Information Processing Systems, Vancouver, 2024.

[18] Wu Z, Wang Y, Ye J, et al. Self-Adaptive In-Context Learning: An Information Compression Perspective for In-Context Example Selection and Ordering. https://arxiv.org/abs/2212.10375, 2022.

[19] Bagui S, Li K. Resampling imbalanced data for network intrusion detection datasets. Journal of Big Data, 2021, 8(1): 6.

[20] Mouratidis D, Nikiforos M, Kermanidis K. Deep learning for fake news detection in a pairwise textual input schema. Computation, 2021, 9(2): 20.

[21] Sastrawan I, Bayupati I, Arsa D. Detection of fake news using deep learning CNN-RNN based methods. ICT Express, 2022, 8(3): 396-408.

[22] Jindal S, Sood R, Singh R, et al. Newsbag: a multimodal benchmark dataset for fake news detection//CEUR Workshop, 2020.

[23] Thota A, Tilak P, Ahluwalia S, et al. Fake news detection: a deep learning approach. SMU Data Science Review, 2018, 1(3): 10.

[24] Torabi A F, Taboada M. Big data and quality data for fake news and misinformation detection. Big Data & Society, 2019, 6(1): 2053951719843310.

[25] Keya A J, Wadud M A H, Mridha M F, et al. AugFake-BERT: handling imbalance through augmentation of fake news using BERT to enhance the performance of fake news classification. Applied Sciences, 2022, 12(17): 8398.

[26] 李艳霞, 柴毅, 胡友强, 等. 不平衡数据分类方法综述. 控制与决策, 2019, 34(4): 673-688.

[27] Kaur H, Pannu H, Malhi A. A systematic review on imbalanced data challenges in machine learning: applications and solutions. ACM Computing Surveys (CSUR), 2019, 52(4): 1-36.

[28] Hossain M, Awosaf Z, Prottoy M, et al. Approaches for improving the performance of fake news detection in bangla: imbalance handling and model stacking//Proceedings of International Conference on 4th Industrial Revolution and Beyond 2021, Singapore, 2022.

[29] Kang M, Seo J, Park C, et al. Utilization strategy of user engagements in korean fake news detection. IEEE Access, 2022, 10: 79516-79525.

[30] Raza S, Ding C. Fake news detection based on news content and social contexts: a transformer-based approach. International Journal of Data Science and Analytics, 2022, 13(4): 335-362.

[31] Bonet-Jover A, Piad-Morffis A, Saquete E, et al. Exploiting discourse structure of traditional

digital media to enhance automatic fake news detection. Expert Systems with Applications, 2021, 169: 114340.

[32] Das S D, Basak A, Dutta S. A heuristic-driven uncertainty based ensemble framework for fake news detection in tweets and news articles. Neurocomputing, 2022, 491: 607-620.

[33] 刘美玲, 尚玥, 赵铁军, 等. 基于代价敏感学习的不平衡虚假评论处理模型. 数据分析与知识发现, 2023, 7(6): 113-122.

[34] Cheng L, Guo R, Candan K, et al. Representation learning for imbalanced cross-domain classification//Proceedings of the 2020 SIAM International Conference on Data Mining. Society for Industrial and Applied Mathematics, Cincinnati, 2020.

[35] Hamed S, Ab A, Yaakub M. Fake news detection model on social media by leveraging sentiment analysis of news content and emotion analysis of users' comments. Sensors, 2023, 23(4): 1748.

[36] Alonso M, Vilares D, Gómez-Rodríguez C, et al. Sentiment analysis for fake news detection. Electronics, 2021, 10(11): 1348.

[37] Lai J, Yang X, Luo W, et al. RumorLLM: a rumor large language model-based fake-news-detection data-augmentation approach. Applied Sciences, 2024, 14(8): 3532.

[38] Ott M, Cardie C, Hancock J T. Negative deceptive opinion spam//Proceedings of the 2013 Conference of the North American Chapter of the Association for Computational Linguistics: Human Language Technologies. Atlanta, 2013.

[39] Yang A, Yang B, Hui B, et al. Qwen2 Technical Report. https://arxiv.org/abs/2407.10671, 2024.

[40] Ye J, Wu Z, Feng J, et al. Compositional exemplars for in-context learning//International Conference on Machine Learning, Hawaii, 2023.

[41] Luo M, Xu X, Dai Z, et al. Dr. ICL: Demonstration-Retrieved In-Context Learning. https://arxiv.org/abs/2305. 14128, 2023.

[42] Koike R, Kaneko M, Okazaki N. Outfox: LLM-generated essay detection through in-context learning with adversarially generated examples//Proceedings of the AAAI Conference on Artificial Intelligence, Vancouver, 2024.

[43] Yang L, Wang Z, Li Z, et al. An empirical study of multimodal entity-based sentiment analysis with ChatGPT: improving in-context learning via entity-aware contrastive learning. Information Processing & Management, 2024, 61(4): 103724.

[44] Li Z, Zhang X, Zhang Y, et al. Towards General Text Embeddings with Multi-Stage Contrastive Learning. https://arxiv.org/abs/2308. 03281, 2023.

[45] Liu N, Lin K, Hewitt J, et al. Lost in the middle: how language models use long contexts. Transactions of the Association for Computational Linguistics, 2024, 12: 157-173.

[46] Lu Y, Bartolo M, Moore A, et al. Fantastically Ordered Prompts and Where to Find Them: Overcoming Few-shot Prompt Order Sensitivity. https://arxiv.org/abs/2104. 08786, 2021.

[47] Zhou H, Wan X, Proleev L, et al. Batch Calibration: Rethinking Calibration for In-Context Learning and Prompt Engineering. https://arxiv.org/abs/2309. 17249, 2023.

[48] Alberto T, Lochter J, Almeida T. Tubespam: comment spam filtering on YouTube// 2015 IEEE 14th International Conference on Machine Learning and Applications, New York, 2015.

[49] Devlin J, Chang M W, Lee K, et al. BERT: Pre-Training of Deep Bidirectional Transformers for

Language Understanding. https://arxiv.org/abs/1810.04805, 2018.

[50] farbodtaymouri. BERT-GAN: First Release (v1.0.0).https://github.com/farbodtaymouri/BERT-GAN, 2022.

[51] Gao T, Yao X, Chen D. SimCSE: Simple Contrastive Learning of Sentence Embeddings. https://arxiv.org/abs/2104. 08821, 2021.

[52] ufoym.Imbalanced Dataset Sampler.https://github.com/ufoym/imbalanced-dataset-sampler, 2022.

第6章　融合用户与 AI 生成内容的虚假评论意图的多模态识别预测框架

虚假评论大量充斥互联网，对消费者与商家产生了严重的负面影响。尤其是在大语言模型应用于评论生成领域之后，这一问题变得更为复杂。目前的研究大多采用二分类方法来判别评论的真实性，但这种方法往往忽略了评论中的多模态特征和细粒度意图。为了解并解决这一问题，本章提出了一种新型的虚假评论意图识别任务：基于评论上下文的虚假评论识别。该任务基于多模态评论上下文数据，同时包括人工和 AI 生成的虚假评论。本章设计了一个包含文本特征表示、图像特征表示和特征融合的预测框架。这一框架的三个模块相互独立且互补，能有效地解决虚假评论意图的识别问题。对于该任务，此框架实现了 97.29 的微观 F1 值和 95.26 的宏观 F1 值，显示出卓越的性能。本章不仅弥补了中文虚假评论研究领域中关于多模态和细粒度数据集的不足，而且为虚假评论意图的准确测量和应对提供了有效的方法。

6.1　问题的提出

随着在线评论数量的剧增，虚假评论的问题也逐渐显现，对消费者和商家造成了不可忽视的危害。近年来，以 ChatGPT 为代表的大语言模型凭借其优秀的自然语言生成能力，进一步降低了构建大规模、高迷惑性虚假评论的门槛，这使维护在线评论环境的任务更加艰巨复杂。这些虚假信息的存在，不仅破坏了市场的公平竞争环境，还降低了消费者对平台的信任度，威胁到平台的健康发展和长期可持续性。

面临着虚假评论带来的日益增长的危害和大语言模型在生成虚假评论方面的潜在影响，工业界和学术界都开展了广泛的研究。如何利用技术手段对虚假评论进行检测识别已经成为目前亟须解决的问题。本书认为，电商及内容平台的评论区作为虚假评论聚集的主要网络空间，涵盖了视频、图像以及文本等多种模态的丰富内容。然而，传统的虚假评论识别研究多聚焦于单一的评论文本，忽视了与评论主题相关的上下文元素，这可能导致模型难以全面理解虚假评论的语义与语境信息。其次，虚假评论意图多样，每种意图可能需要不同的监管措施和应对策略。然而，大多数现有研究将虚假评论识别视为一个简单的二分类任务——将评论内容分类为"虚假"或"真实"，未能深入探讨虚假评论背后的细粒度意图，难以为虚假评论的后续监管和应对提供更多价值。再次，当前的虚假评论识别研究尚未充分探讨对人工智能生成虚假评论的识别问题，鉴于大语言模型在虚假评论生成中的潜在危害，这一方向的研究变得尤为重要。

因此，针对以上研究局限，本章提出了基于多模态信息的包含人工与 AI 生成评论的虚假评论意图识别任务，在检测评论内容真实与否的基础上，进一步识别虚假评论内容背后的评论动机，本章将这项新任务命名为"基于评论上下文的虚假评论识别(fake review intention detection in review context，FRIDRC)"。图 6.1 展示了此新任务与传统的虚假评论识别任务之间的区别。要实现这一目标，就必须探索虚假评论背后的主要意图。

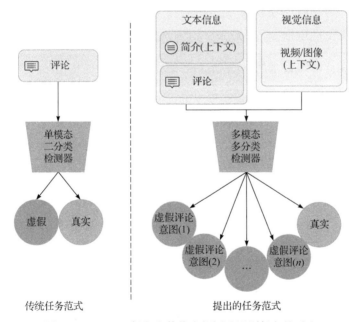

图 6.1　FRIDRC 任务和传统虚假评论识别任务的对比

此外，为了便于对虚假评论进行情境感知识别，当务之急是开发一个包含虚假评论背后各种意图以及相关评论情境特征的数据集。目前的文献还缺乏这样一个全面的数据集。因此，本章提出以下初步研究问题：

RQ 1.1: 虚假评论背后的主要意图是什么？

RQ 1.2: 如何构建一个能反映这些意图和相关评论上下文的数据集？

在数据集准备完毕后，制定针对此任务的合适预测方法变得至关重要。通常情况下，在线评论为文本形式，而评论上下文可能包含多种模态，例如电商平台上产品列表中的文本描述和视觉插图。考虑到手头的任务本质上与多模态分类挑战一致[1,2]。本章将研究扩展到为 FRIDRC 任务量身定制的多模态深度学习方法的制定，以及评估其效果。由此，本章提出了后续的研究问题：

RQ 2.1：如何为所提出的任务设计一个多模态深度学习方法？

RQ 2.2：多模态深度学习在 FRIDRC 任务上的表现如何，以及上下文特征在此领域中的重要性是什么？

6.2　研究现状

本章旨在探索多模态大规模预训练方法在包含人工智能生成内容的虚假评论意图识别中的应用，因此，本节将系统地回顾相关领域的重要研究成果，并评述它们对本章研究的启发和意义。具体而言，本章将关注两个主要领域：基于深度学习技术的 AIGC 识别检测，以及针对网络虚假信息的多模态识别技术。

6.2.1　基于深度学习技术的 AI 生成内容识别

随着 ChatGPT 等大语言模型技术的发展，AI 生成文本的质量飞速提升。在特定领域中，即使专家也很难区分自然语言和 AI 生成语言，因此，如何检测 AI 生成文本成为新的研究热点。王一博等[3]以图书馆学领域的 100 篇高被引论文为例，就 AI 生成与学者撰写的论文摘要进行了检测方法研究和文本内容特征的差异性比较，其搭建的分类器能有效识别论文摘要是否由 AI 生成，F1 值超过 0.9。Gao 等[4]通过 "GPT-2 输出检测器" 和盲审人员对 ChatGPT 生成的摘要和专家撰写的摘要进行了质量和可信度的比较，发现 ChatGPT 生成的摘要尽管语句通顺，但内容含糊，非常公式化。Corizzo 等[5]设计并使用的两个数据集由 L2 级语言水平的大学生用英语和西班牙语撰写的文章组成，不仅证明了在模型训练过程中不利用正标注数据的情况下，使用单类学习方法对人类与人工智能生成的文章进行分类的可行性，也揭示了不同的单类学习方法在不同的数据特征下具有不同的鲁棒性。

此外，研究也扩展到了更多日常生活场景。例如，Khivasara 等[6]将 LSTM 模型和 OpenAI 开发的 AI 生成文本分类器 GPT-2 进行组合，为用户展示新闻是由 AI 生成还是由个人撰写的概率。Lee 等[7]使用自然语言处理和统计分析识别了手机应用程序 AI 生成评论的特征，并进行五种机器学习模型的训练，最终生成了 F1 值在 0.73 左右的 AI 生成评论检测模型。Guo 等[8]收集了数万个人类专家和 ChatGPT 的对比回答，所构成的 HC3 数据集涵盖开放域、金融、医疗、法律和心理学等领域，其针对不同的检测场景开发了三个检测模型，并进一步探索了影响其有效性的几个关键因素，同时在不同场景下进行了评估。

这些研究不仅为 AI 生成内容的识别提供了多种有效方法，还为本章在虚假评论意图识别中整合 AI 生成内容的识别提供了重要的理论和实践基础。但目前针对中文文本特别是虚假评论领域的 AIGC 识别研究相对较少。本章致力于弥补现有研究不足，为更加有效地识别中文环境下的虚假评论提供理论支持和实践方案。

6.2.2　基于多模态深度学习的网络虚假信息识别技术

当前，学术界对网络信息的多模态识别研究主要集中在虚假信息的文本、图像和视频识别上。这一领域的研究进展对于本章具有重要参考价值，尤其是在多模态融合技术的应用上。多模态融合方法大致可分为两类：模型无关的融合方法和基于模型的融合方法。

目前，基于模型的融合方法成为主流，相关研究大多集中在多模态虚假新闻检测领域。Meel 等[9]通过层次注意网络(hierarchical attention network，HAN)、图像标题和取证分析的融合，实现了高达 95.9%的假新闻识别准确率，这突显了多模态融合在提升假新闻检测准确性上的潜力。类似地，Kumari 等[10]基于微博和 Twitter 公开数据集，通过最大化数据集中文本信息和图像信息之间的相关性，获得有效的多模态共享表示来检测假新闻，该模型 F1 值达到 0.83。Palani 等[11]基于 Politifact 和 Gossipcop 数据集，提出一种融合 BERT 和胶囊神经网络(capsule neural network，CapsNet)模型的系统来判断新闻真假，分类准确率分别为 93%和 92%。Singh 等[12]针对微博和 Twitter 数据集，通过结合 NasNet Mobile、BERT 和 ELECTRA(efficiently learning an encoder that classifies token replacements accurately)等模型形成多模态堆叠集合的检测框架，在对二分类新闻真假判别任务上达到了 85.8%的准确率。Hua 等[13]提出了一种具有对比学习框架的基于 BERT 的 TTEC (back-translation text and entire-image multimodal model with contrastive learning)多模态模型，对假新闻的检测的 F1 值达到 0.805。Khattar 等[14]基于微博和 Twitter 这两个标准假新闻数据集，提出一种端到端网络——多模态变异自动编码器 (multimodal variational autoencoder，MVAE)来完成假新闻检测任务，该模型在两个数据集上的表现平均优于当时最先进的方法，F1 值高出约 6%。Choi 等[15]在 FVC、VAVD、MYVC 等数据集的基础上，利用领域知识和多模态数据融合成功有效检测假新闻视频，这种方法在所有测试数据集上的 F1 值达到了 0.93，高于其他对比模型。

此外，部分学者将多模态深度学习应用到了评论以及社交媒体文本检测领域。Li 等[16]从淘宝平台收集真实数据集，就虚假评论检测任务提出了一种基于共同关注机制的新型多模态虚假评论检测模型，该模型准确率达到 0.842，明显高于单模态的基线模型。施运梅等[17]提出一种基于卷积神经网络及 BERT 预训练模型的检测虚假融合图像信息与文本语义的检测方法，在自建的多模态中文虚假评论数据集上，对虚假评论的检测准确率达到 0.963。张少钦等[18]在微博和 Twitter 数据集的基础上，提出了一个基于深度学习的端到端的多模态融合网络来提取特征，将这些特征进行基于注意力机制的拼接用于社交网络多模态谣言检测，在两个数据集上的 F1 值分别达到 0.816 和 0.81；Agrawal 等[19]提出了一种融合成对排名方法和分类系统的方法，能够有效地检测包含多模态的错误信息，获得了高达 83.5%的召回率。Peng 等[20]基于中国最大的假新闻短视频数据集 FakeSV，提出一种名为 SV-FEND 的新多模态检测模型，该模型利用跨模态相关性来选择信息最丰富的特征，并利用社交上下文信息来帮助检测虚假信息，最终准确率达到 80%。

综上所述，多模态深度学习在网络虚假信息识别技术中的应用表现出巨大的潜力。这些研究成果不仅证实了多模态融合方法在识别虚假信息中的有效性，而且为本章在虚假评论意图识别中整合多种模态的信息提供了理论依据和实践指导。目前，针对中文多模态虚假评论领域的研究仍然较少，且鲜有研究涉及虚假评论背后的意图动机。本章在前人研究的基础上，设计了集成多种先进文本、图像编码器以及多元特征融合策略的虚假评论意图识别框架。该框架能充分地从多模态评论数据中表征、提取并融合虚假评论意图特征，实现高性能的虚假评论意图识别，进一步拓展了网络虚假信息识别的研究视角与解决方案。

6.3　虚假评论数据集及意图识别的多模态框架构建

6.3.1　虚假评论数据集构建

目前有许多数据集可用于虚假评论识别，包括 Yelp CHI[21]、Yelp NYC[22]、Chicago Hotels[23]和 Epperly[24]。然而，这些数据集缺乏有关虚假评论背后的不同意图和多模态评论上下文语境的数据，无法满足本章研究的需求。因此，有必要构造一个根据本章提出的"基于评论上下文的虚假评论识别"任务的特定要求定制的新数据集。

构建虚假评论识别的数据集通常需要收集大量在线评论，并使用人工或机器标注的方式来确定这些评论的真实性。这种方法的一个显著限制是虚假评论的稀缺性，例如，只有 4.37%的 Yelp 评论是虚假评论[25]。虚假评论的稀缺性使得难以获得足够数量的代表特定意图的虚假评论。

为了克服这一挑战，本章采取了一种生成评论的策略来建立一个侧重于虚假评论意图的数据集。首先，收集高质量的在线评论作为负样本。然后，调研有关虚假评论意图的大量文献，确定了虚假评论背后最普遍的意图。随后，招募了一批数据标注员，他们的任务是模仿真实评论的风格制作虚假评论，以反映这些已识别的意图。最后，为了进一步扩充本章的数据集，利用先进的大语言模型来生成类似人类风格的虚假评论。

6.3.1.1　虚假评论的意图

通过文献梳理，本章确定了金钱激励是评论操纵的主要动机[26-28]。首先，Anderson 和 Magruder[29]以及 Chevalier 和 Mayzlin[30]发现，积极的评论显著提高了商家的销售额，促使一些商家为了经济利益而寻求虚假的正面评论。此外，商业竞争也是另一个关键因素，一些商家制造负面评论以打压竞争对手并损害其声誉[31,32]。研究表明，仅 50 条虚构的评论就能显著提高企业的可见性，而负面评论对不太知名的品牌的销售有严重影响[33]。本章将这些意图归类为"激励性夸大"(incentivized exaggeration，IE)和"竞争性贬低"(competitive denigration，CD)。

另一种常见的虚假评论形式包括作为广告使用或包含无关内容的评论[34-39]。这些评论通常缺乏对产品质量或有用性的详细讨论，而是使用模糊、通用或无关的语言。本章将这些评论归类为两种类型：一种是"吸引流量"(traffic attraction，TA)，利用在线评论将读者引向其他产品或服务，如在线评论中的软文[40]；另一种是"无关评论"(irrelevant commentary，IC)，涵盖完全无关的信息被推送的情况，或者从其他产品复制的评论[38,39]。关于每种虚假评论意图的详细信息列在表 6.1 中。

表 6.1　虚假评论意图

意图	说明
IE	商家通过奖励诱导评论者过度赞美产品或服务，以吸引更多消费者
CD	竞争对手邀请评论者故意贬低竞争产品的质量，以削弱它们的市场吸引力
TA	评论者引入不相关的话题来转移注意力或将兴趣转移到相关的产品或服务上，例如在汽车评论中将汽车保险联系起来
IC	评论内容与评论主题毫无关联，往往是为了某种目的而发布在无关评论区

6.3.1.2　数据集构建

数据集的构建流程如图 6.2 所示，首先在网络电商平台中合法地收集已有的在线评论，接着由数据标注员根据已有的评论及其上下文撰写一部分虚假评论，这些评论旨在反映虚假评论各种潜在的意图，然后利用生成式人工智能来增加虚假评论样本的数量，最终形成一个样本充足的虚假评论意图识别数据集。

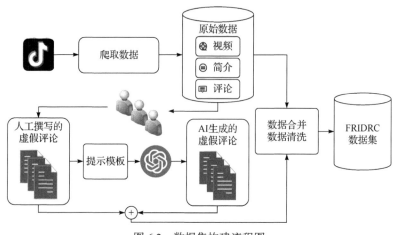

图 6.2　数据集构建流程图

6.3.1.3　评论收集

本章选择了抖音(douyin.com)作为本实验的主要数据来源。

为了确保本章虚假评论数据集的稳健性和代表性,我们从在线产品和服务的十个代表性子类别中选择了样本。这些类别包括餐厅、健康酒店、专业服务、教育机构、汽车、服装、美容、电子产品以及饮食。这些类别具有很高的消费者需求和互动性,这对创建一个多样化和全面的数据集至关重要。对于每个类别,我们收集人气最高的视频的评论和上下文数据(包括视频和描述)。选择过程由每个项目的视频获得的点赞数决定,并从每个类别中点赞最多的项目开始,按点赞数降序进行。

数据收集完成后,我们招募十名熟悉抖音平台的大学生作为数据标注者。每位标注者被分配到他们所熟悉的垂直领域内,根据特定意图撰写虚假评论。经过对这些评论的严格审查,我们获得了总共 400 条人工撰写的虚假评论,每个视频类别均匀分配 40 条评论,每种意图类型 100 条评论。这些评论随后被用于创建小样本学习提示。

6.3.1.4　虚假评论增强

大型语言模型如 ChatGPT 能够生成自然流畅的文本内容,极大地加剧了虚假评论的挑战[41,42],这些模型具有卓越的自然语言生成能力,生成的评论逻辑严密且风格与人类写作无异。这类工具对在线评论生态的安全构成了重大威胁,并突显了创新虚假评论识别方法的必要性。本章的研究通过不将数据集限制于仅人工生成的内容来应对这一问题。遵循 Salminen 等[43]的方法,本章将 AI 生成的虚假评论纳入数据集。这种策略具有双重目的:扩展了本章数据集中虚假评论的范围，并增加了识别任务的复杂性。

本章利用大语言模型的少样本学习能力[44]来生成评论，大语言模型可以仅依靠有限的标注数据来解决各种下游任务。对于每一条 AI 虚假评论的生成，我们都使用了 10 个选定的人工虚假评论作为提示。这些提示被整合进模板中，指导模型生成评论内容。图 6.3 显示了为视频生成虚假评论的过程。

: 我希望你帮助我想一条短视频评论，
I would like you to help me come up with a short video review,

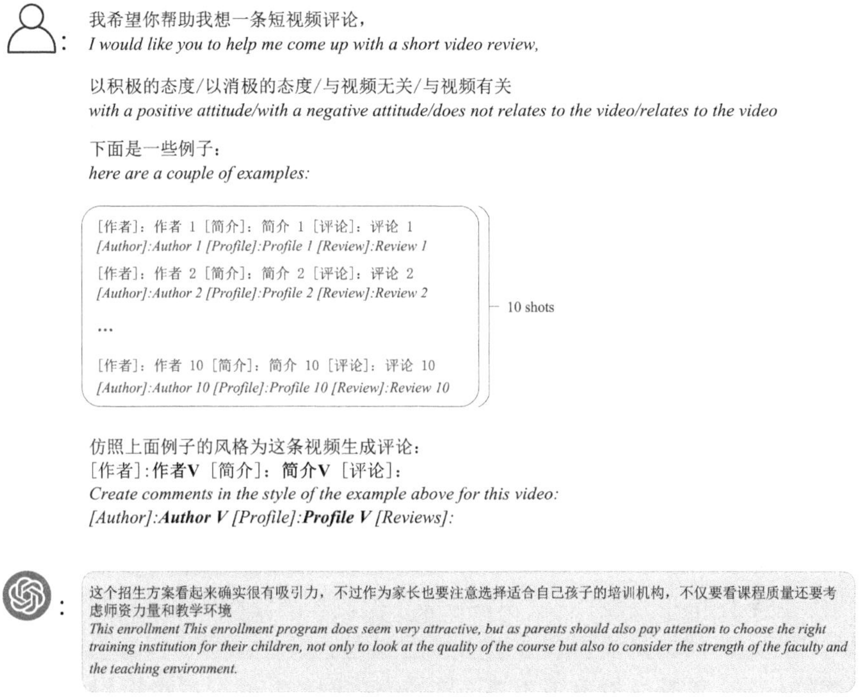

以积极的态度/以消极的态度/与视频无关/与视频有关
with a positive attitude/with a negative attitude/does not relates to the video/relates to the video

下面是一些例子：
here are a couple of examples:

［作者］: 作者 1 [简介]: 简介 1 [评论]: 评论 1
[Author]:Author 1 [Profile]:Profile 1 [Review]:Review 1

［作者］: 作者 2 [简介]: 简介 2 [评论]: 评论 2
[Author]:Author 2 [Profile]:Profile 2 [Review]:Review 2　　——— 10 shots

…

［作者］: 作者 10 [简介]: 简介 10 [评论]: 评论 10
[Author]:Author 10 [Profile]:Profile 10 [Review]:Review 10

仿照上面例子的风格为这条视频生成评论：
［作者］: **作者V** ［简介］: **简介V** ［评论］:
Create comments in the style of the example above for this video:
*[Author]:**Author V** [Profile]:**Profile V** [Reviews]:*

: 这个招生方案看起来确实很有吸引力，不过作为家长也要注意选择适合自己孩子的培训机构，不仅要看课程质量还要考虑师资力量和教学环境
This enrollment This enrollment program does seem very attractive, but as parents should also pay attention to choose the right training institution for their children, not only to look at the quality of the course but also to consider the strength of the faculty and the teaching environment.

图 6.3　生成虚假在线评论的提示模板

注："作者 V" 和 "简介 V" 分别代表视频 V 的作者和简介。格式 "[作者]:作者 1[简介]:简介 1 [评论]:评论 1"
　　表示人工撰写的虚假评论以及视频的相应作者和简介。

我们随后将这些 AI 生成的评论与真实和人工撰写的虚假评论合并。为了提高数据集的质量，本章采取了一定的质量控制措施，如删除过于简短的评论。表 6.2 描述了数据集的结构。

表 6.2　按类别划分的样本数量

类别	子类别	真实	IE	CD	TA	IC
服务	餐馆	1759	449	464	449	437
	教育	2964	462	442	452	436
	酒店	1296	431	433	449	452

续表

类别	子类别	真实	IE	CD	TA	IC
服务	专业服务	2417	449	436	444	456
	健康	743	460	463	439	435
商品	汽车	1820	448	451	438	450
	服装	1371	445	449	442	441
	化妆品	1446	445	441	456	432
	电子产品	2414	447	454	463	440
	饮食	1638	450	481	405	452

6.3.2　虚假评论意图识别的多模态框架

在本章中，FRIDRC 被视为一个多模态分类任务，这是一个在先前研究中已广泛探讨的领域[45-47]。本章的目标不是为 FRIDRC 设计一个全新的多模态算法，而是开发一个集成了最先进的多模态分类技术的框架。受 Sleeman 等[48]的启发，本章构建了一个早期融合多模态框架，用于使用解耦模块识别虚假评论意图。该框架具有可插拔性，针对不同模块的独立优化可以使每一部分更为精炼和高效。该框架的结构如图 6.4 所示，包括文本特征表示(text feature representation)、图像特征表示(image feature representation)和模态融合(feature fusion)等 3 个模块，各个模块相互独立且互补。其中，文本特征表示模块和图像特征表示模块可自由选择不同的特征编码器，从而得到合适的特征编码器组合；同时，该框架可以灵活地调整模态融合策略，以有效捕捉不同模态之间的交互，减少模型训练中的冗余信息。

6.3.2.1　文本特征表示

(1) Chinese BERT。

本章使用 Chinese-BERT-wwm-ext 作为评论文本的表示模型之一。Chinese-BERT-wwm-ext(下文简称 BERT)是由哈工大讯飞联合实验室发布的使用 EXT 数据(包括中文维基百科、其他百科、新闻、问答等数据，总词数达 5.4B)作为语料，并基于全词掩码(whole word masking，WWM)技术进行分词的中文预训练模型[49]。

首先，BERT 将评论文本 T 进行分词，表示为一个 token 序列

$$T = \{\text{token}_1, \text{token}_2, \cdots, \text{token}_n\} \tag{6-1}$$

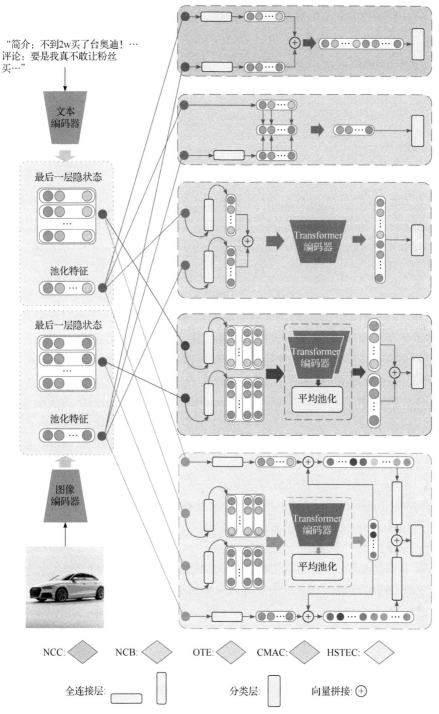

"简介：不到2w买了台奥迪！…
评论：要是我真不敢让粉丝
买…"

文本
编码器

最后一层隐状态

池化特征

最后一层隐状态

池化特征

图像
编码器

Transformer
编码器

Transformer
编码器

平均池化

Transformer
编码器

平均池化

NCC:　　　NCB:　　　OTE:　　　CMAC:　　　HSTEC:

全连接层:　　　　分类层:　　　向量拼接: ⊕

图 6.4　多模态框架示意图(见彩图)

对于每个 token，其嵌入向量表示为

$$e_i = \text{Emb}(\text{token}_i) \tag{6-2}$$

接着，为每个 token 添加位置编码。位置编码由 sin-cos 函数生成

$$p_i = \sin\left(\frac{i}{\omega_k}\right), \, p_i = \cos\left(\frac{i}{\omega_k}\right) \tag{6-3}$$

其中，$\omega_k = 10000^{\left\{\frac{2k}{d}\right\}}$，$d$ 是模型向量的维度。于是，每个 token 的总嵌入表示为

$$x_i = e_i + p_i \tag{6-4}$$

这些向量通过 Embedding 层被映射为固定维度的向量。

接下来，BERT 将获得的文本向量序列与一个特殊 token "[CLS]" 拼接在一起，并输入到 Transformer 编码器。使用一个函数 transformer 来代表 Transformer 的整个过程

$$V_t = \text{transformer}(x_1, x_2, \cdots, x_n) \tag{6-5}$$

在这个过程中，词向量首先会经过多头自注意力模块，再经过前馈神经网络和残差连接等步骤。Transformer 编码器堆叠了 12 层，每层都重复上述操作，逐步提取文本特征。最终输出评论文本的特征向量，特征向量 V_t 的维度为 768。

(2) Chinese RoBERTa。

本章使用中文预训练语言模型 Chinese-RoBERTa-wwm-ext 作为评论文本的表示模型之一。Chinese-RoBERTa-wwm-ext(下文简称 RoBERTa)结合了中文 WWM 技术以及 RoBERTa 模型的优势，显著提升了在 NLP 中的性能。需要注意的是，该模型并非原版 RoBERTa 模型，而是按照类似 RoBERTa 训练方式训练的 BERT 模型。相较于 BERT，其训练特点具体表现为：①在预训练阶段采用全词掩码 (whole word masking，WWM)的方式，但没有使用动态掩码策略。②取消了下一句预测(next sentence prediction，NSP)。③不再采用逐步增加最大输入序列长度进行预训练的模式，取而代之的是直接使用最大序列长度为 512 的数据进行预训练。④将训练步数适当延长，共计训练 1M 步。

RoBERTa 模型获取评论文本特征向量的过程与 BERT 相似：首先对评论文本 T 进行分词，将 T 表示为一个 token 序列，然后通过位置编码和 Embedding 层获得其向量表示，最后送入 Transformer 编码器中逐步提取评论文本特征。

6.3.2.2 图像特征表示

(1) ResNet-50。

本章使用 ResNet-50[50] 作为输入图片的表示模型之一。ResNet-50 可以从输入

图像中提取高级特征。

首先，ResNet-50 将输入图片处理为宽高为 224×224、通道数为 3 的标准格式，表示为 X；接着将 X 送入 7×7 的初始卷积层和 2×2 的最大池化层，其中 I_1 是第一层卷积的输出特征，I_2 是最大池化层的输出，$\text{Conv}_{7\times7}$ 代表 7×7 卷积操作，$\text{MaxPool}_{2\times2}$ 代表 2×2 最大池化操作。该过程可表示为

$$I_1 = \text{Conv}_{7\times7}(X, 64, 2) \tag{6-6}$$

$$I_2 = \text{MaxPool}_{2\times2}(I_1, 2) \tag{6-7}$$

最大池化层的输出 I_2 的维度为 $64 \times 56 \times 56$。接下来，I_2 被送入 4 个由残差块组成的模块进行处理，使用一个函数 ResBlock_n 来表示每个模块的处理过程

$$I_{n+2} = \text{ResBlock}_n(I_{n+1}), \quad n \in \{1, 2, 3, 4\} \tag{6-8}$$

其中，第一个模块不调整图像分辨率，只调整通道数为 256，之后的每一个模块在第一个残差块里将上一个模块的通道数翻倍，并将宽度和高度减半。最后 Resnet-50 对最后一个模块的输出 I_6 做平均池化操作 $\text{AvgPool}_{7\times7}$ 并展平(flatten)

$$V_i = \text{Flatten}(\text{AvgPool}_{7\times7}(I_6)) \tag{6-9}$$

最终得到输入图片的特征向量，特征向量 V_i 的维度为 2048。

(2) Vision Transformer。

本章使用 Vision Transformer(下文简称 ViT)[51]作为输入图片的表示模型之一。ViT 的独特之处在于它不使用传统卷积神经网络，而是将图像处理为序列数据，利用 Transformer 进行处理。

ViT 同样将图片处理为宽(W)高(H)为 224×224、通道数(C)为 3 的标准格式，表示为 X。为了得到序列数据，ViT 将图片 X 划分为许多 "patch" (x_p)，维度为 $N \times (P^2 \cdot C)$，其中 P^2 为每个 patch 的大小，N 为 patch 的数量，$N = H \cdot W / P^2$，接着用 E 将每个 patch 投影至固定的 D 维大小。类似于 BERT，ViT 在 patch 嵌入前添加了一个可学习的特殊嵌入($z_0^0 = x_{\text{class}}$)，E_{pos} 为位置编码信息，z_0 为 patch 嵌入和位置嵌入的和

$$z_0 = \left[x_{\text{class}}; x_p^1 E; x_p^2 E; \cdots; x_p^N E \right] + E_{\text{pos}} \tag{6-10}$$

$$E \in \mathbf{R}^{P^2 \cdot C \times D}, E_{\text{pos}} \in \mathbf{R}^{N+1 \times D} \tag{6-11}$$

ViT 中的 Transformer 编码器由交替的多头自注意力(multi-head attention，MSA)和多层感知机(multi-layer perceptron，MLP)块构成。LayNorm(LN)层被用在每个块之前，残差连接被加在每个块之后。多层感知机由两个带有 GeLU 激活函数的全连接层构成

$$z'_l = \text{MSA}\big(\text{LN}(z_{l-1})\big) + z_{l-1}, l = 1, \cdots, L \tag{6-12}$$

$$z'_l = \text{MLP}\big(\text{LN}(z'_l)\big) + z'_l, l = 1, \cdots, L \tag{6-13}$$

$$V_i = \text{LN}\big(z_L^0\big) \tag{6-14}$$

最后将经过 Transformer 编码器得到的特殊嵌入对应的输出 z_L^0 作为图像的特征表示，经过 LN 层得到输入图片的特征向量，特征向量 V_i 的维度为 768。

6.3.2.3　多模态特征融合模型

(1) 特征拼接模型。

特征拼接模型(naive concat，NCC)接收来自文本和图像的池化特征输出。模型结构如图 6.4 所示，其中 "FC" 指全连接层。

NCC 首先将来自文本编码器和图像编码器的池化特征输出进行投影，以便将池化特征张量转换成所需的维度，即

$$V'_t = P_t\big(V_t\big) \tag{6-15}$$

$$V'_i = P_i\big(V_i\big) \tag{6-16}$$

之后，NCC 将文本和图像的池化特征进行拼接并送入线性分类器C中，得到分类结果

$$\text{Logits} = C\big(\text{Concat}(V'_t, V'_i)\big) \tag{6-17}$$

(2) 特征加和模型。

特征加和模型(naive combine，NCB)同样接收来自文本和图像的池化特征输出。模型结构如图 6.4 所示。

与 NCC 不同，NCB 通过元素级别的方式组合这些输出，生成整合特征 E'。然后通过线性分类器 C 评估，以产生分类对数值

$$\text{Logits} = C\big(E'\big) \tag{6-18}$$

(3) 输出特征注意力编码模型。

与 NCC 类似，输出特征注意力编码模型(output transformer encoder，OTE)的输入同样来自文本和图像的池化特征张量：V'_t、V'_i。模型结构如图 6.4 所示。

对于一个输入序列 X，其自注意力输出 Y 可以通过如下公式计算

$$Y = \text{Attention}(Q, K, V) = \text{softmax}\left(\frac{QK^{\text{T}}}{\sqrt{d_k}}\right)V \tag{6-19}$$

其中，Q、K 和 V 分别是查询(query)、键(key)和值(value)矩阵，d_k 是键和查询的维度。

Q、K 和 V 的计算方法如下，其中 W_Q、W_K、W_V 为权重矩阵

$$\begin{aligned} Q &= XW_Q \\ K &= XW_K \\ V &= XW_V \end{aligned} \tag{6-20}$$

之后，OTE 将文本和图像的投影输出拼接(concat)为 X'，作为多头自注意力层的输入

$$X' = \text{Concat}\left(V_t', V_i'\right) \tag{6-21}$$

多头自注意力允许模型同时学习到不同位置的信息，这是通过将输入序列 X' 分割为多个头(head)来实现的，每个头都有自己的参数，并且会独立进行自注意力计算。计算过程如下，W_O 为权重矩阵

$$\text{Multihead}\left(Q, K, V\right) = \text{Concat}\left(\text{head}_1, \text{head}_2, \cdots, \text{head}_h\right) W_O \tag{6-22}$$

其中每个头的计算过程如下

$$\text{head}_i = \text{Attention}\left(QW_{Q_i}, KW_{K_i}, VW_{V_i}\right) \tag{6-23}$$

接着多头自注意力的输出会被送入前馈神经网络，并通过残差连接和层归一化逐步得到注意力层的输出 A_{output}，并送入线性分类器 C 中进行分类，得到分类结果

$$\text{Logits} = C\left(A_{\text{output}}\right) \tag{6-24}$$

(4) 交叉模态注意力组合模型。

交叉模态注意力组合模型(cross modality attention combine，CMAC)的输入来自文本编码器和图像编码器中最后一层隐状态：H_t'、H_i'。最后一层隐状态记录着输入序列中每个 token 的隐藏状态，包含了每个标记在整个模型中的上下文信息。相较于池化的特征输出，最后一层隐状态保留了更丰富的局部特征信息，但也可能包括一些冗余或不必要的信息。模型结构如图 6.4 所示。

CMAC 首先将来自文本编码器和图像编码器的隐状态进行投影，以便将这些隐状态转换成所需的维度，使得它们可以被多头注意力层所处理，该过程表示为

$$\begin{aligned} H_t' &= P_t\left(H_t\right) \\ H_i' &= P_i\left(H_i\right) \end{aligned} \tag{6-25}$$

接着 CMAC 将转换后的隐藏状态作为输入送入两个不同的多头注意力层中，并分别计算文本对图像的多头自注意力输出和图像对文本的多头自注意力输出，即

$$\text{Multihead}_{\text{text-image}}(Q,K,V) = \text{Concat}(\text{head}_1, \text{head}_2, \cdots, \text{head}_h)W_O$$
$$Q = H'_t, K = H'_i, V = H'_i \tag{6-26}$$

$$\text{Multihead}_{\text{image-text}}(Q,K,V) = \text{Concat}(\text{head}_1, \text{head}_2, \cdots, \text{head}_h)W_O$$
$$Q = H'_i, K = H'_t, V = H'_t \tag{6-27}$$

同样地，CMAC 将这两种多头自注意力输出送入前馈神经网络，并通过残差连接和层归一化逐步得到文本对图像和图像对文本的注意力层输出 $A_{\text{text-image}}$ 和 $A_{\text{image-text}}$，之后执行平均池化操作并进行拼接，作为线性分类器 C 的输入，并得到分类结果

$$A_{\text{output}} = \text{Concat}\left(\text{Mean}\left(A_{\text{text-image}}\right), \text{Mean}\left(A_{\text{image-text}}\right)\right) \tag{6-28}$$

$$\text{Logits} = C\left(A_{\text{output}}\right) \tag{6-29}$$

(5) 隐状态特征注意力编码模型。

隐状态特征注意力编码模型(hidden state transformer encoder，HSTEC)不同于 NC、OTE 和 CMAC，模型输入同时保留了图像编码器和文本编码器的池化特征输出与最后一层隐状态。模型结构如图 6.4 所示。

HSTEC 首先将来自文本编码器和图像编码器的池化输出和隐状态进行投影，以便将池化特征和隐状态转换成所需的维度

$$V'_t = P_t(V_t), V'_i = P_i(V_i)$$
$$H'_t = P_t(H_t), H'_i = P_i(H_i) \tag{6-30}$$

然后，HSTEC 将 H'_t 和 H'_i 进行拼接，输入到多头注意力层中；接着多头自注意力的输出会被送入前馈神经网络，并通过残差连接和层归一化逐步得到注意力层的输出 A_{output}，W_O 为权重矩阵

$$\text{Multihead}_{H'_t H'_i}(Q,K,V) = \text{Concat}(\text{head}_1, \text{head}_2, \cdots, \text{head}_h)W_O \tag{6-31}$$

$$Q = H'_t + H'_i, K = H'_t + H'_i, V = H'_t + H'_i \tag{6-32}$$

对 A_{output} 进行平均池化操作，得到文本和图像的融合注意力输出 H'_o

$$H'_o = \text{Mean}\left(A_{\text{output}}\right) \tag{6-33}$$

接下来将文本和图像的池化输出 V'_t 和 V'_i 分别和融合注意力输出进行拼接，并通过全连接层 FC 进行处理，得到文本特征 F_t 及图像特征 F_i

$$F_t = \text{FC}_{\text{text}}\left(\text{Concat}\left(A_{\text{output}}, V_t'\right)\right) \tag{6-34}$$

$$F_i = \text{FC}_{\text{image}}\left(\text{Concat}\left(A_{\text{output}}, V_i'\right)\right) \tag{6-35}$$

最后将图像特征及文本特征进行拼接，作为线性分类器 C 的输入，得到分类结果

$$\text{Logits} = C\left(\text{Concat}\left(F_t, F_i\right)\right) \tag{6-36}$$

6.4　实 验 研 究

6.4.1　实验准备

6.4.1.1　数据集

本章实验所用的数据集按 6.3 节相关内容的描述构建。该数据集为平衡数据集，包含真实评论的样本数与包含虚假评论的样本数大致相等。本章实验按照 4:1 的比例将数据集划分为训练集和测试集。各类分布详见表 6.3。

表 6.3　样本标签分布

	R	IE	CD	TA	IC	总数
训练集	14294	3611	3589	3549	3545	28588
测试集	3574	903	897	888	886	7148

数据集样本示例如表 6.4 所示。

表 6.4　数据样本示例

序号	文本	图像	类别
1	简介：毕业生手机怎么选？看看这 4 台不后悔~#科技追梦人 #玩转数码 #ta 们的一天 #毕业季；评论：这 4 台手机都是垃圾啊，一点都不值得购买。品牌口碑都不好，功能也很一般。还是别被别人忽悠了，选择其他品牌的手机更明智。		CD

序号	文本	图像	类别
2	简介: 不到2w买了台奥迪! #靓车精点评 @抖音汽车"; 评论: 要是我真不敢让粉丝买, 凭良心说, 做二手车那么多年, 丰本雷老车可以推, 不然对不起信任的粉丝。		R
3	简介: 又给你们找了个宝藏美容院#跟着抖音来探店 #好好生活节 #皮肤管理 #让我们一起变美 #很哇塞的周末; 评论: 天气这么热, 真心想去那家美容院躲避一下, 享受一下清凉和美容的双重待遇呢! 夏天就是要美美的!		IC

注: 每条数据由文本、图像、标签 3 个部分组成。

6.4.1.2　实验环境

实验所用的编程语言为 Python, 版本为 3.10.9, 深度学习框架为 PyTorch, 版本为 2.0.0。实验所用硬件环境为超微 GPU 服务器, 处理器为双路 Xeon 8276L, 内存为 1TB, 显卡为 10 张 NVIDIA RTX 3090 24G。

本章实验所用评价指标为宏观准确率(macro-precision)、宏观召回率(macro-recall)和宏观 F1 值(F1-score), 同时提供平均准确率(micro-precision)、平均召回率(micro-recall)、平均 F1 值作为参考。

6.4.1.3　基线

Taiyi-CLIP[52]是一款针对中文的图文对比学习预训练(contrastive language-image pre-training, CLIP)模型, 调整了 Chinese-RoBERTa-wwm 文本编码器和 123 百万图文对上的 ViT-L-14 图像编码器, 遵循了 Open-Clip 的实验设置以获取强大的视觉语言表征。

Qwen-VL[53]是阿里云研发的大规模视觉语言模型(large vision language model, LVLM)。Qwen-VL 在多个视觉语言(vision language, VL)任务中表现优于当时的其他 SOTA(state of the art)通用视觉模型, 并且拥有更加全面的能力范围,通过微调可以接入各种下游任务。

6.4.2　实验结果及分析

6.4.2.1　主要结果

初步实验旨在评估本章提出的多模态框架在识别虚假评论意图的有效性。本节比较了各种输入配置的性能：仅评论文本、评论文本与图像信息，以及二者的结合。此外，本节还评估了两个大型视觉语言模型。实验结果详见表 6.5。值得注意的是，文本、简介信息和图像信息的配置实现了最高的平均准确率、宏观召回率和宏观 F1 得分，超过了其他实验设置和基线模型。评论文本和图像信息的结合也展现了强大的性能，成功率超过 95%。

这些发现初步解答了研究问题 RQ2.2：结合多模态信息可以提升识别虚假评论意图的性能。然而，应注意表 6.5 中呈现的数据只代表每种输入组合和融合方法中表现最好的实验设置。各种输入的模型的鲁棒性将在后续章节中进一步讨论。

表 6.5　主要结果

| 输入 | 模型 | | 融合类型 | 平均 | | | 宏观 | | |
	文本编码器	图像编码器		精确率/%	召回率/%	F1/%	精确率/%	召回率/%	F1/%
评论+简介+图像	Taiyi-CLIP		N/A	95.42	95.38	96.40	93.21	93.72	93.46
仅评论	Qwen-VL		Qwen-VL	96.05	96.01	96.01	94.21	93.99	94.11
仅评论	RoBERTa	N/A	N/A	96.16	96.14	96.15	94.18	94.58	94.37
评论+图像	BERT	ViT	Combine	96.88	96.85	96.86	95.37	95.77	95.56
评论+简介+图像	RoBERTa	ViT	Combine	97.23	97.22	97.22	96.03	96.11	96.06

6.4.2.2　虚假评论意图识别效果分析

为深入探究最佳模型在本任务中对不同虚假评论意图的识别效果，实验构建了可视化的分类结果，如图 6.5 所示。

真实评论：该模型在识别真实评论方面展现出卓越的性能，准确率达 99.22%，召回率为 99.05%。在处理的 3754 条真实评论中，10 条被误判为激励性夸大(IE)，9 条被误判为竞争性贬低(CD)，11 条被误判为无关评论(IC)。在同样数量的评论中，有 28 条被错误地分类为真实评论，主要来自于激励性夸大(IE)类别。

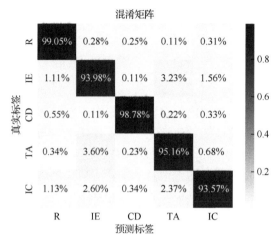

图 6.5　虚假评论意图识别效果

激励性夸大(IE)：该模型在识别激励性夸大评论时的准确率为 92.74%，召回率为 93.98%。在 897 条被误认为 IE 的评论中，29 条被错误地标记为吸引流量(TA)，14 条被误标为无关评论(IC)。在 909 条被识别为 IE 的评论中，有 54 条被错误分类，主要被误判为吸引流量(TA)。

竞争性贬低(CD)：该模型在识别竞争性贬低评论时表现出 98.37%的准确率和 98.78%的召回率。在从吸引流量(TA)标记的 907 条评论中，有 15 条被错误地分类为竞争性贬低(CD)。

吸引流量(TA)：该模型实现了 93.78%的准确率和 95.16%的召回率。在 888 条被错误地标记为 TA 的评论中，56 条被正确判断为激励性夸大(IE)。在被识别为 TA 的 32 条评论中，涉及多种错误分类，主要是激励性夸大(IE)和无关评论(IC)。

无关评论(IC)：该模型在识别无关评论时的准确率为 96.06%，召回率为 93.57%。误判情况包括 23 例被错误分类为激励性夸大(IE)和 21 例被误判为吸引流量(TA)。在被识别为 IC 的评论中，有 34 例来自不同类别，主要是真实评论和激励性夸大(IE)。

总体而言，该模型在识别虚假评论意图方面表现出稳健的准确性，特别是在处理真实评论时表现尤为出色(准确率为 99.22%，召回率为 99.05%)。错误分类主要发生在相似类型的虚假评论之间，尤其是在激励性夸大(IE)和吸引流量(TA)之间。尽管竞争性贬低(CD)和无关评论(IC)也表现出较高的准确率，但偶尔会发生误分类。总体来看，该模型有效地区分了真实评论与虚假评论，但在准确分类所有类型的虚假评论意图方面仍存在一些挑战。

6.4.3　不同实验设置下模型性能的统计检验

6.4.3.1　输入比较

为了验证本章框架的鲁棒性，本章进行了配对 t 检验，以评估各种输入配置下模型性能的差异，选择宏观 F1 分数作为性能度量指标。如表 6.6 所示，本章首先比较了"评论+图像"与"评论+图像+简介"配置，观察到平均性能显著下降了 0.505，标准差为 0.247，标准误为 0.055。95%的置信区间为-0.62084~-0.3896，t 统计量为-9.146，p 值为 2.17×10^{-8}。随后是"评论"与"评论+图像+简介"之间的比较，平均性能下降更大，为-1.066，标准差 0.3412，标准误为 0.076，置信区间从-1.22552~-0.906，t 统计量为-13.9445，p 值为 1.97×10^{-11}。这些结果有力地说明了，与仅使用评论文本或评论文本加图像相比，同时加入图像和视频简介显著提升了模型性能。

表 6.6　不同输入的配对 t 检验

		配对之间的差异					t 统计量	自由度	显著性
		平均差	标准差	标准误	95%置信区间下限	95%置信区间上限			
组 1	评论+图像								
	评论+图像+简介	-0.505	0.247	0.055	-0.621	-0.390	-9.145	19	2.17×10^{-8}
组 2	评论								
	评论+图像+简介	-1.066	0.342	0.076	-1.226	-0.906	-13.945	19	1.97×10^{-11}

6.4.3.2　编码器之间的比较

本章进一步使用配对 t 检验来检验不同编码器和图像处理模型之间的性能差异。如表 6.7 所示，对比 Chinese-BERT 和 Chinese-RoBERTa 编码器，平均性能差异为-0.090，标准差为 0.202，标准误为 0.064。95%置信区间从-0.234~0.0546，t 统计量为-1.407，表示没有统计学意义的差异(p 值=0.193)。

表 6.7　不同输入的配对 t 检验

		配对之间的差异					t 统计量	自由度	显著性
		平均差	标准差	标准误	95%置信区间下限	95%置信区间上限			
组 1	Chinese-BERT								
	Chinese-RoBERTa	-0.090	0.202	0.064	-0.234	0.054	-1.407	9	0.193

续表

| 组 2 | | 配对之间的差异 | | | | | *t* 统计量 | 自由度 | 显著性 |
		平均差	标准差	标准误	95%置信区间下限	95%置信区间上限			
组 2	ResNet ViT	−0.559	0.268	0.085	−0.751	−0.367	−6.592	9	1.00×10^{-4}

图形编码器的对比具有完全不一样的结果，在 ResNet 与 ViT 之间的图像处理模型比较中，观察到平均性能的差异为更显著的−0.559，标准差为 0.268，标准误为 0.085。置信区间从−0.751～−0.367，*t* 统计量为−6.592，显示出非常显著的差异(*p* 值=1.00×10^{-4})。这一分析证实了 ViT 显著优于 ResNet，强调了选择最佳图像编码器以增强模型性能的重要性。

6.4.3.3　融合策略比较

本章使用方差分析(analysis of variance，ANOVA)测试评估了各种融合策略的效果，以探索不同融合类型的性能差异。如表 6.8 所示，分析显示总平方和为 2.231，组间平方和为 0.226，自由度为 4，组内平方和为 2.004，自由度为 15，总均方为 0.057。计算出的 *F* 统计量为 0.423，对应的 *p* 值为 0.790。这些结果表明，在融合策略中并没有统计学上的显著性能差异，这表明融合策略的选择可能不会对模型性能产生关键影响。

总体来说，尽管图像编码器选择和输入配置显著影响模型性能，但具体的融合方式类型并没有导致显著的性能变化。

表 6.8　不同融合策略的 ANOVA 测试

	平方和	自由度	均方	*F*	显著性
组间	0.226	4	0.057	0.423	0.790
组内	2.004	15	0.134		
总计	2.231	19			

6.5　小　　结

为了填补传统虚假评论识别的不足，本章引入了一个新任务——基于评论上下文的虚假评论识别，构建了一个新数据集，开发了一个多模态框架，并进行了广泛的实验。本章的主要发现包括以下几点：第一，在虚假评论识别的模型输入中结合多种模态——具体来说，将文本与多模态评论内容(图像和简介信息)结合

使用——显著提高了模型识别虚假评论意图的能力。使用评论文本与图像和简介
的结合取得了最高的精确度、召回率和 F1 分数，表明这是识别虚假评论的最有
效方式。第二，识别效果分析显示，模型在识别真实评论中表现出色(99.22%的
准确率)，并能有效区分不同的虚假评论意图。然而，在准确区分相似类别的虚
假评论，特别是激励性夸大和吸引流量之间，仍存在一些挑战。第三，统计分析
证实，使用评论文本、图像和简介信息的组合优于使用更少模态的配置。此外，
ViT 在模型性能方面显著超越了 ResNet，凸显出图像编码器选择对于模型性能的
重要性。尽管如此，融合技术的类型和文本编码器的选择并未显著影响结果，这
表明输入配置和图像编码器选择在性能优化中至关重要。

　　理论上，本章不仅开创了 FRIDRC 任务，还证明了所提出的多模态框架的有
效性，为虚假评论识别的未来研究奠定了基础。这些发现挑战了现有的关于评论
分类的二元方法，提出了一种更为细致的分类方法，反映了虚假评论的不同意
图。本章总结了四种不同类型的虚假评论意图，并精心制作了由人类和人工智能
生成的样本数据，以支持后续研究。此外，多模态上下文信息在在线评论预测任
务中的优势已得到证实[54, 55]。本章的研究结果与已有研究一致，并通过展示上
下文整合如何提高机器学习模型在虚假评论识别中的推理能力，进一步拓展了这
些理论。这一进展支持了理论上的断言，即在复杂的识别任务中，诸如意图分析
等任务中，上下文的丰富性至关重要，超越了传统的文本中心方法。

　　本章所提出的方法和框架具有广泛的实际应用，特别是对于依赖用户评论的
在线平台和企业而言，本章提出的工具不仅能够评估评论的真实性，还能识别其
背后的意图。这种双重能力显著提高了监控和识别虚假评论的能力，无论这些评
论是由人类还是 AI 生成的。实施本章的框架可以极大地增强企业保护品牌声誉
的能力，并为消费者提供可信赖的信息，从而提高消费者信任和企业绩效[56]。
此外，本章所提供的关于多模态和特定表示与融合模块有效性的证据，可以指导
企业和开发者定制更强大的 AI 系统，以抵御复杂的虚假评论策略。进一步来
说，对虚假评论背后意图的深入理解有助于制定更有效的政策，以保护消费者和
企业免受误导性内容的负面影响[57]。政策制定者可以利用本章的研究成果，制
定更精确的在线评论管理规范。

　　同时，本章存在若干局限性：例如数据集相对较小且语言上同质，这可能会
限制模型在不同平台和语言上的通用性。此外，该框架主要是改进其他领域现有
模块以用于虚假评论识别。尽管有效，但这种方法并未引入根本性的创新方法。
此外，从视频关键帧中提取的单帧图像可能无法充分代表视频的综合特征，可能
限制多模态分析的效果。最后，仅使用评论文本就能获得较高的识别准确率，这
表明数据集的复杂性较低，可能无法充分挑战模型应对实际应用中更复杂或更隐
蔽的虚假评论的能力。

　　未来的研究应致力于通过更多语言和模态类型来多样化数据集，以增强模型的通用性；开发针对虚假评论识别的新方法以进一步提高准确性和可解释性；结合全面的视频分析以更好地捕捉多模态特征，提升识别能力。此外，创建模拟现实世界欺骗策略的更复杂的数据集，可以为模型提供更严峻的挑战。整合自适应学习机制也将帮助模型保持对不断演变的虚假评论策略的有效性。

参 考 文 献

[1] Kiela D, Grave E, Joulin A, et al. Efficient large-scale multi-modal classification//The 32nd AAAI Conference on Artificial Intelligence, New Orleans, 2018.

[2] Wang W, Tran D, Feiszli M. What makes training multi-modal classification networks hard?//2020 IEEE/CVF Conference on Computer Vision and Pattern Recognition (CVPR), Seattle, 2020.

[3] 王一博, 郭鑫, 刘智锋, 等. AI 生成与学者撰写中文论文摘要的检测与差异性比较研究——以图书馆学领域为例. 情报杂志, 2023, 42(9): 127-134.

[4] Gao C A, Howard F M, Markov N S, et al. Comparing scientific abstracts generated by ChatGPT to real abstracts with detectors and blinded human reviewers. NPJ Digital Medicine, 2023, 6(1): 75.

[5] Corizzo R, Leal-Arenas S. One-class learning for AI-generated essay detection. Applied Sciences, 2023, 13(13): 7901.

[6] Khivasara Y, Khare Y, Bhadane T. Fake news detection system using web-extension//2020 IEEE Pune Section International Conference, Pune, 2020.

[7] Lee S C, Jang Y, Park C H, et al. Feature analysis for detecting mobile application review generated by AI-based language model. Journal of Information Processing Systems, 2022, 18(5):650-664.

[8] Guo B, Zhang X, Wang Z, et al. How close is ChatGPT to human experts? comparison corpus, evaluation, and detection. https://arxiv.org/abs/2301.07597, 2023.

[9] Meel P, Vishwakarma D K. HAN, image captioning, and forensics ensemble multimodal fake news detection. Information Sciences, 2021, 567: 23-41.

[10] Kumari R, Ekbal A. Amfb: attention based multimodal factorized bilinear pooling for multimodal fake news detection. Expert Systems with Applications, 2021, 184: 115412.

[11] Palani B, Elango S, Viswanathan K V. CB-Fake: a multimodal deep learning framework for automatic fake news detection using capsule neural network and BERT. Multimedia Tools and Applications, 2022, 81(4): 5587-5620.

[12] Singh P, Srivastava R, Rana K P S, et al. SEMI-FND: stacked ensemble based multimodal inferencing framework for faster fake news detection. Expert Systems with Applications, 2023, 215: 119302.

[13] Hua J, Cui X, Li X, et al. Multimodal fake news detection through data augmentation-based contrastive learning. Applied Soft Computing, 2023, 136: 110125.

[14] Khattar D, Goud J S, Gupta M, et al. MVAE: multimodal variational autoencoder for fake news detection// The Web Conference, San Francisco, 2019.

[15] Choi H, Ko Y. Effective fake news video detection using domain knowledge and multimodal data fusion on youtube. Pattern Recognition Letters, 2022, 154: 44-52.

[16] Li J, Lu Q, Du W, et al. A multimodal framework with co-attention for fake review detection// Pacific Asia Conference on Information Systems, Nanchang, 2023.

[17] 施运梅, 袁博, 张乐, 等. IMTS: 融合图像与文本语义的虚假评论检测方法. 数据分析与知识发现, 2022, 6(8): 84-96.

[18] 张少钦, 杜圣东, 张晓博, 等. 融合多模态信息的社交网络谣言检测方法. 计算机科学, 2021, 48(5): 117-123.

[19] Agrawal T, Gupta R, Narayanan S. Multimodal detection of fake social media use through a fusion of classification and pairwise ranking systems//The 25th European Signal Processing Conference (EUSIPCO), Kos, 2017.

[20] Liu Z, Lin W, Shi Y, et al. A robustly optimized BERT pre-training approach with post-training. Lecture Notes in Computer Science, 2021: 471-484.

[21] Mukherjee A, Venkataraman V, Liu B, et al. Fake Review Detection: Classification and Analysis of Real and Pseudo Reviews. Chicago: University of Illinois at Chicago, 2013.

[22] Rayana S, Akoglu L. Collective opinion spam detection: bridging review networks and metadata// The 21th ACM SIGKDD International Conference on Knowledge Discovery and Data Mining, New York, 2015.

[23] Ott M, Choi Y, Cardie C, et al. Finding Deceptive Opinion Spam by Any Stretch of The Imagination. https://arxiv.org/abs/1107.4557, 2011.

[24] Li F H, Huang M, Yang Y, et al. Learning to identify review spam//The 22nd International Joint Conference on Artificial Intelligence, Barcelona, 2011.

[25] Tripadvisor. Tripadvisor Review Transparency Report. https://tripadvisor.com/TransparencyReport 2023#group-section-Fake-Reviews-HZjJZOxSZ4, 2023.

[26] Wu Y, Ngai E W, Wu P, et al. Fake online reviews: literature review, synthesis, and directions for future research. Decision Support Systems, 2020, 132: 113280.

[27] Zhang Z, Li Y, Li H, et al. Restaurants' motivations to solicit fake reviews: a competition perspective. International Journal of Hospitality Management, 2022, 107: 103337.

[28] Petrescu M, O' Leary K, Goldring D, et al. Incentivized reviews: promising the moon for a few stars. Journal of Retailing and Consumer Services, 2018, 41: 288-295.

[29] Anderson M, Magruder J. Learning from the crowd: regression discontinuity estimates of the effects of an online review database. The Economic Journal, 2012, 122(563): 957-989.

[30] Chevalier J A, Mayzlin D. The effect of word of mouth on sales: online book reviews. Journal of Marketing Research, 2006, 43(3): 345-354.

[31] Crawford M, Khoshgoftaar T M, Prusa J D, et al. Survey of review spam detection using machine learning techniques. Journal of Big Data, 2015, 2: 1-24.

[32] Lappas T. Fake reviews: the malicious perspective//International Conference on Applications of Natural Language to Information Systems, Berlin, 2012.

[33] Ho-Dac N N, Carson S J, Moore W L. The effects of positive and negative online customer reviews: do brand strength and category maturity matter?. Journal of Marketing, 2013, 77(6): 37-53.

[34] Jindal N, Liu B. Opinion spam and analysis//the 2008 International Conference on Web Search and Data Mining, New York, 2008.

[35] Radulescu C, Dinsoreanu M, Potolea R. Identification of spam comments using natural language processing techniques//2014 IEEE 10th International Conference on Intelligent Computer Communication and Processing (ICCP), Cluj, 2014.

[36] Alsaleh M, Alarifi A, Al-Quayed F, et al. Combating comment spam with machine learning approaches//2015 IEEE 14th International Conference on Machine Learning and Applications (ICMLA), Miami, 2015.

[37] Zhang Q, Liu C, Zhong S, et al. Spam comments detection with self-extensible dictionary and text-based features//2017 IEEE Symposium on Computers and Communications (ISCC), Heraklion, 2017.

[38] Li A, Qin Z, Liu R, et al. Spam review detection with graph convolutional networks//the 28th ACM International Conference on Information and Knowledge Management, New York, 2019.

[39] Huang G. Spam comment recognition of e-commerce products based on collaborative filtering algorithm//2022 IEEE Asia-Pacific Conference on Image Processing, Electronics and Computers (IPEC), Dalian, 2022.

[40] Chang H H, Wong K H, Chu T W. Online advertorial attributions on consumer responses: materialism as a moderator. Online Information Review, 2018, 42(5): 697-717.

[41] Knoedler S, Sofo G, Kern B, et al. Modern Machiavelli? the illusion of ChatGPT-generated patient reviews in plastic and aesthetic surgery based on 9000 review classifications. Journal of Plastic, Reconstructive & Aesthetic Surgery, 2024, 88: 99-108.

[42] Ho B, Nguyen K L, Dhulipala M, et al. Chatreview: a ChatGPT-enabled natural language processing framework to study domain-specific user reviews. Machine Learning with Applications, 2024, 15: 100522.

[43] Salminen J, Kandpal C, Kamel A M, et al. Creating and detecting fake reviews of online products. Journal of Retailing and Consumer Services, 2022, 64: 102771.

[44] Brown T, Mann B, Ryder N, et al. Language models are few-shot learners. Advances in Neural Information Processing Systems, 2020, 33:1877-1901.

[45] Skowron A, Wang H, Wojna A, et al. Multimodal classification: case studies. Transactions on Rough Sets V, Berlin, 2006, 4100:224-239.

[46] Guillaumin M, Verbeek J, Schmid C. Multimodal semi-supervised learning for image classification// 2010 IEEE Computer Society Conference on Computer Vision and Pattern Recognition, San Francisco, 2010.

[47] Han Z, Yang F, Huang J, et al. Multimodal dynamics: dynamical fusion for trustworthy multimodal classification//2022 IEEE/CVF Conference on Computer Vision and Pattern Recognition (CVPR), New Orleans, 2022.

[48] Sleeman I V W C, Kapoor R, Ghosh P. Multimodal classification: current landscape, taxonomy and future directions. ACM Computing Surveys, 2022, 55(7): 1-31.

[49] Cui Y, Che W, Liu T, et al. Pre-training with whole word masking for Chinese BERT. IEEE/ACM Transactions on Audio, Speech, and Language Processing, 2021, 29: 3504-3514.

[50] He K, Zhang X, Ren S, et al. Deep residual learning for image recognition//2016 IEEE Conference on Computer Vision and Pattern Recognition (CVPR), Las Vegas, 2016.

[51] Dosovitskiy A. An Image is Worth 16×16 Words: Transformers for Image Recognition at Scale. https://arxiv.org/abs/2010.11929, 2020.

[52] Zhang J, Gan R, Wang J, et al. Fengshenbang 1.0: Being the Foundation of Chinese Cognitive Intelligence. https://arxiv.org/abs/2209.02970,2023.

[53] Bai J, Bai S, Yang S, et al. Qwen-VL: A Versatile Vision-Language Model for Understanding, Localization, Text Reading, and Beyond. https://arxiv.org/abs/2308.12966, 2023.

[54] Nguyen T, Wu X, Dong X, et al. Gradient-boosted decision tree for listwise context model in multimodal review helpfulness prediction//The 61st Annual Meeting of the Association for Computational Linguistics, Toronto, 2023.

[55] Wu C, Cao L, Chen J, et al. Modeling different effects of user and product attributes on review sentiment classification. Applied Intelligence,2024, 54(1): 835-850.

[56] Munzel A. Assisting consumers in detecting fake reviews: the role of identity information disclosure and consensus. Journal of Retailing and Consumer Services, 2016, 32: 96-108.

[57] Zaman M, Vo-Thanh T, Nguyen C T, et al. Motives for posting fake reviews: evidence from a cross-cultural comparison. Journal of Business Research, 2023, 154: 113359.

第 7 章　AIGC 视域下虚假评论用户感知与采纳

7.1　问题的提出

第 4~5 章从数据视角出发，探索了一系列虚假评论检测的算法模型，为虚假评论的识别提供了良好的技术基础。而 AIGC 视域下虚假评论的治理是一项更加复杂的行动，仅从技术角度开发检测模型尚不能完全解决当前的虚假评论问题。虚假评论信息之所以会对当前的电子商务环境产生如此强大的负面影响，是因为它会通过受众，即广大消费者用户，对其感知与决策产生影响[1]。虚假评论如果得不到有效的识别和处理，会严重影响用户的购物体验和对平台的信任感。此外，虚假评论的治理不仅依赖技术手段，还需要用户的积极参与和配合，研究用户对虚假评论的感知有助于构建更全面的虚假评论治理体系。本章将从用户视角出发，探寻用户如何通过各种线索感知在线平台上的诸多评论信息，并探讨用户对评论真实性的判断如何影响其决策，从而为探讨虚假评论治理路径提供更加全面的视角。

信息技术的发展、消费者需求的增长以及商业模式的变化等因素都使在线评论成为消费者行为意愿研究中的重要话题。在线评论的研究主题主要分为以下三类：一是在线评论对消费者购买意愿的影响途径，二是消费者参与在线评论交流的原因，三是如何利用在线评论制定企业的营销策略[2]。而在线虚假评论旨在人为地提升或贬低特定商品(服务)的声誉，其根本目的是误导潜在消费者，使他们可能基于这些虚假信息做出具有风险性的消费决策。虚假在线评论的泛滥严重削弱了评论信息的真实性和参考价值，极大地干扰了潜在消费者的判断能力，导致他们难以做出明智的消费选择[3]。此外，在线虚假评论扭曲商品评价，严重干扰了平台评论挖掘效果与消费者决策，造成市场混乱。商家与平台数据失真，消费者购物失策，形成恶性循环。信任危机一旦爆发，将重创整个网络购物环境的信誉[4]。

随着人工智能在在线评论平台中的应用，人工智能生成评论在不断扩大的在线市场中快速增加[5-7]。生成式人工智能的思维认知和表达方式与人类更加贴合，能够借助生成文本、图片、视频等内容快速、便捷地解决某些问题。生成式人工智能能够超越简单的数据复制或模式识别，通过复杂的智能算法从大量数据中学习并提取关键特征，进而创造出全新的、独特且非同质性的内容[8]。与此同时，人工智能生成内容仿真性高，存在来源难以保证、可信度难以判定等情况，已有研究人员通过在 ChatGPT、Microsoft Designer、Lexica Art 等工具中输入测试问题，获得生成式人工智能系统自动生成的文本内容或相关图片，经核实后发现所获人工智能生成信息的错误率为 75%[9]。人工智能生成信息的泛用和滥用会带来一定的负面作用，如对于人工智能生成的虚假或偏见评论，用户的采纳会造成不知情的购买决策，损害商家的声誉[10,11]。

为了解决这一问题，政府和企业已经实施了一些政策，强制要求对人工智能生成内容进行明确标注[12,13]。2023 年，国家互联网信息办公室联合其他部门共同出台《生成式人工智能服务管理暂行办法》，要求服务提供商明确标注人工智能生成内容[14]，该办法在"技术发展与治理"中规范数据处理与标注活动，有利于有效区分人类创作与机器生成的内容，以确保技术的健康、合法发展，旨在构建积极的应用生态，这也是我国在生成式人工智能治理方面迈出的坚实一步。同样在 2023 年，谷歌商户中心也颁布了针对人工智能生成评论的政策，要求将谷歌产品评论中利用自动化程序或人工智能应用程序生成的评论标注为垃圾信息[15]，这一做法不仅有助于维护评论系统的公正性，还能防止误导性信息的传播，保护消费者的合法权益。随着生成式人工智能的飞速发展，对其进行合理引导和规范已成为不可或缺的一环。政府和企业在这一过程中发挥了关键作用，通过制定和实施相关政策，不仅能确保信息的真实性与透明度，构筑了市场信任的基石，还能有效促进市场的公平竞争，保护消费者的合法权益，为构建一个健康的市场生态奠定坚实基础。同时，它也推动了技术与安全的深度融合，为实现科技发展与安全保障的和谐共生提供了重要支持。

目前，研究人员对人工智能生成评论的识别和标注问题有了更多的关注，包括技术方面和伦理方面的考虑。越来越多的文献对人工智能生成评论的检测技术进行了深入研究，利用人工智能生成评论的独特特征进行识别与检测，特别是基于文本和评论者的特征[6,16,17]。基于评论文本的识别侧重于利用评论的文本内容、语义特征等属性来辨别其真实性，而基于评论者的识别特别针对那些专业的虚假评论者，他们擅长模仿真实用户的评论风格和语言习惯来撰写误导性的评论[18]。也有学者根据虚假评论识别研究针对的对象分类，将研究内容分为虚假评论文本识别、虚假评论者识别和虚假评论群组识别，其中，虚假评论群组指一定数量的评论者有组织地对某个产品进行虚假评论[19]，如余传明等[20]构建基于个人-群体-商户的主体关系模型，全面量化并分析个体、群体和商户的行为特性，深入揭示它们之间的关系网络。人工智能生成评论的识别与标注不仅是技术难题的攻克，更是伦理道德建设的迫切需求。随着研究的深入，有学者倡导建立和实施人工智能生成内容的伦理准则，重点是通过清晰的标签确保透明度[12,21-23]，这不仅是对技术发展的规范，更是对社会公序良俗的维护，在提升公众对人工智能生成内容的认知与信任的同时，还能够促进技术的健康发展，避免其被滥用或误导。

即使对人工智能生成的信息进行了精确识别和明确标注，用户对其的感知和接受度仍然受到多种复杂因素的影响，用户仍然可能基于内容本身的质量、呈现方式以及自身对信息来源的信任程度评估其准确性和可信性。如果人工智能生成的内容在逻辑上通畅、语言上连贯、信息上准确、时间上及时，用户很可能忽略其产生方式，对人工智能生成信息产生积极的感知，并倾向于采纳。例如，尽管多媒体新闻机构路透社明确标注其报道是人工智能生成的，但读者仍可能认为这些内容准确、及时，从而导致其被采纳[13]。这种现象的产生可能存在多种原因，社会认同和群体影响也是重要的影响因素，如有学者发现人们在人工智能背景下展现出明显的从众倾向[24]，如果用户周围的社交网络或社群普遍对人工智能生成的内容持积极态度，他们也可能受到影响，从而更倾向于接受这类内容。这种对附有明确标注的人工智能生成信息采纳的倾向可能也适用于人工智能生成评论，在这种情况下，明确的标注并不总能阻止用户对评论特征形成积极的感知并接受它们。这凸显了目前对人工智能生成评论的明确标注如何切实影响用户对评论特征的感知以及用户随后对这些评论的采纳存在理解上的差距。

为了解决这一重要但尚未得到充分探讨的问题，本章借鉴启发-系统式模型和信息采纳模型，构建了人工智能生成评论采纳的认知模型。本章调研了当评论被明确标注为人工智能生成时，用户如何细致分辨并感知该评论中的系统式特征和启发式特征，以及这些感知如何影响他们对该评论的采纳。本章的发现揭示出用户对人工智能生成评论的系统式线索和启发式线索的感知，而用户对不同线索的感知会对他们的评论采纳行为产生独立效应和叠加效应。这一发现为人工智能生成评论采纳背后的认知机制提供了有价值的见解，丰富了用户对人工智能生成内容的认知图景。不仅为优化人工智能在在线评论领域的应用策略提供了科学依据，还能指导如何改进人工智能生成内容的标注实践，以更好地引导用户理解和接受这一新兴的信息创造和传播的方式。

7.2　研 究 现 状

虚假评论的概念最早由 Jindal 等[25]提出，是指针对产品或服务有意发表的、虚假的、具有欺骗性质的评论。这种现象随着社交媒体平台的普及而日益严重，因为这些平台提供了一个可以即时、直接、快速且低成本分享新闻的广阔空间。虚假评论的概念与以下几个相关术语紧密相连[26]：虚假信息指非故意分享的错误信息，而不实信息则是故意制造并分享的已知是错误的信息。这种信息的传播通常带有某种目的，比如误导公众、影响选举结果或其他决策过程。虚假新闻则是指在互联网上传播的、看似合法的误导性信息。

随着 AI 技术的快速发展，基于大型语言模型的 AI 生成文本在风格和质量上越来越接近人类写作，这给在线评论系统的可信度带来了挑战。研究人员已经投入了相当大的精力来开发用于检测人工智能生成评论的框架和模型[27,28]。Cao 等[29]提出的欺骗性评论检测框架通过结合粗粒度主题分布特征和细粒度单词向量隐含语义特征，有效地提升了在线评论欺骗性检测的性能，克服了单一特征检测方法的局限性。Abayomi-Alli 等[30]揭示了机器学习算法在识别中的高效性，以及文档频率、词频和 n-gram 技术在特征选择过程中的关键作用。Kumar 等[31]通过分析用户特征和它们之间的交互，并利用多种监督学习技术构建强大的元分类器来检测在线平台上的评论操纵。Kim 等[32]利用人际欺骗理论和主题建模技术，深入分析了评论者发布虚假评论与真实评论的意图，揭示了评论者在文本内容和情感表达上的关键差异。Ozbay 和 Alatas[33]开发了一个基于监督 AI 的两步检测模型，该模型通过先进的文本分析和多种智能分类算法可以在社交媒体上有效地识别虚假评论。Abedin 等[34]开发了一个集成的预测模型，该模型结合了人类视角和数据驱动技术，通过分析 Yelp 过滤算法和人群感知标注的数据集，有效地区分了在线评论的真伪。

目前的研究重点关注基于文本和基于评论者的特征[6,35,36]。研究人员通过比较 AI 生成文本和人类生成文本在不同方面的差异，识别出了一些关键的语言特征。在语言特征方面，Jawahar 等[37]发现，AI 生成的文本在词性频率、术语使用、句子长度分布、语法结构复杂性、词汇多样性、语义连贯性、上下文一致性以及风格一致性等方面展现出与人类写作不同的特定模式。而 Markowitz 等[38]发现，AI 在模仿人类语言特征时，倾向于使用更多的情感词汇、更丰富的形容词以及更复杂的句式结构，而人类作者的文本则在这些方面展现出更自然的平衡和流畅性。除了语言特征，语义特征也是区分 AI 生成文本的关键。Cao 等[39]提出了一种基于独立多特征学习和分类训练的先进虚假评论检测模型，利用卷积神经网络捕捉局部语义、双向门控循环单元分析时序语义以及自注意力机制强调加权特征，综合这些策略以提高识别精度，并为对抗深度学习语言模型攻击提供了新的防御方向。在类似人类错误方面，Juuti 等[16]讨论了 AI 生成的评论通过引入类似人类的误差，如随机拼写错误和打字错误，来模仿人类写作中的自然缺陷，但这些评论仍然缺乏人类评论所具有的深度语义理解和上下文一致性，导致在某些情况下，AI 评论可能在语法结构和逻辑连贯性上显得不够自然。语义连贯性同样是一种重要的特征，Bao 等[40]提出了一种先进的神经网络架构，称为 SC-Net，该架构专注于学习文本序列的语义连贯性，为自然语言处理领域中自动文本生成质量的评估提供了一种新的解决方案。而 Perez-Castro 等[5]则聚焦于情感极性的特征，他们指出通过调节情感表达的正负倾向，可以显著影响文本被感知为真实或虚假的准确性。Du 等[41]则提出了一种综合的欺骗性评论检测框架，该框架创新性地融合了词级、块级和句子级的话题情感模型，通过提取和分析文本在不同层级上的语义信息，有效地提高了对在线欺骗性评论的检测精度。

在基于评论者的特征方面，研究人员通过深入分析，发现了人工智能生成的评论展现出一些特定的模式。Crothers 等[42]通过威胁建模过程，深入分析了 AI 生成文本可能带来的风险，将评论者特征作为一个重要的维度考虑进去。而 Yao 等[43]表明恶意用户可能会在短时间内集中发布大量评论或在同一时间段内创建多个账户，这种时间上的异常集中性可以作为识别虚假评论的指标之一，他们提出了自动化防御措施，以对抗这些基于深度学习语言模型的攻击。这些特征的多维特性凸显了在在线评论平台中分辨人工智能生成评论的挑战。

除了开发人工智能生成评论的检测技术，由于国家公共权力在 AIGC 监管中的介入程度难以把握且生成内容权利的所有权和侵权责任的确定仍在探索中[44]，研究人员还呼吁完善人工智能生成评论标签的政策和法律框架[45]。例如，Shukla 等[46]指出联邦贸易委员会的监管作用是电子商务巨头和在线评论平台采纳身份管理和验证服务以及虚假评论检测技术的关键因素，可以通过法律诉讼强化消费者保护，维护评论的诚信度。给人工智能生成评论贴标签被视为人类与人工智能合作生成内容的重要治理工具，不仅可以提高用户对内容透明度的认知，而且有助于引导用户更加审慎地评估信息质量，从而做出更加明智的判断[47,48]。

尽管研究者们在识别和标注由人工智能生成的评论方面做出了显著的努力，旨在区分机器生成文本与人类自然语言的差异，但现有研究往往集中在技术层面的突破，而从用户视角出发的研究则相对欠缺。具体来说，目前对于个人如何感知人工智能生成评论的特征、这些特征如何影响用户的态度和行为，以及用户对这类评论的接受程度和信任度等方面的理解还不够深入。这种差距的存在，不仅限制了我们对人工智能生成评论社会影响的全面认识，也对制定有效的管理策略和用户教育措施提出了挑战。因此，有必要开展实证研究，深入探讨人工智能生成评论的标签对用户感知的影响，以及这种感知如何进一步影响用户对这些评论的采纳情况和信任度。通过这样的研究，我们可以更好地理解人工智能技术在社会交流中的作用，评估其对人类交流模式和决策过程的潜在影响，并为制定相应的政策和指导原则提供科学依据。此外，实证研究还能够揭示不同用户群体对人工智能生成评论的不同反应,为定制化的信息提示和用户界面设计提供参考。因此,未来的研究应当更多地关注用户视角,通过实证研究来丰富我们对人工智能生成评论影响机制的理解,并为构建一个更加健康、透明的信息生态系统提供支持。

7.3 模 型 构 建

7.3.1 理论背景

(1) 启发-系统式模型。

启发-系统式模型(heuristic-systematic model,HSM)是一种成熟的社会认知模型,也是目前社会心理学领域应用最广泛的说服双过程模型之一[49],它解释了个体如何处理启发式线索和系统式线索以做出决策[50,51]。信息系统领域已基于HSM 模型开展大量研究。关于研究方法,问卷调查、元分析、实验法等定量研究方法得到了大量应用;同时,焦点小组讨论等定性研究方法也有涉及。关于研究情境,涵盖大众点评、新浪微博、微信公众号、抖音等各类在线平台,探究内容涉及用户的消费决策、信息采纳、信息搜索等各类信息行为[52]。具体而言,赵超[53]采用 HSM 进行实验研究,对两种网络用户信息行为——浏览和查找用户的介入程度、对信息的评价以及是否具备相信自己准确评价了信息的自信心和行为意向上的差异进行考察;王妍[54]借助 HSM 构建科普互动视频传播效果的影响因素模型并进行实证分析,发现启发式线索是影响传播效果的重要因素;黄鹂强等[55]基于 HSM 构建了一个模型,研究消费者对商品的熟悉程度对其在搜索结果中的点击位置的影响,即存在启发式和系统式两种行为模式。具体地说,对于消费者熟悉的那些产品,他们更多地点击靠近中间位置的选项,而对于消费者不太熟悉的商品,他们更多地点击搜索结果中比较靠前的选项;丛挺等[56]使用 HSM对"扇贝每日英语"抖音短视频账号传播内容与用户参与度进行实证分析,发现基于内容的系统式线索内容中用户参与度更高,而基于情境的启发式线索内容的参与度则相对较弱;陈明红等[57]采用 HSM,从行为决策的一般规律出发,构建学术虚拟社区持续知识共享意愿的理论模型,发现知识共享满意度同时受到系统式因素(知识共享质量、知识共享有用性)和启发式因素(知识共享数量、知识来源可信度)的影响。HSM 之所以能广泛应用是由于它的自由度与灵活度为其适应更广泛的研究主体需求提供了有力支撑,借助 HSM 分析用户行为,更符合用户心理,反映用户感性与理性相互交叉的认知与思维方式[58]。根据该模型,人类社会活动中的信息处理模式有启发式和系统式两种。启发式指的是主体由于缺乏能力或动机,从而依靠二手信息如他人评价或声誉来决策,自身投入的时间和精力很少。系统式指的是主体在全方位地思考信息内容之后所做出的判断，这些线索包括信息本身的内容特征，例如内容主题和视频时长等，与视频自身的质量密切相关[59]。

启发式线索(如来源可信度)是很容易获得，并能促使人们利用简单的决策规则快速做出判断[60,61]。相反，系统式线索(如信息质量)则需要付出更大的认知努力，并依靠动机、能力和积累的知识来形成判断[62,63]。

个人对启发式线索和系统式线索的处理可能同时发生并相互作用，从而有可能产生叠加效应[64-67]。当两种线索的联合处理对用户的感知和判断产生的影响比这些线索独立处理时更大，就会产生这种效应。要产生叠加效应，必须满足两个条件：①两个线索对因变量的直接效应的方向必须一致，②对一个线索的处理必须促进对另一个线索的处理。满足这些条件后，组合线索就能对因变量产生叠加影响，从而放大整体效应[68]。

叠加效应可根据所涉及的线索类型进行分类：①启发式线索和系统式线索的叠加效应。例如，当一个治疗方案由具有较高学历和职位的医生推荐时(启发式线索)，患者更容易认可该治疗方案的质量(系统式线索)，从而导致该治疗方案的采纳的可能性提高。患者对治疗质量的感知与对医生资质的感知之间的这种协同作用以叠加的方式显著影响了患者的意向[69]。②不同启发式线索的叠加效应。例如，用户对来源专业性的感知(启发式线索)会增强他们对来源可信度的感知(启发式线索)。与那些仅被认为是可信的来源相比，用户更倾向于分享那些被认为具有高度可信性和专业性的来源提供的信息。在这里，感知到的来源专业性和可信度之间的相互作用放大了用户分享信息的概率，说明了对用户意图的叠加效应[70]。

(2) 信息采纳模型。

信息采纳模型(information adoption model，IAM)深入研究了个人采纳特定信息背后错综复杂的认知机制。它强调信息质量和信息来源可信度都会对感知有用性产生积极影响，从而增强个人采纳信息的意愿[71,72]，已有许多学者从不同角度验证了不同情境中信息质量对个体感知信息有用性及其采纳意愿的显著影响[73]。信息质量与信息中论点的说服力有关，而信息来源可信度则包括信息来源的可信赖性、专业性和可靠性[74]。感知有用性包括个人对信息为其预期行为或目标提供的益处的总体评估[75,76]，对信息采纳有积极影响[72]。在健康信息采纳行为研究领域，IAM 一直是诸多研究采用的信息行为模型，也是被选择应用到不同健康信息采纳研究场景的经典模型[77]。比较典型的研究有：孙竹梅[78]基于社交媒体平台传播的健康信息是否能够取得预期的传播效果，对社交媒体健康信息采纳影响因素进行研究。在国内外相关研究文献调研的基础上，结合探索性用户访谈确定了社交媒体健康信息采纳的影响因素，构建社交媒体健康信息采纳影响因素理论模型；莫敏等[79]为揭示用户采纳在线问诊信息意愿的影响因素，结合信息采纳模型构建用户采纳意愿影响因素理论模型，对在线医疗平台的运营管理提供具体可行的建议；王刚[80]引入健康信念理论、信息采纳理论、信任等理论对国内外健康信息采纳相关研究进行归纳和总结，并将性别、年龄等人口学变量以及自我效能、健康信息采纳意愿等因素纳入检验框架，构建了微信公众号情境中健康信息采纳意愿影响因素研究的理论模型，探讨并验证影响用户采纳健康信息的关键因素；刘助[81]参考传统的信息采纳模型架构，结合在线健康社区中用户对相关信息的需求和采纳的实际背景，构建了在线健康社区的用户信息采纳影响因素研究模型，整合出影响在线健康社区用户信息采纳的因素，并探究这些影响因素对用户信息采纳的作用机理。

　　启发-系统式模型和信息采纳模型的整合为研究用户采纳人工智能生成评论的认知机制奠定了理论基础，如图 7.1 所示。启发-系统式模型认为，系统式和启发式线索能够以独立[82]和叠加的方式影响个人的判断和决策[67]。根据信息采纳模型，信息质量和信息来源可信度都会对感知有用性产生积极影响，从而塑造信息采纳[72]。值得注意的是，信息质量属于系统式线索，而来源可信度属于启发式线索。这些见解表明，系统式线索和启发式线索可能通过塑造感知有用性来影响信息采纳，有可能对感知有用性产生独立效应的叠加效应。

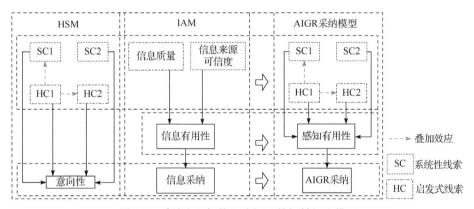

图 7.1　采纳人工智能生成评论的初始概念模型

　　在这一初始概念模型的基础上，本章深入探讨了用户对人工智能生成评论中启发式和系统式线索的感知，如表 7.1 所示。图 7.2 直观地描绘了一个典型的人工智能生成评论中的这些线索。

表 7.1　人工智能生成评论中的启发式线索和系统式线索

类别	子类别	定义	具体线索
系统性线索	评论质量	评论质量是指 AIGFR 中包含的论点的强度，它描述了用户认为评论内容有意义、准确、可理解、合理、及时、相关、全面的程度[83]。	全面性 准确性 相关性[11,71] 论点强度与质量 评论内容完整性 评论语法与拼写 评论逻辑性[85]
	评论可信度	评论可信度是指用户认为 AIGFR 中包含的信息可信、值得信赖和有效的程度[84]。	评论内容专业性 评论时效性 评论证据质量[87]
启发式线索	评论来源可信度	评论来源可信度是指 AIGFR 来源的专业性和值得信赖程度，它描述了用户对 AIGFR 来源传递有效和诚实信息的信心程度[85,86]。	评论来源专业度 评论来源社会认可度 评论来源透明度 评论来源可追溯性 来源以往评论可信度[87-89]
	评论框架	评论框架是指通过选择特定的词语、句子结构和观点来呈现 AIGFR，以塑造、传达和传递信息，它可以通过强调不同的方面来影响受众的态度、信念和行为，而不是改变评论本身[89,90]。	评论情绪基调 评论价值观视角 评论比较框架[91]
	评论一致性	评论一致性是指在不同时间或情境下，针对同一主题、产品、服务或经验的多个 AIGFR 评论之间的一致性程度，它涵盖时间、主题、来源、文本上的一致性[92]。	评论时间一致性 评论主题一致性 评论来源一致性 评论文本一致性[95]
	评论丰富度	评论丰富度是指 AIGFR 的信息量和详尽程度，它包含评论表述、评论形式、评论数量等方面的丰富度[93]。	评论形式(文字、图片、视频) 评论数量 评论字数 评论内容丰富度[96]
	评论交互性	评论交互性是指 AIGFR 评论者与其他用户、产品或服务提供者之间的交流和互动能力，包括回复与讨论、点赞与分享、评价与投票等内容[94,95]。	评论交互频率 评论交互形式 评论交互数量 评论交互时间[96]

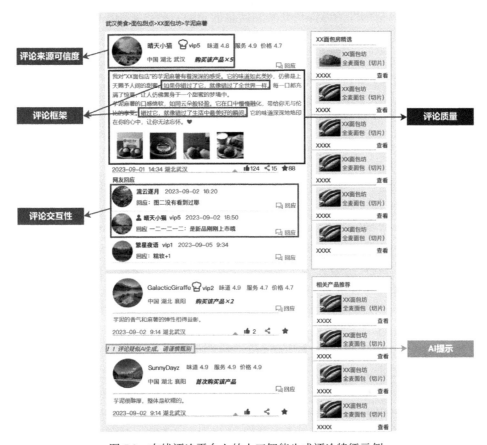

图 7.2　在线评论平台上的人工智能生成评论特征示例

7.3.2　假设发展

基于有关人工智能生成评论采纳的理论框架以及人工智能生成评论中的启发式线索和系统式线索，本章介绍了人工智能生成评论采纳的理论模型，称为"人工智能生成评论采纳模型"，如图 7.3 所示。

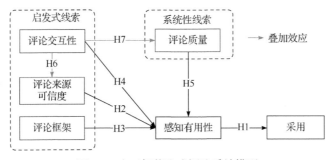

图 7.3　人工智能生成评论采纳模型

用户对信息有用性的感知对其采纳信息的意向有积极影响[97]。在在线评论的背景下，可以观察到用户对此类评论的感知有用性会促使他们采纳这些评论[98,99]。房晓芸[100]对在线评论及其有用性、在线评论语言风格、调节定向理论和感知诊断性进行了整理，构建了在线评论语言风格影响消费者评论有用性感知的概念模型，得到了有价值的结论。具体来说，对于预防定向消费者，陈述性语言风格的在线评论更能引起消费者的评论有用性感知，而对于促进定向消费者，修辞性语言风格的在线评论更能引起消费者的评论有用性感知。因此，本章提出以下假设：

假设 1：用户对人工智能生成评论的感知有用性会积极影响他们对人工智能生成评论的采纳。

(1) 启发式线索对用户人工智能生成评论感知有用性的独立效应。

评论来源的可信度在决定信息的说服力方面起着举足轻重的作用，反映了用户对人工智能生成评论的评论者的信任程度[76]。用户可以通过评估评论者的可信度，通常是通过他们的在线简介，来辨别不真实或被篡改的评论[101]。先前的研究表明来源可信度，包含专业性和可信赖性等要素，会影响用户对评论有用性的感知[102,103]。例如，在时尚零售网站上，由公认的时尚专家撰写的评论通常被认为更有用，从而影响用户对产品或服务的评价[101]。赵梦媛[104]基于启发式-系统式模型的核心理论，为识别在线创新社区中包含用户创意评论的影响因素提供了一个更全面的模型，将评论者个人信息、评论内容等客观因素纳入考虑范围。因此，本章提出以下假设：

假设 2：人工智能生成评论的来源可信度对人工智能生成评论的感知有用性有积极影响。

评论框架策略性地引导人工智能生成评论的重点，利用句子结构和语言手段作为影响认知过程的强大话语信号。即使信息完全相同，用户也会因为某些信念或其感知意义的微妙放大而表现出不一致的判断或行为——积极的或消极的[105-107]。具体来说，收益框架强调遵循评论建议的益处，而损失框架则强调不遵守建议的后果[108,109]。先前的研究表明，评论框架会影响用户对其有用性的评价。例如，Kamoen 等[110]的研究表明，在在线酒店评论中，使用"好"等直接措辞的收益框架评论比使用"还不错"等间接措辞的评论获得的评分更高。基于这些发现，本章提出以下假设：

假设 3：人工智能生成评论的框架对人工智能生成评论的感知有用性有积极影响。

评论交互性反映了评论者与消费者和其他评论者之间的双向交流[95]。由于认识到人与人之间的互动和人与人工智能之间的互动存在差异，评论交互性成为用户识别人工智能生成评论的一个重要指标。提供类似于人与人工智能交流的交互体验的评论很可能被视为人工智能生成的评论[111,112]。评论交互性可以通过评论平台上的"帮助"、"评论"和"分享"等行为来体现。与这些互动形式相关的行为各不相同；例如，与"帮助"和"分享"相比，"评论"需要用户投入更多的认知和时间。这是因为评论需要对内容进行全面评估，并判断其是否值得进一步讨论[113]。反之，评论者的回复可以补充原始评论，从而减少用户对内容的不确定性[69]。赵洁等[114]基于刺激-有机体-反应(stimuli-organism-response，SOR)模型，运用 Python 爬虫技术获取真实的直播动态数据，探究了任务型和关系型互动对不同用户参与行为(在线观看、点赞与评论)的影响，并研究了感知价值(包括感知信息价值与感知娱乐价值)的中介作用。研究结果显示，任务型互动对于用户评论有显著影响，但对用户在线观看和点赞影响不显著；相比之下，关系型互动对所有因变量均有显著影响。此外，作为中介变量的感知信息价值和感知娱乐价值，在主播互动和用户参与行为之间发挥了部分的中介作用。通过互动交流，用户可能会对评论者产生更大的信任，并提高对评论价值的认识。因此，本章提出以下假设：

假设 4：人工智能生成评论的交互性对人工智能生成评论的感知有用性有积极影响。

(2) 系统式线索对用户人工智能生成评论感知有用性的独立效应。

感知有用性是指用户针对产品或内容服务对其自身有用的体验感受[115]。评论的感知质量反映了用户对人工智能生成评论价值的评估。具有全面描述、附有照片和令人信服的论据的评论往往会受到更严格的审查，也更有可能被接受[99]。Camilleri 等[103]发现，评论质量与其感知有用性之间存在直接关系，这表明高质量的评论被认为更有用。用户通常认为容易理解、可靠和清晰的评论更有用。因此，本章提出以下假设：

假设 5：人工智能生成评论的质量对人工智能生成评论的感知有用性有积极影响。

(3) 不同的启发式线索对用户人工智能生成评论感知有用性的叠加效应。

产品评论者的回应能力增强了对在线用户的信任感。这种信任来自于评论者的互动，他们的互动展示了他们积极的态度和专业性，从而减轻了消费者的疑虑，提高了来源的可信度[116]。例如，Vafeiadis[117]的研究表明，消费者与评论者之间信息交互性的增加与关系、声誉和行为结果的改善相关。本章提出以下假设：

假设 6：人工智能生成评论的交互性对用户人工智能生成评论的来源可信度的感知有积极影响。

(4) 启发式线索和系统式线索对用户人工智能生成评论感知有用性的叠加效应

评论者交互性不仅能促进消费者对评论者的信任，还能增强他们对评论客观性的信心[69]。通过在互动中提供额外信息，评论者可以提高原始评论的质量[69]。此外，评论者和用户之间的积极交流为评估评论质量提供了有效的"捷径"，从而节省了时间和认知资源[118]。刘启华等[119]基于不确定性降低理论，使用半结构式深度访谈法探究在线评论影响消费者退货意愿的内在心理机制的研究发现，在原始访谈资料中，24 位(92.30%)受访者提到了交互性在在线评论影响产品不确定性中的重要作用，如"在某些直播间中，主播会根据观众的要求选择身材不同的模特来展示产品，这样能够直观地了解到该产品是否适合我，所以我很少再去看评论"，这表明交互性在可视性评论影响产品匹配不确定性的过程中具有负向调节作用。因此，本章提出以下假设：

假设 7：人工智能生成评论的交互性对用户人工智能生成评论的评论质量的感知有积极影响。

7.4　研究方法及实验

首先，根据前人的研究成果，以启发-系统式模型和信息采纳模型为基础，开发了人工智能生成评论的感知与采纳的认知模型。科学设计用户人工智能生成评论采纳的调查问卷，在线上使用问卷调查法进行用户感知与采纳行为调查，掌握真实数据。

其次，通过定性、定量的方法开展研究，采用结构方程模型的分析方法，对提出的理论模型进行拟合验证，阐明了人工智能生成评论中的启发式线索和系统式线索对人工智能生成评论感知有用性的独立效应和叠加效应。

最后，本书为增强人工智能生成的在线评论平台和优化人工智能生成的评论标签提供了切实可行的策略。

7.4.1　调查问卷

本章采用发放问卷的方式进行用户调研，共使用6个量表，18个测量项目，如表7.2～表7.7所示，所有建构都是使用先前研究中验证过的量表进行测量的。

测量人工智能生成评论采纳(review adoption，RA)的三个项目改编自Zhou[120]和 Shen 等[121]。

表 7.2　人工智能生成评论采纳量表

题项	题目
RA1	上述评论塑造了我对该餐厅的看法
RA2	我愿意遵循上述评论中的建议
RA3	我在选择餐厅时会参考上述评论

测量感知有用性(perceived usefulness，PU)的 4 个项目改编自 Sussman 和 Siegal[122]。

表 7.3　感知有用性量表

题项	题目
PU1	上述评论为我提供了该餐厅的信息
PU2	上述评论有助于我了解该餐厅
PU3	上述评论对我决定是否去该餐厅就餐有帮助

在测量评论质量(review quality，RQ)时，3 个项目改编自 Cheung 等[123]和 Wang 等[124]。

表 7.4　评论质量量表

题项	题目
RQ1	上述评论是全面的，提到了关于该餐厅的各个方面
RQ2	上述评论是准确的，没有明显的错误
RQ3	上述评论和该餐厅是密切相关的

测量评论交互性(review interactivity，RI)的 3 个项目改编自 Chang[99]。

表 7.5　评论交互性量表

题项	题目
RI1	评论者与不同的用户互动
RI2	评论者及时与其他用户互动
RI3	评论者用转评赞等多样的方式和其他用户互动

测量评论来源可信度(review source credibility，SC)的 3 个项目改编自 Li 等[87]和 Li 等[89]。

表 7.6　评论来源可信度量表

题项	题目
SC1	评论者具有丰富的经验
SC2	评论者具有良好的声誉
SC3	评论者是值得信赖的

测量评论框架(review frame，RF)的 2 个项目改编自 Wang 等[91]。

表 7.7　评论框架量表

题项	题目
RF1	上述评论强调了在该餐厅就餐的好处或优点
RF2	上述评论强调了不在该餐厅就餐我会错过什么

所有项目均采用李克特五级量表评分。在分发之前，对调查问卷进行了预测试，以确保其可行性，并收集对项目措辞和用语的反馈意见，在后续修改和完善后，得到问卷的最终版本。

7.4.2　场景设计

在开始问卷调查时，被试者需要根据模拟餐厅点评平台提供的信息来决定是否选择一家餐厅就餐。模拟界面的设计与经典的评论平台相似，评论内容由人工智能生成。评论内容被明确标记为可能由人工智能生成。被试查看所有信息后，完成调查。图 7.4 展示了餐厅点评界面。

图 7.4　模拟餐厅在线评论展示界面

7.4.3 数据收集

数据是通过网络平台及社交媒体进行在线调查收集的，共收集到 277 份问卷，去除验证问题填写错误和填写不完整、填写用时过少的问卷 13 份，共留下 264 份有效问卷纳入分析，问卷有效回收率 95.3%。

在这 264 名被试中，199 人(75.38%)为男性。在年龄分布方面，被试的年龄从 18 岁到 55 岁不等，其中，18 岁～25 岁的参与者占大多数(65.53%，n=173)，其次是 26 岁～35 岁年龄段的 31.82%(n=84)，以及 36 岁～45 岁年龄段的 1.89%(n=5)和 46 岁～55 岁年龄段的 0.76%(n=2)。在学历方面，本科生最多，占 50.76%(人数=134)，其次是大专和研究生，分别占 29.92%(人数=79)和 14.02%(人数=37)。所有受访者都是在线餐厅评论平台的用户，其中每月使用 1～5 次的占 41.13%(人数=109)，每周使用 1～5 次的占 41.13%(人数=109)，每天使用 1～5 次的占 6.04%(人数=16)，偶尔使用的占 11.32%(人数=30)。图 7.5 直观显示了这些人口统计特征。

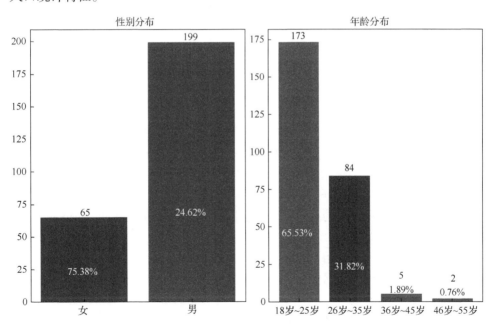

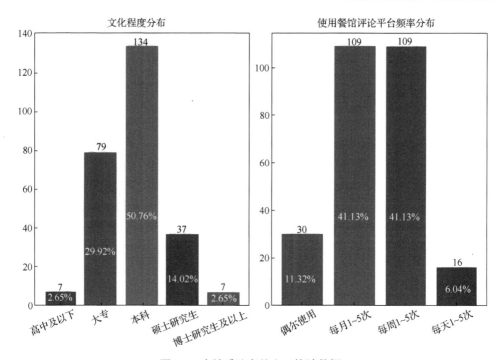

图 7.5　有效受访者的人口统计数据

7.4.4　数据分析

本章利用 AMOS 26，采用结构方程建模(structural equation model，SEM)方法检验理论模型。使用两阶段方法对全样本数据进行分析。

结构方程模型是用来检验和探究一系列变量间的关系(有时包括显变量和潜变量)的统计方法。一般采用路径分析探究变量之间的因果，用验证性因子分析探究潜变量和显变量之间的关系，用潜增长曲线模型(latent growth curve model，LGM)估计纵向数据的初始、变化、结构斜率和方差[126]。在应用中，大部分情况是先从一个预设的模型开始，然后将此模型与所掌握的样本数据相互印证。如果发现预设的模型与样本数据拟合得并不是很好，那么就将预设的模型进行修改，然后再检验，不断重复这样的过程，直至最终获得一个与数据拟合度足够高且同时各个参数估计值也有合理解释的模型[127]。

(1) 评估测量模型。

克隆巴赫系数(Cronbach's alpha)作为信度的指标，是目前社会科学研究最常使用的信度评估工具，依据一定公式估量测验的内部一致性。一般来说，该系数越高，表明被检试对象的信度越高。

在基础研究中，信度至少应达到 0.80 才可接受；在探索性研究中，信度只要达到 0.70 就可接受；介于 0.70～0.98 均属高信度，而低于 0.35 则为低信度，必须予以拒绝。目前，该指数广泛应用于社会科学实证研究的领域中[128]。

组合信度(composite reliability，CR)是指一个组合变量(由多于一个变量的总和组成的新变量)的信度。信度就是对测量结果一致性程度的估计，而综合评价模型的信度是指评价模型对评价对象进行评价时评价结果的一致性程度[129]。在经典测量理论中，信度就是一组测量分数中真分数方差与实测方差的比率[130]。

若变量 $y=x_1+x_2$，则 y 就是一个组合变量。x_1 和 x_2 就是用来测量构念 y 的两个项目，在分析的时候，我们通常是把构念的测量项目求平均数来代表这个构念(即 $y=(x_1+x_2)/2$，注意，除以 2 对我们以下的讨论不影响，因为把一个变量除以一个常数不会影响它的信度)。因此，必须保证使用多个项目构建另一个变量 y 时，这个构建关系是可靠的。该测量指标也被用于各领域研究中，如江文奇[131]对组合信度权重进行修正，刘爱玲等[132]使用组合信度和效度开展医学领域研究。

因子载荷 a_{ij} 的统计意义就是第 i 个变量与第 j 个公共因子的相关系数，即表示 x_i 依赖 F_j 的分量(比重)。因子载荷概念来源于因子分析。因子分析法通过研究变量间的相关系数矩阵，把这些变量间错综复杂的关系归结成少数几个综合因子，找到潜在的因子或构建维度，将多个变量归纳为较少的几个潜在因子，以简化数据分析和解释。

因子载荷简单地说就是个别变数与因子之间的相关性，数值介于–1～1。因子载荷的平方也就是这个因子可以解释多少这个变数。举例来说，如果因子载荷是 0.5，那表示该因子可解释此变量 0.24 的变化。由于一个因子会与多个变数相关，所以因子载荷也可以解读成这个变量有多接近这个因子。在 Hair[133]的研究中，低于 0.4 的因子载荷是低，0.6 以上是高，高于 0.6 的因子才能被归入这个变量，认为属于这个变量的因子。

平均方差抽取量(average variance extracted，AVE)是通过因子载荷量计算的表示收敛效度的指标值。AVE 的值越高，测量变量的变异数中由构念解释的部分越多，表示构念具有越高的信度与收敛效度。Fornell 和 Larcker 指出[134]，AVE 的值理想上标准值需大于 0.5。

计算公式如下

$$\text{AVE} = \frac{\left(\sum \lambda^2\right)}{\left[\left(\sum \lambda^2\right) + \sum \theta\right]} \tag{7-1}$$

其中，λ 表示因子载荷量，θ 表示测量误差。

(2) 评估结构模型。

模型与数据的拟合度采用以下拟合指数和推荐水平进行评估。

卡方/自由度(χ^2/df)用于检验选定的模型协方差矩阵与观察数据协方差矩阵相匹配的假设。χ^2值越小，说明实际矩阵和输入矩阵的差异越小，假设模型和样本数据之间拟合程度越好。原假设是模型协方差阵等于样本协方差阵。如果模型拟合得好，则卡方值应该不显著。在这种情况下，数据拟合不好的模型被拒绝，建议值为小于5[135]。

拟合优度指数(goodness of fit index，GFI)和调整拟合优度指数(adjusted goodness of fit，AGFI)反映了假设模型能够解释的协方差的比例，拟合优度指数越大，说明自变量对因变量的解释程度越高，自变量引起的变动占总变动的百分比越高。其范围在0~1，但理论上能产生没有意义的负数。要接受模型，GFI应该等于或大于0.90。

比较拟合指数(comparative fit index，CFI)反映了独立模型与假设模型之间的差异程度，数值越接近1，则假设模型越好。其值大于0.90表示模型可接受。

增量拟合指数(incremental fit index，IFI)是 Bollen[136]为了解决指标依赖于样本容量的缺点而提出的修正指标，同样反映了独立模型与假设模型之间的差异程度。一般来说，建议使用 IFI 进行判断。要接受模型，其值应在 0.9 或以上。

残差均方根(standardized root mean square error，SRMR)和近似误差均方根(root mean square error of approximation，RMSEA)是测量输入矩阵和估计矩阵之间残差均值的平方根，数值越小则说明模型拟合程度越佳。

残差均方根(residual root mean square，RMR)是样本方差和协方差减去对应估计的方差和协方差的平方和，再取平均值的平方根。RMR 应该小于 0.08，RMR 越小，拟合越好。近似误差均方，其值应该小于 0.06，越小越好[137]。

7.5　实　验　结　论

7.5.1　测量模型评估

对测量模型进行了评估，以检验构念的有效性和可靠性。整体测量模型的拟合指数如下：卡方/自由度χ^2/df = 3.575，小于 5，指标效果良好；拟合优度指数 GFI = 0.889，未大于 0.9，但与 0.9 接近，指标效果一般；比较拟合指数 CFI = 0.944，大于 0.9，指标效果良好；增量拟合指数 IFI = 0.944，大于 0.9，指标效果良好；规范拟合指数 NFI = 0.924，大于 0.9，指标效果良好；近似误差均方根 RMSEA = 0.079，小于 0.08，指标效果良好；SRR = 0.073。这些指数共同表明，模型与数据的拟合程度可以接受。

通过计算 Cronbach's alpha、组合信度(CR)、因子载荷和平均方差提取(AVE)，进一步检验了信度和效度。如表 7.8 所示，所有构念的因子载荷、

Cronbach's alpha 和 CR 值均高于 0.7 的阈值，表明具有内部一致性[138]。此外，AVE 值超过了 0.5 的基准值，表明具有收敛效度[139]。

表 7.8　测量模型的信度和效度

构念	测量变量	因子载荷	Cronbach's α	AVE	CR	RQ	RF	RA	PU	SC	RI
RQ	RQ1	0.845	0.877	0.704	0.877	0.839					
	RQ2	0.822									
	RQ3	0.850									
RF	RQ1	0.912	0.842	0.730	0.843	0.606	0.854				
	RQ2	0.792									
RA	RA1	0.709	0.808	0.650	0.847	0.742	0.528	0.806			
	RA2	0.889									
	RA3	0.810									
PU	PU1	0.892	0.897	0.745	0.898	0.797	0.261	0.673	0.863		
	PU2	0.837									
	PU3	0.860									
SC	SC1	0.855	0.891	0.729	0.890	0.717	0.765	0.691	0.411	0.854	
	SC2	0.861									
	SC3	0.845									
RI	RI1	0.859	0.887	0.734	0.892	0.773	0.687	0.709	0.609	0.734	0.857
	RI2	0.829									
	RI3	0.881									

　　区分效度的验证是确保各个构念在概念上既独立又相互区分的关键步骤。通过确保每个构念的 AVE 的平方根大于其与其他构念的相关性来验证区分效度[139]。表 7-8 的对角线上列出了各构念的 AVE 的平方根值，这些值代表了每个构念内部变异的解释程度。值得注意的是，这些对角线上的数值均显著超过了它们各自所在行或列中的其他数值，即各构念与其他构念之间的相关系数。这一模式清晰地表明，每个构念能够较好地解释其自身变化的主体部分，同时与其他构念之间的重叠或共享变异相对较少，这表明了区分效度，即每个构念都通过其特定的指标集被有效地识别出来，且未受到其他构念测量误差的显著影响。

　　总之，这些发现支持了测量模型在本章研究中的可靠性和有效性。

7.5.2　结构模型评估

　　本章对结构模型进行了评估，以说明各构念之间的关系。所有拟合优度指数

$(\chi^2/df = 2.494，GFI = 0.921，CFI = 0.968，IFI = 0.969，NFI = 0.949，RMSEA = 0.075，SRMR = 0.076)$均表明拟合优度可以接受。

结构模型分析结果如表 7.9 和图 7.6 所示。

表 7.9　结构模型分析

假设	路径	β	SE	CR	p
H1	PU→RA	0.748	0.044	7.405	***
H2	SE→PU	−0.438	0.119	−5.188	***
H3	RF→PU	−0.250	0.082	−3.500	***
H4	RI→PU	0.525	0.163	3.953	***
H5	RQ→PU	0.883	0.118	9.224	***
H6	RI→SE	0.743	0.056	11.496	***
H7	RI→RQ	0.709	0.057	12.454	***

注：***表示 $p < 0.001$。

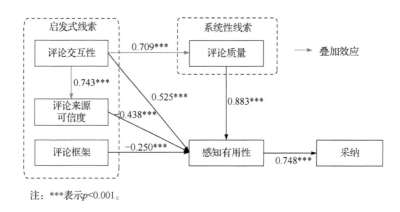

注：***表示 $p<0.001$。

图 7.6　结构模型

7.5.3　假设验证

利用结构方程模型对假设 1～假设 7 进行验证，验证结果中 β 为自变量和因变量之间的未标准化系数，表示自变量解释了因变量的多少变化，$\beta>0$ 为正向影响，$\beta<0$ 为负向影响。p 为显著性指标，小于 0.05 的 p 值为效应显著。

在感知有用性显著影响人工智能生成评论的采纳的验证中，$\beta=0.748$，$p<0.001$，正向影响显著，从而支持了假设 1。

关于启发式线索对感知有用性的影响，对人工智能生成评论中的交互性会积极影响用户对人工智能生成评论的感知有用性的验证中，$\beta= 0.525$，$p < 0.001$，正向影响显著，从而支持假设 4。

在用户对人工智能生成评论的来源可信度对感知有用性影响验证中，$\beta=$ -0.438，$p < 0.001$；生成评论框架对感知有用性的影响 $\beta = -0.250$，$p < 0.001$，两项影响均有显著但负面的影响，从而否定了假设正向影响的假设 2 和假设 3。

关于系统式线索的影响，在用户对人工智能生成评论质量的感知正向影响他们对人工智能生成评论的感知有用性验证中，$\beta = 0.883$，$p < 0.001$，正向影响显著，从而支持假设 5。

关于启发式线索和系统式线索的叠加效应，在用户对人工智能生成评论的交互性感知对其对人工智能生成评论来源可信度感知验证中，$\beta = 0.709$，$p < 0.001$，正向影响显著，从而支持了假设 6。

在用户对人工智能生成评论的交互性感知对其对人工智能生成评论来源可信度感知验证中，$\beta = 0.743$，$p < 0.001$，正向影响显著，从而支持了假设 7。

综上所述，通过对假设的验证，假设 1、假设 4～假设 6 成立，假设 2 和假设 3 不成立。

7.6　结论与讨论

7.6.1　讨论

本章引入了基于启发-系统式模型和信息采纳模型的认知模型，以阐明人工智能生成评论的采纳过程。同时开发并测试了各种研究假设，以阐明影响用户对人工智能生成评论的有用性感知及其后续采纳的关键因素。这些因素包括系统式线索(即评论质量)和启发式线索(即评论交互性、来源可信度和生成评论的框架)。此外，本章还探讨了这些系统式线索和启发式线索对人工智能生成评论的感知有用性的叠加效应。

研究的初步分析侧重于感知有用性与人工智能生成评论采纳之间的关系，结果肯定了本章的假设。与先前的研究[139,140]一致，本章发现感知有用性对评论的采纳产生了积极而显著的影响。这表明，高质量的评论内容本身对用户具有吸引力，能够为用户提供有价值的信息，因此用户倾向于采纳这些有用信息。进一步来说，即使用户知道评论是人工智能生成的，他们也有可能因感知到的有用性而采纳人工智能生成的评论。

在研究系统式线索对感知有用性的影响时，本章表明，用户对人工智能生成评论质量的感知对其感知有用性有积极影响。正如 Knight 和 Bart[141]所证明的，使用生成式人工智能创建在线评论并不一定会降低评论的质量。反之，这些评论通过复杂的算法和大数据学习，能够生成既全面又准确的信息，并且覆盖了广泛的领域，能够为用户提供了丰富的决策依据。因此，用户可能会认为人工智能生成的评论是高质量的内容，认为这些评论是值得信赖的，能提供全面、准确和相关的信息，有利于他们的决策过程。反过来，用户对于人工智能生成评论质量的认同，还增强了他们对这些评论有用性的感知[142]，使得他们自然会更加认为这些评论是有用的，并愿意在后续的行为中更倾向于采纳人工智能生成的评论。

　　本章调查了启发式线索对感知有用性的影响，揭示了用户对人工智能生成评论中交互性的感知显著增强了他们对人工智能生成评论的感知有用性。评论交互性包括用户与评论者在网络平台上的动态参与[143]。人工智能评论者能够参与实时互动并模拟人类对话，能够及时回应用户在评论平台上的询问[144]，无论是解答疑问还是进行观点交流，人工智能都能以近乎实时的速度进行反馈，这种高效的互动模式极大地提升了用户的参与感和满意度。用户感受到的不仅仅是信息的传递，更是一种情感与智慧的交流。这种程度的互动可以增强用户对人工智能评论者的信任以及对评论价值的评估[145]。从用户的角度来看，被认为值得信赖的评论者更有可能为他们提供有用的信息[146]。无论是人类还是人工智能，都更有可能提供真实、准确且有用的信息。这种信任感的建立，为人工智能生成评论赢得了更多的认可与接纳。因此，即使知道评论是人工智能生成的，由于评论的交互性质，用户也可能会认为它们是有用的。

　　在感知可信度的研究中，用户对人工智能生成评论的来源可信度的感知对他们感知到的人工智能生成评论的有用性有显著的负面影响。这一发现与本章最初的假设和先前的研究结果[147]形成了鲜明对比。根据认知失调理论，个人在面对相互冲突的信息或信念时会产生心理不适，这种不适感会驱使他们采取行动以减少或消除这种失调状态[148]。在人工智能生成评论的背景下，由人工智能生成的评论者简介，以会员等级、头像和徽章等元素为特征，可以初步提升用户对信源可信度的感知。然而，当评论被明确标注为人工智能生成时，用户就会意识到这一事实，打破了用户先前的信任框架，从而在感知可信度与评论者的人工智能性质之间产生认知失调，即用户先前感知到的可信度与评论实际由人工智能创作的事实之间的失调。这种不协调会引起不适，导致对人工智能生成评论的有用性的感知降低[149]。具体表现为，用户开始质疑人工智能生成评论的真实性和可靠性，进而降低了对其有用性的评价。他们可能认为，尽管这些评论在技术上可能准确无误，但由于缺乏人类情感的参与和真实世界的洞察，其提供的信息在决策过程中可能缺乏必要的深度和广度。

　　此外，本章的研究结果表明，用户对人工智能生成评论的框架感知会对他们感知到的人工智能生成评论的有用性产生负面影响。这一发现与本章最初的假设和之前的研究结果[150]相矛盾。具有强烈框架特征的评论，无论是收益框架还是损失框架，都意味着内容存在偏见和缺乏公正性[90]。在信任理论中，公正、客观被视为信息传递的重要基石，任何形式的偏见都会削弱信息的可信度。以往的研究表明，被认为有偏见或主观的人工智能生成评论往往被视为不真诚或不可靠，从而导致用户认为其实用性较低[151,152]。因此，当用户意识到评论是由人工智能生成时，他们倾向于认为那些具有明显框架的评论是为了达到某种特定目的而被精心设计出来的，而非基于客观事实或中立立场的表达，是偏见和不可信的，从而降低了它们的感知有用性。

最后，本章检验了两类叠加效应：一类是各种启发式线索的叠加效应，另一类是启发式线索和系统式线索的叠加效应。关于前者，本章的研究结果表明，人工智能生成评论的交互性和来源可信度对人工智能感知有用性的叠加效应微乎其微。具体来说，这些线索的效果没有达到显著叠加效应的必要条件。虽然用户对人工智能生成评论的交互性的感知会积极影响他们对人工智能来源可信度的感知，但它们对感知有用性的独立效应(人工智能生成评论的交互性(积极影响)和来源可信度(消极影响))的对立性质带来了不一致性。这种不一致性抵消了人工智能生成评论的交互性和来源可信度对人工智能感知有用性的潜在叠加效应。造成这种微不足道的叠加效应的一个可能原因是，人工智能生成评论的交互性和来源可信度的协同作用增强了用户对这些评论可信度的信任。然而，将评论明确标注为人工智能生成的做法会提高用户对其人工智能性质的认识。这种意识加上感知可信度的提高，可能会导致认知失调，造成心理不适、困惑以及对人工智能生成评论的整体可信度和有用性的不确定性。因此，人工智能生成评论的交互性和来源可信度的结合并不会以叠加的方式对人工智能生成评论的感知有用性产生显著影响。

就系统式线索和启发式线索的叠加效应而言，本章的研究表明，用户对人工智能生成评论的交互性感知会积极影响他们对评论质量的评估。这一发现与本章的假设和之前的研究[69]一致。此外，人工智能生成评论的交互性和质量都会对人工智能生成评论的感知有用性产生积极影响，这表明人工智能生成评论的交互性和质量对感知有用性具有叠加效应。先前的研究表明，当人工智能将功能性与社交性结合在一起时，会增强用户的信任感，从而提高人工智能所提供信息的感知有用性。兼具交互性和高质量的人工智能生成评论体现了功能性和社交性的融合。因此，尽管用户意识到了这些评论的人工智能生成性质，但这种结合还是以叠加的方式提高了人工智能生成评论的感知有用性。

(1) 对理论和实践的影响。

在人工智能生成的评论性质被明确标注的情况下，用户如何感知和采纳人工智能生成的评论，这方面的实证研究还很有限。本章发现，评论质量和交互性会对人工智能生成评论的有用性产生积极影响，而评论来源可信度和框架则会对人工智能生成评论的有用性产生消极影响。此外，本章还表明，评论质量和交互性以独立和叠加的方式对感知有用性产生积极影响，从而影响人工智能生成评论的采纳。此外，本章还揭示了评论来源可信度，尤其是与交互性相结合时，可能会引起用户的认知失调，从而阻碍他们对评论有用性的评估。这些发现为用户采纳人工智能生成评论背后的认知机制提供了新的见解，特别是在评论被明确标注为可能由人工智能生成的情况下。通过揭示用户对人工智能生成评论特征的感知，以及这些感知对用户评估人工智能生成评论的整体有用性和采纳人工智能生成评论的影响，本章还有助于弥补以用户为中心的人工智能生成评论研究中的一个显著空白。

本章发现，即便用户明确知晓评论是由人工智能生成的，他们仍然可能因为评论所展现出的有用性、交互性等因素对其持积极态度。这种认知上的转变，反映了用户对于技术进步的开放态度以及对实用价值的追求。他们不再仅仅关注内容的来源，而是更加注重内容本身的质量与实用性。这不仅为我们理解人机互动中的信任构建机制提供了新的视角，也为未来人工智能技术在内容生成与社交互动领域的应用指明了方向。基于此，本章为推进在线评论平台上的人工智能应用提出了有价值的建议。它强调了评论质量和交互性对人工智能生成评论的感知有用性的独立和叠加效应。因此，本章敦促在线评论平台利用生成式人工智能，通过生成高质量的评论和促进用户与人工智能评论者的互动来增强其功能性和社交性。这些改进提高用户对评论有用性的评价和促进他们采纳人工智能生成的评论，从而帮助用户做出明智的决定至关重要。

此外，本章发现，明确标注评论为人工智能生成的评论可能会引起用户的认知失调。这源于用户对来源可信度和交互性的感知与他们对这些评论的人工智能性质的认知之间的冲突。为了应对这一挑战，研究建议，除了标注人工智能生成的评论外，在线评论平台还应识别和标注人工智能运营的账号。此外，这些平台还可以提供人工智能素养指导，让用户了解人工智能在管理类似于人类操作员的评论账号方面的能力，并提高他们批判性地评估这些账号的评论的能力。

同时，本章的结果强调了人工智能在生成内容时应当避免的陷阱——即过度依赖框架效应来影响用户，应当追求更加客观、中立的内容呈现方式。同时，增强透明度和可信度也是至关重要的，通过明确标注、提供解释或引入第三方验证机制等方式，结合协同机制，建立多元的人工智能评论的可信度。在人工智能的开发研究中，要构建和维护用户对人工智能生成内容的信任。这要求我们在设计和开发人工智能系统时，不仅要关注技术层面的进步，更要深入理解用户的心理需求和认知特点，以更加人性化、透明化的方式呈现信息，促进人机之间的和谐共生。

(2) 研究局限性与未来研究方向。

尽管本章在探索人工智能生成评论的采纳机制方面做出了重要贡献，但仍不可避免地存在一些局限性。

首先，本章主要侧重于系统式线索和启发式线索中的核心因素，但一些其他的因素未纳入研究范围。未来的研究可以探讨其他因素(如评论可信度、丰富度和一致性)对人工智能生成评论采纳的影响。

其次，根据启发-系统式模型，启发式线索与系统式线索在信息处理过程中存在并行作用并且可能产生复杂的交互效应。本章主要关注了线索叠加效应，即不同线索共同作用下对用户采纳行为的增强效果。实际上，启发式与系统式线索之间的相互作用还可能引发偏差效应和衰减效应。偏差效应指的是某一类线索的显著存在可能扭曲用户对另一类线索的评估。衰减效应则是指当两类线索不一致时，用户的决策可能受到削弱或变得模糊。未来的研究可以进一步探讨这些效应。

最后，在本章中，数据收集仅限于餐厅在线评论，但事实上，不同领域的在线评论平台在内容特征、用户群体、交互方式等方面均存在差异，这些因素都可能影响用户对人工智能生成评论的采纳态度。未来的研究可以扩展到不同的在线评论平台，如酒店、旅游、电影和购物，以进一步验证本章提出的理论模型的普遍性。

7.6.2　总结

本章以启发-系统式模型和信息采纳模型为基础，开发了人工智能生成评论的采纳的认知模型。它阐明了人工智能生成评论中的启发式线索和系统式线索对人工智能生成评论感知有用性的独立效应和叠加效应，特别是在评论被明确标注为人工智能生成的情况下。本章加深了当前对人工智能生成评论的认知机制的理解。利用这些见解，本章为增强人工智能生成的在线评论平台和优化人工智能生成的评论标签提供了切实可行的策略。

参　考　文　献

[1] Kertysova K. Artificial intelligence and disinformation: how AI changes the way disinformation is produced, disseminated, and can be countered. Security and Human Rights, 2018, 29(1-4): 55-81.

[2] 岳中刚, 王晓亚. 在线评论与消费者行为的研究进展与趋势展望. 软科学, 2015, 29(6): 90-93.

[3] 刘璇. 虚假评论对消费者购买意愿的影响研究. 南京: 南京大学, 2016.

[4] 陈燕方, 娄策群. 在线商品虚假评论形成路径研究. 现代情报, 2015, 35(1): 49-53.

[5] Perez-Castro A, Martínez-Torres M R, Toral S L. Efficiency of automatic text generators for online review content generation. Technological Forecasting and Social Change, 2023, 189:122380.

[6] Gambetti A, Han Q. Combat AI with AI: Counteract Machine-generated Fake Restaurant Reviews on Social Media. https://arxiv.org/abs/2302.07731, 2023.

[7] Chakraborty S, Bedi A S, Zhu S, et al. On the Possibilities of AI-generated Text Detection. https://arxiv.org/abs/2304.04736, 2023.

[8] 漆晨航. 生成式人工智能的虚假信息风险特征及其治理路. 情报理论与实践, 2024, 47(3): 112-120.

[9] 莫祖英, 盘大清, 刘欢, 等. 信息质量视角下 AIGC 虚假信息问题及根源分析. 图书情报知识, 2023, 40(4): 32-40.

[10] Wu Y, Ngai E W T, Wu P, et al. Fake online reviews: literature review, synthesis, and directions for future research. Decision Support Systems, 2022, 32(5):1662-1699.

[11] Wang Y, Zamudio C, Jewell R D. The more they know: using transparent online communication to combat fake online reviews. Business Horizons, 2023, 66(6): 753-764.

[12] Wang Y, Pan Y, Yan M, et al. A survey on ChatGPT: AI-generated contents, challenges, and solutions. IEEE Open Journal of the Computer Society, 2023, 4: 280-302.

[13] Chen C, Wu Z, Lai Y, et al. Challenges and Remedies to Privacy and Security in AIGC: Exploring the Potential of Privacy Computing, Blockchain, and Beyond. https://arxiv.org/abs/2306.00419, 2023.

[14] Cyberspace Administration of China. The Interim Measures for the Management of Generative Artificial Intelligence Services. https://www.cac.gov.cn/2023-07/13/c_1690898327029107.html, 2023.

[15] Google Merchant Center. Policy Update: Product Ratings Policies. https://support.google.com/merchants/answer/13791493?hl=en, 2023.

[16] Juuti M, Sun B, Mori T, et al. Stay on-topic: generating context-specific fake restaurant reviews// European Symposium on Research in Computer Security, Barcelona, 2018.

[17] Lee S C, Jang Y, Park C H, et al. Feature analysis for detecting mobile application review generated by AI-Based language model. Journal of Information Processing Systems, 2022, 18(5): 650-664.

[18] 朱娟. 在线商品虚假评论关键问题研究综述. 现代情报, 2017, 37(5): 166-171.

[19] 袁禄, 朱郑州, 任庭玉. 虚假评论识别研究综述. 计算机科学, 2021, 48(1): 111-118.

[20] 余传明, 冯博琳, 左宇恒, 等. 基于个人–群体–商户关系模型的虚假评论识别研究. 北京大学学报(自然科学版), 2017, 53(2): 262-272.

[21] Hagendorff T. The ethics of AI ethics: an evaluation of guidelines. Minds and Machines, 2020, 30(1): 99-120.

[22] Su N. Research on multiparty participation collaborative supervision strategy of AIGC// 2023 IEEE International Conference on Electronics Information and Emergency Communication, Beijing, 2023.

[23] Shoaib M R, Wang Z, Ahvanooey M T,et al. Deepfakes, misinformation, and disinformation in the era of frontier AI, generative AI, and large ai models// 2023 International Conference on Computer and Applications,Cairo, 2023.

[24] 张逸斐, 孙文翔, 陈艺夫, 等. AI 会说谎吗? AI 新纪元下引入 AI 进行中国人的从众心理研究:基于阿希从众研究的范式//中国心理学会. 第二十三届全国心理学学术会议摘要集(下), 北京, 2021:3.

[25] Jindal N, Liu B. Opinion spam and analysis//Proceedings of the 2008 International Conference on Web Search and Data Mining, Palo Alto, 2008.

[26] Mohammed E, Ahmed Z. Current research trends in fake news areas: a systematic mapping study// 2022 2nd International Conference on Innovative Research in Applied Science, Engineering and Technology, Meknes, 2022.

[27] Jing L. Online fake comments detecting model based on feature analysis//2018 International Conference on Smart Grid and Electrical Automation, Changsha, 2018.

[28] Sheibani A A. Opinion mining and opinion spam: a literature review focusing on product reviews//6th International Symposium on Telecommunications, Tehran, 2012.

[29] Cao N, Ji S, Chiu D K W, et al. A deceptive review detection framework: combination of coarse and fine-grained features. Expert Systems with Applications, 2020, 156: 113465.

[30] Abayomi-Alli O, Misra S, Abayomi-Alli A, et al. A review of soft techniques for SMS spam classification: methods, approaches and applications. Engineering Applications of Artificial Intelligence, 2019, 86: 197-212.

[31] Kumar N, Venugopal D, Qiu L, et al. Detecting review manipulation on online platforms with hierarchical supervised learning. Journal of Management Information Systems, 2018, 35(1): 350-380.

[32] Kim J M, Park K K, Mariani M, et al. Investigating reviewers' intentions to post fake vs. authentic reviews based on behavioral linguistic features. Technological Forecasting and Social Change, 2024, 198: 122971.

[33] Ozbay F A, Alatas B. Fake news detection within online social media using supervised artificial intelligence algorithms. Physica A: Statistical Mechanics and Its Applications, 2020, 540: 123174.

[34] Abedin E, Mendoza A, Akbarighatar P, et al. Predicting credibility of online reviews: an integrated approach. IEEE Access, 2024.

[35] Shan G, Zhou L, Zhang D. From conflicts and confusion to doubts: examining review inconsistency for fake review detection. Decision Support Systems, 2021, 144: 113513.

[36] Bai S, Shi S, Han C, et al. Prioritizing user requirements for digital products using explainable artificial intelligence: a data-driven analysis on video conferencing apps. Future Generation Computer Systems, 2024, 158: 167-182.

[37] Jawahar G, Abdul-Mageed M, Lakshmanan L V S. Automatic Detection of Machine Generated Text: A Critical Survey. https://arxiv.org/abs/2011.01314, 2020.

[38] Markowitz D M, Hancock J T, Bailenson J N. Linguistic markers of inherently false AI communication and intentionally false human communication: evidence from hotel reviews. Journal of Language and Social Psychology, 2024, 43(1): 63-82.

[39] Cao N, Ji S, Chiu D K W, et al. A deceptive reviews detection model: separated training of multi-feature learning and classification. Expert Systems with Applications, 2022, 187: 115977.

[40] Bao M, Li J, Zhang J, et al. Learning semantic coherence for machine generated spam text detection//2019 International Joint Conference on Neural Networks, Budapest, 2019.

[41] Du X, Zhao F, Zhu Z, et al. DRDF: a deceptive review detection framework of combining word-

level, chunk-level, and sentence-level topic-sentiment models//2021 International Joint Conference on Neural Networks, Shenzhen, 2021: 1-7.

[42] Crothers E N, Japkowicz N, Viktor H L. Machine-generated text: a comprehensive survey of threat models and detection methods. IEEE Access, 2023, 11: 70977-71002.

[43] Yao Y, Viswanath B, Cryan J, et al. Automated crowdturfing attacks and defenses in online review systems//Proceedings of the 2017 ACM SIGSAC Conference on Computer and Communications Security, Dallas, 2017.

[44] Wang T, Li L, Chen X, et al. Study on the risks and countermeasures of false information caused by AIGC. Electrical Systems, 2024, 20(3): 420-426.

[45] 李铭轩, 文继荣. AIGC 时代网络信息内容的法律治理: 以大语言模型为例. 北京理工大学学报(社会科学版), 2023, 25(6): 83-92.

[46] Shukla A D, Goh J M. Fighting fake reviews: authenticated anonymous reviews using identity verification. Business Horizons, 2024, 67(1): 71-81.

[47] Liu Y, Wang S, Yu G. The nudging effect of AIGC labeling on users' perceptions of automated news: evidence from EEG. Frontiers in Psychology, 2023, 14: 1277829.

[48] Morrow G, Swire T B, Polny J M, et al. The emerging science of content labeling: contextualizing social media content moderation. Journal of the Association for Information Science and Technology, 2022, 73(10): 1365-1386.

[49] 刘志明. P2P 网络信贷模式出借行为分析——基于说服的双过程模型. 金融论坛, 2014,19(3):16-22.

[50] Chaiken S. Heuristic versus systematic information processing and the use of source versus message cues in persuasion. Journal of Personality and Social Psychology, 1980, 39(5): 752.

[51] King R A, Racherla P, Bush V D. What we know and don't know about online word-of-mouth: a review and synthesis of the literature. Journal of Interactive Marketing, 2014, 28(3): 167-183.

[52] 付少雄, 苏一琦, 孙建军. 基于启发-系统式模型的辟谣短视频传播效果影响因素研究. 情报学报, 2024, 43(4): 457-469.

[53] 赵超. 网络用户信息行为状态影响分析. 图书情报工作, 2008, (3):117-121.

[54] 王妍. 科普互动视频信息传播效果影响因素的实证研究——以 B 站为例. 科普研究, 2022, 17(3): 26-37, 106.

[55] 黄鹂强, 王刊良. 搜索引擎用户对商品搜索结果的点击行为研究. 管理科学, 2012, 25(1): 76-84.

[56] 丛挺, 魏林, 钱诚凌. 知识短视频用户参与度研究——以"扇贝每日英语"抖音号为例. 未来传播, 2021, 28(1): 63-71, 122.

[57] 陈明红, 刘莹, 漆贤军. 学术虚拟社区持续知识共享意愿研究——启发式-系统式模型的视角. 图书馆论坛, 2015, 35(11): 83-91.

[58] 陈明红, 黄涵慧.基于 HSM 的移动搜索行为影响因素及组态效应研究. 图书情报工作, 2021, 65(20): 68-80.

[59] 周涛, 刘佳怡, 邓胜利. 基于启发式-系统式模型(HSM)的在线知识类视频传播效果研究. 现代情报. 2024: 1-13.

[60] Koroleva K, Kane G C. Relational affordances of information processing on Facebook.

Information & Management, 2017, 54(5): 560-572.

[61] Du H S, Ke X, He W, et al. Achieving mobile social media popularity to enhance customer acquisition: Cases from P2P lending firms. Internet Research, 2019, 29(6): 1386-1409.

[62] Chung S. The role of online informediaries for consumers: a dual perspective about price comparison and information mediation. Internet Research, 2013, 23(3): 338-354.

[63] Smith S W, Hitt R, Nazione S, et al. The effects of heuristic cues, motivation, and ability on systematic processing of information about breast cancer environmental factors. Journal of Health Communication, 2013, 18(7): 845-865.

[64] Chaiken S. Heuristic and systematic information processing within and beyond the persuasion context. Unintended Thought: Limits of Awareness, Intention, and Control/Guilford, 1989.

[65] Bohner G, Moskowitz G B, Chaiken S. The interplay of heuristic and systematic processing of social information. European Review of Social Psychology, 1995, 6(1): 33-68.

[66] Howard D J. A dual process theory explanation for door-in-the-face effectiveness. Basic and Applied Social Psychology, 2019, 41(5): 273-286.

[67] Reindl M, Auer T, Gniewosz B. Social integration in higher education and development of intrinsic motivation: a latent transition analysis. Frontiers in Psychology, 2022, 13: 877072.

[68] Kim J, Paek H J. Information processing of genetically modified food messages under different motives: an adaptation of the multiple‐motive heuristic‐systematic model. Risk Analysis: An International Journal, 2009, 29(12): 1793-1806.

[69] Zhuang W, Zeng Q, Zhang Y, et al. What makes user-generated content more helpful on social media platforms? Insights from creator interactivity perspective. Information Processing & Management, 2023, 60(2): 103201.

[70] Liu Z, Liu L, Li H. Determinants of information retweeting in microblogging. Internet Research, 2012, 22(4): 443-466.

[71] Cheung C M K, Lee M K O, Rabjohn N. The impact of electronic word-of-mouth: the adoption of online opinions in online customer communities. Internet Research, 2008, 18(3): 229-247.

[72] Salehi-Esfahani S, Ravichandran S, Israeli A, et al. Investigating information adoption tendencies based on restaurants' user-generated content utilizing a modified information adoption model. Journal of Hospitality Marketing & Management, 2016, 25(8): 925-953.

[73] 李力, 韩平, 张弘, 等. 启发-系统式线索对移动短视频用户健康信息采纳的影响研究——基于 SEM 和 QCA 的混合方法. 农业图书情报学报, 2023, 35(1): 73-86.

[74] Bhattacherjee A, Sanford C. Influence processes for information technology acceptance: an elaboration likelihood model. MIS Quarterly, 2006: 805-825.

[75] Han Y, Jiang B, Guo R. Factors affecting public adoption of COVID-19 prevention and treatment information during an infodemic: cross-sectional survey study. Journal of Medical Internet Research, 2021, 23(3): e23097.

[76] Yan M, Kwok A P K, Chan A H S, et al. An empirical investigation of the impact of influencer live-streaming ads in e-commerce platforms on consumers' buying impulse. Internet Research, 2023, 33(4): 1633-1663.

[77] 孟猛, 尤剑, 刘晨晖, 等. 健康信息采纳行为研究——概念界定、理论模型与未来展望.

现代情报, 2024, 44(6): 157-167.

[78]　孙竹梅. 社交媒体健康信息采纳影响因素研究. 南京: 南京大学, 2019.

[79]　莫敏, 匡宇扬, 朱庆华, 等. 在线问诊信息用户采纳意愿的影响因素研究. 现代情报, 2022, 42(6): 57-68.

[80]　王刚. 微信公众号健康信息采纳意愿影响因素研究. 武汉: 武汉大学, 2022.

[81]　刘助. 在线健康社区的用户信息采纳影响因素研究. 西安: 西安电子科技大学, 2023.

[82]　Calderon-Monge E, Ribeiro-Soriano D. The role of digitalization in business and management: a systematic literature review. Review of Managerial Science, 2024, 18(2): 449-491.

[83]　Qahri-Saremi H, Montazemi A R. Factors affecting the adoption of an electronic word of mouth message: a meta-analysis. Journal of Management Information Systems, 2019, 36(3): 969-1001.

[84]　Cheung C M Y, Sia C L, Kuan K K Y. Is this review believable? A study of factors affecting the credibility of online consumer reviews from an ELM perspective. Journal of the Association for Information Systems, 2012, 13(8): 2.

[85]　Jensen M L, Averbeck J M, Zhang Z, et al. Credibility of anonymous online product reviews: a language expectancy perspective. Journal of Management Information Systems, 2013, 30(1): 293-324.

[86]　Hovland C I, Janis I L, Kelley H H. Communication and Persuasion. New York: Greenwood Press, 1953.

[87]　Li M, Huang L, Tan C. et al. Helpfulness of online product reviews as seen by consumers: source and content features. International Journal of Electronic Commerce, 2013, 17(4): 101-136.

[88]　Li H, Zhang L, Guo R, et al. Information enhancement or hindrance? unveiling the impacts of user-generated photos in online reviews. International Journal of Contemporary Hospitality Management, 2023, 35(7): 2322-2351.

[89]　Pope J P, Pelletier L, Guertin C. Starting off on the best foot: a review of message framing and message tailoring, and recommendations for the comprehensive messaging strategy for sustained behavior change. Health Communication, 2018, 33(9): 1068-1077.

[90]　Yang Y, Hobbs J. The power of stories: narratives and information framing effects in science communication. American Journal of Agricultural Economics, 2020, 102(4): 1271-1296.

[91]　Wang Y, Wang J, Yao T, et al. What makes peer review helpfulness evaluation in online review communities? an empirical research based on persuasion effect. Online Information Review, 2020, 44(6), 1267-1286.

[92]　Rodríguez-Molina M A, Frías-Jamilena D M, Del Barrio-García S, et al. Destination brand equity-formation: positioning by tourism type and message consistency. Journal of Destination Marketing & Management, 2019, 12: 114-124.

[93]　Palvia P, Pinjani P, Cannoy S, et al. Contextual constraints in media choice: beyond information richness. Decision Support Systems, 2011, 51(3): 657-670.

[94]　Schweiger W, Quiring O. Interactivity: a review of the concept and a framework for analysis. Communications, 2008, 33(2): 147-167.

[95]　Xiao M, Wang R, Chan-Olmsted S. Factors affecting YouTube influencer marketing credibility: a heuristic-systematic model. Journal of media business studies, 2018, 15(3): 188-213.

[96] Chang C. Understanding social networking sites continuance: the perspectives of gratifications, interactivity and network externalities. Online Information Review, 2018, 42(6): 989-1006.

[97] Elwalda A, Erkan I, Rahman M, et al. Understanding mobile users' information adoption behaviour: an extension of the information adoption model. Journal of Enterprise Information Management, 2021, 35(6): 1789-1811.

[98] Benlian A, Titah R, Hess T. Differential effects of provider recommendations and consumer reviews in e-commerce transactions: an experimental study. Journal of Management Information Systems, 2012, 29(1): 237-272.

[99] Horrich A, Ertz M, Bekir I. The effect of information adoption via social media on sustainable consumption intentions: the moderating influence of gender. Current Psychology, 2024, 43(18): 16349-16362.

[100] 房晓芸. 在线评论语言风格对消费者评论有用性感知的影响研究.淄博: 山东理工大学,2024.

[101] Peng L, Liao Q, Wang X, et al. Factors affecting female user information adoption: an empirical investigation on fashion shopping guide websites. Electronic Commerce Research, 2016, 16: 145-169.

[102] Rieh S Y, Kim Y M, Yang J Y, et al. A diary study of credibility assessment in everyday life information activities on the web: preliminary findings. Proceedings of the American Society for Information Science and Technology, 2010, 47(1): 1-10.

[103] Camilleri M A, Troise C, Kozak M. Functionality and usability features of ubiquitous mobile technologies: the acceptance of interactive travel apps. Journal of Hospitality and Tourism Technology, 2023, 14(2): 188-207.

[104] 赵梦媛. 基于启发式-系统式模型的在线创新社区用户创意识别方法研究.大连: 东北财经大学, 2023.

[105] Vishwanath A. From belief-importance to intention: the impact of framing on technology adoption. Communication Monographs, 2009, 76(2): 177-206.

[106] Jin J, Lin C, Wang F, et al. A study of cognitive effort involved in the framing effect of summary descriptions of online product reviews for search vs. experience products. Electronic Commerce Research, 2023, 23(2): 785-806.

[107] Fan-Osuala O. Exploring the relationship between online review framing, pictorial image and review "coolness". Journal of Consumer Marketing, 2023, 40(1): 56-66.

[108] Tiffany B, Blasi P, Catz S L, et al. Mobile apps for oral health promotion: content review and heuristic usability analysis. JMIR mHealth and uHealth, 2018, 6(9): e11432.

[109] Alsisi E A, Al-Ashaab A, Abualfaraa W A. The development of a smart health awareness message framework based on the use of social media: quantitative study. Journal of medical Internet research, 2020, 22(7): e16212.

[110] Kamoen N, Mos M B J, Dekker W F S. A hotel that is not bad isn't good. the effects of valence framing and expectation in online reviews on text, reviewer and product appreciation. Journal of Pragmatics, 2015, 75: 28-43.

[111] Zhang M, Liu Y, Yan W, et al. Users' continuance intention of virtual learning community

services: the moderating role of usage experience. Interactive Learning Environments, 2017, 25(6): 685-703.

[112] Zhu Y, Zhang R, Zou Y, et al. Investigating customers' responses to artificial intelligence chatbots in online travel agencies: the moderating role of product familiarity. Journal of Hospitality and Tourism Technology, 2023, 14(2): 208-224.

[113] Li K, Zhou C, Yu X. Exploring the differences of users' interaction behaviors on microblog: the moderating role of microblogger's effort. Telematics and Informatics, 2021, 59: 101553.

[114] 赵洁, 高佳艺. 电商直播中主播互动性、感知价值与用户参与行为——基于 SOR 理论的视角. 重庆科技学院学报(社会科学版), 2024, 4: 1-18.

[115] 徐明秀, 梁建芳. 服装短视频可视性对购买意愿的影响研究. 天津纺织科技, 2024, (2): 27-32.

[116] Chu K M, Yuan J C. The effects of perceived interactivity on e-trust and e-consumer behaviors: the application of fuzzy linguistic scale. Journal of Electronic Commerce Research, 2013, 14(1): 124.

[117] Vafeiadis M. Message interactivity and source credibility in online dental practice reviews: responding to reviews triggers positive consumer reactions regardless of review valence. Health Communication, 2023, 38(1): 80-90.

[118] Kim S, Park H, Kader M S. How augmented reality can improve e-commerce website quality through interactivity and vividness: the moderating role of need for touch. Journal of Fashion Marketing and Management: An International Journal, 2023, 27(5): 760-783.

[119] 刘启华, 吴嘉雯, 许立扬, 等. 直播电商中在线评论对消费者退货意愿的影响研究. 海南大学学报(人文社会科学版), 2023, 41(5): 165-175.

[120] Zhou T. Understanding online health community users' information adoption intention: an elaboration likelihood model perspective. Online Information Review, 2022, 46(1):134-146.

[121] Shen X, Zhang K, Zhao S. Herd behavior in consumers'adoption of online reviews. Journal of the Association for Information Science and Technology, 2016, 67(11): 2754-2765.

[122] Sussman S, Siegal W. Informational influence in organizations: an integrated approach to knowledge adoption. Information Systems Research,2003, 14(1):47-65.

[123] Cheung C, Lee M, Rabjohn N. The impact of electronic word-of-mouth: the adoption of online opinions in online customer communities. Internet Research,2008, 18(3):229-247.

[124] Wang J, Shahzad F, Ashraf S. Elements of information ecosystems stimulating the online consumer behavior: a mediating role of cognitive and affective trust. Telematics and Informatics,2023, 80: 101970.

[125] Li M, Wen J. Legal Governance of Internet information content in AIGC era taking large language model as an example. Journal of Beijing Institute of Technology (Social Sciences Edition),2023, 25(6): 83-92.

[126] Suhr D. The basics of structural equation modeling. User Group of the Western Region of the United States (WUSS),2006:1-19.

[127] 辛士波, 陈妍, 张宸. 结构方程模型理论的应用研究成果综述. 工业技术经济, 2014, 33(5): 61-71.

[128] 李艳玲，田夏春. iWrite 2.0 在线英语作文评分信度研究.现代教育技术, 2018, 28(2): 75-80.

[129] 张立军，陈跃，袁能文. 基于信度分析的加权组合评价模型研究.管理评论, 2012,24(5): 170-176.

[130] 黄正南, 综合评价模型评判的信度分析.中国卫生统计, 2000, 17(3): 154-156.

[131] 江文奇. 基于方案区分度的组合权重信度判别及修正研究. 系统工程与电子技术, 2012, 34(10): 2090-2093.

[132] 刘爱玲，陶晓南，林岚，等. 慢性阻塞性肺疾病 ICF 核心功能组合信度与效度的初步研究. 中华物理医学与康复杂志, 2009, 31(2):4.

[133] Hair J. Multivariate Data Analysis. New York: Prentice Hall, 2009.

[134] Fornell C, Larcker D. Evaluating structural equation models with unobservable variables and measurement error. Journal of Marketing Research,1981, 18(1): 39-50.

[135] 温忠麟，侯杰泰. 结构方程模型检验: 拟合指数与卡方准则. 心理学报, 2004, (2): 186-194.

[136] Bollen K A. A new incremental fit index for general structural equation models. Sociological Methods and Research,1989, 17: 303-316

[137] Hooper D, Coughlan J, Mullen M. Evaluating model fit: a synthesis of the structural equation modelling literature//7th European Conference on Research Methodology for Business and Management Studies, London, 2008: 195-200.

[138] Nunnally J. Psychometric Theory. New York: McGraw-Hill,1978.

[139] Sullivan Y W, Kim D J. Assessing the effects of consumers'product evaluations and trust on repurchase intention in e-commerce environments. International Journal of Information Management, 2018, 39: 199-219.

[140] Ligaraba N. Investigating the impact of social media marketing efforts on brand loyalty in South Africa: the moderating role of gender. African Journal of Business & Economic Research, 2024, 19(1):287.

[141] Knight S, Bart Y. Generative AI and User-Generated Content: Evidence from Online Reviews. SSRN 4621982,2023.

[142] Hwang J, Kim J J, Choe J Y J, et al. The importance of information quality according to the type of employee in the airline industry: robot versus human. International Journal of Hospitality Management, 2023, 114: 103537.

[143] Khan M. Social media engagement: what motivates user participation and consumption on YouTube?. Computers in Human Behavior, 2017, 66: 236-247.

[144] Adam M, Wessel M, Benlian A. AI-based chatbots in customer service and their effects on user compliance. Electronic Markets, 2021, 31(2): 427-445.

[145] Wang X, Luo R, Liu Y, et al. Revealing the complexity of users' intention to adopt healthcare chatbots: a mixed-method analysis of antecedent condition configurations. Information Processing & Management, 2023, 60(5): 103444.

[146] Mou J, Shin D H, Cohen J. Understanding trust and perceived usefulness in the consumer acceptance of an e-service: a longitudinal investigation. Behaviour & Information Technology, 2017, 36(2):125-139.

[147] Zheng L. The classification of online consumer reviews: a systematic literature review and integrative framework. Journal of Business Research, 2021, 135: 226-251.

[148] Cooper J.Cognitive dissonance theory. Handbook of theories of social psychology,2012, 1:377-397.

[149] Liu Y, Lei X. Effect of patient online information searching on the trust in the doctor: a cognitive dissonance theory perspective//2019 Chinese Control and Decision Conference (CCDC), Nanchang, 2019: 4254-4259.

[150] Banerjee S, Chua A Y K. Trust in online hotel reviews across review polarity and hotel category. Computers in Human Behavior, 2019, 90: 265-275.

[151] Ghose A, Ipeirotis P. Estimating the helpfulness and economic impact of product reviews: mining text and reviewer characteristics. IEEE Transactions on Knowledge and Data Engineering, 2010, 23(10): 1498-1512.

[152] Kraut R, Resnick P. Encouraging contribution to online communities. Building Successful Online Communities: Evidence-based Social Design, 2011: 21-76.

第 8 章　AIGC 视域下虚假评论治理要素与策略

8.1　问题的提出

随着互联网和电子商务的迅速发展以及 AIGC 背景下内容生成的新趋势，虚假评论已经给用户决策、市场环境乃至网络信息生态安全造成了一系列负面影响。对于平台用户而言，虚假评论中的错误、诱导性信息影响用户的产品评价与决策，导致用户对产品的真实价值和性能形成错误认知，损害了用户利益；对于市场环境而言，虚假评论使平台商家处于恶性竞争的环境中，造成在线商品交易平台的评论信息鱼龙混杂，对维护市场秩序、创造公平竞争环境产生不良影响；放眼于整个网络信息空间环境，营造真实、可靠的信息环境是维护网络信息生态安全治理的内在要求，而大量虚假评论信息的存在使网络环境充斥着低质量、误导性强、人为操纵的虚假信息，进而导致整个网络生态环境面临信任危机，影响国家网络空间安全治理成效。如何在全球互联网治理体系变革的大环境下应对虚假评论泛滥所带来的一系列问题、促进网络社区的持续发展，成为当前需要思考的关键问题。

解决上述问题的关键在于虚假评论治理，即通过有效的政策制定、监管机制和技术手段应用，将虚假评论的检测技术、用户感知路径等技术与用户视角的发现落实于有效打击虚假评论的实践中，从而促进市场公平竞争和诚信经营，增强社会信任感和消费者满意度。本书 4~6 章从技术视角出发构建了虚假评论的识别与检测方法，第 7 章则基于用户视角探索虚假评论的感知路径，这为虚假评论的治理提供了必要前提。在此基础上，本章从综合管理视角出发，全面分析虚假评论治理的相关要素，构建虚假评论治理可行方案。

随着新一代人工智能技术的发展，虚假评论的问题愈发严重，已有大量研究与实践从治理策略层面开始探索如何对虚假评论进行识别，并提出一系列方式手段。多数国家采取出台相关法律法规等方式进行规范，如中国国家互联网信息办公室发布了《互联网跟帖评论服务管理规定》，要求跟帖评论服务提供者严格落实管理责任，包括实名认证、信息保护、审核管理、违法信息处置等[1]。更有学者提出构建虚假评论多元共治的治理机制，包括在线销售商家、虚假评论中介、消费者以及在线商品交易平台四个部分，通过多方合作与良性竞争，最终营造良好的虚假评论治理环境[2]。

　　然而，当前所提出的治理方案在针对性与可拓展性方面都存在一定不足，AIGC 视域下虚假评论信息的识别与治理相关方法仍处于初步阶段，现有治理机制尚未完全覆盖这一新兴领域，传统的治理手段在面对 AI 生成内容时显得力不从心。虚假评论的形式和特征不断演变，传统的检测模型难以及时更新以应对新的欺诈手段；AI 生成的虚假评论往往更加复杂和难以识别，给现有的检测方法和治理策略带来了巨大挑战。为应对上述挑战，本章将详细探讨虚假评论治理路径和策略，通过引入信息生态理论，全面分析虚假评论治理的相关要素，提出一套更具针对性与科学性的虚假评论治理方案。本章所提出的治理方案对于 AIGC 视域下的虚假评论治理有着重要意义，为构建更加健全和高效的虚假评论治理体系提供理论支持和实践指导，在治理策略上提供了多方位的解决方案。通过政策制定、技术创新与多方协作，有效遏制虚假评论的泛滥，营造一个更加可信和健康的网络环境，最终实现对平台、商家和消费者的全面保护。

8.2　虚假评论治理相关研究

　　当前研究主要从虚假评论相关主体、虚假评论信息管控措施、虚假评论识别的技术手段、相关法律政策与平台规章等方面提出了一系列可行的虚假评论治理策略。

　　虚假评论相关主体方面，现有研究主要从平台消费者与平台商家两个角度出发进行探讨。陈瑞义等[2]提出了构建虚假评论多元共治的治理机制。虚假评论通常是商家与消费者之间的博弈，二者如果主动履行主体责任，则能够使各方更快地演化至理想的稳定状态，通过这种机制，不同主体都能以最低的成本实现最优的结果。从平台消费者角度出发，Chatterjee 等[3]发现包含评论质量、评论一致性和评论同质性的外围线索极大地帮助消费者了解评论是虚假的还是真实的，并提出在决定购买产品之前，消费者需要保持警惕以检测评论的一致性，这将有助于消费者确定评论内容中存在多少污染。Liu 等[4]提出社交媒体上虚假信息的治理离不开平台消费者协同，消费者要做到准确识别虚假信息，通过不转发虚假新闻遏制其传播，同时激励消费者发表客观真实的评论，营造良好的评论环境。从平台商家角度出发，张文等[5]提出商家的虚假评论相关行为主要包括通过好评返现、积分、红包等奖励方式来诱导消费者进行虚假评论，要采取综合性措施加以制止。杨孝景[6]指出平台规则对第三方卖家的行为具有指引性，通过全面、清晰的规定，明确对商家不同类型的虚假评论行为进行处理的具体措施，从而对平台商家起到震慑作用。钱辰[7]指出应有效约束商家不当行为，对发布虚假评论、诱导消费者好评的商家给予经济惩罚，从而降低商家的诱导评论行为。

在虚假评论信息管控措施方面，相关研究探讨了平台或其他虚假评论治理主体针对虚假评论信息进行的管控措施。例如，针对评论的信息有用性，Kim 等[8]发现消息来源的可信度是客户确定网络口碑在在线平台上的有用性的关键因素，基于此，他们提出在线平台经理可以利用这一发现将评论标记为"大部分是真实的"或"大部分是可疑的"，以提高其实用性和可信度，这种标签将帮助潜在客户摆脱信息过载，并减少与购买决策过程相关的工作量，提高评论对客户的有用性。针对评论信息的质量及数量，王宁等[9]发现采取好评返现策略的卖家在获得高质量好评带来的销售量增益的同时，也增加了买家的当前收益，导致好评数量偏高，需要制定标准化的评价内容，减少高、低质量好评对销售量的影响差异，例如取消默认好评机制，并由平台而非卖家提供好评返现的奖励，从而减少虚假好评的数量。针对评论信息的真实性，韩孟洁等[10]发现消费者对电影影评的感知真实性越高，消费者越容易受到该评论感染，即消费者认为电影评论越真实、越客观、越准确，消费者对该评论的情感共鸣程度就越高，因此，要更加重视合情合理、具有丰富感染力和确凿的感知真实性的评论的发布，确保平台评论信息的整体真实性。

在虚假评论识别的技术手段方面，多数研究强调虚假评论识别技术是协助法律监管和第三方信用评定机制的有效工具。在虚假评论识别的技术基础上，当前的虚假评论识别特征提取方法相关研究主要集中于基于传统方法、机器学习以及深度学习等方法。其中，基于传统的虚假评论方法识别主要是根据事实情况，手动核对虚假信息中的虚假内容及观点，通过将信息表达与核实的真实表达比较，判断评论信息的准确度[11]。随着算法技术的不断发展，机器学习和深度学习算法也被广泛应用于特征提取领域。然而，研究也指出目前虚假评论检测技术存在不足，例如，陈燕方等[12]指出目前通常基于文本分类的方法进行处理，但存在样本训练集获取困难以及虚假评论信息模式鉴别难的问题。因此，需要通过优化文本识别技术和加强消费者行为研究来提高鉴别的准确率。吴佳芬等[13]分析并指出现有研究在数据集获取、虚假特征设计和识别方法设计三个方面存在的问题，并为解决虚假评论检测技术中存在的领域迁移问题、数据不平衡问题以及"冷启动"问题等提供可行的技术策略。此外，针对虚假评论识别技术方法的改进，王乐等[14]提出，虚假评论的治理需要以"防"为主，以"治"为辅。目前的检测技术主要关注虚假评论识别算法的精度和速度，尽管这些系统可以帮助电商平台快速识别和过滤虚假评论，但无法抑制虚假评论产生的内在动机，导致每天仍有大量虚假评论涌现。因此，深入了解虚假评论产生的内在动机，降低虚假评论发布者的意愿，是未来研究的重要方向。他们指出，电商平台可以通过升级现有的产品排名算法，提高系统对虚假评论攻击的稳健性，从而进一步完善虚假评论治理机制。

　　在虚假评论治理相关法律政策与平台规章方面，研究旨在通过探讨如何建立虚假评论治理的法律法规框架，以构造良好的虚假评论治理环境。首先，研究强调了法律手段在打击虚假评论中的重要性，如邓胜利等[15]提出利用法律手段对参与虚假评论的商家及中介进行严厉惩罚，为平台的评论监管提供坚实的法律基础，以保障用户的合法权益。部分研究指出当前虚假评论的相关法规面临的困境及改进策略，例如，常宝莲[16]提出，由于网络行为的隐蔽性特点，法律规制面临的困境包括立法保护中归责主体不全面、义务规定不完善、法律规定不统一；司法保护中因取证难导致的事实认定难；以及执法保护中的监管难。为克服这些困境，可以借鉴外国的经验，完善现有的立法规定；通过挖掘自力救济的潜力，解决司法保护中取证难的问题；发挥行业自律的作用，以克服执法保护中的监管难问题。针对当前的不足，研究指出了一系列虚假评论治理相关法规的制定方向，例如，Martínez 等[17]指出，为了有效打击虚假评论，公共机构可以调整法律框架，以更好地遏制这种现象。首先，可以放宽有关打击非法广告诉讼资格的规定，为《消费者法》中个人和集体补救提供更灵活的途径。其次，在不废除安全港条款的情况下，法规可以对平台引入一定的透明度和信息披露要求，例如强制披露其验证系统或受影响方的反驳权。同时，Hunt[18]指出，政府的介入不仅能直接打击虚假评论行为，还能通过政策和法律为平台和用户提供明确的行为规范。例如，英国广告标准局对虚假评论的监管不断加强，并越来越多地审查其他广受欢迎的评论平台的评论准确性。澳大利亚法律则强制评论网站采用最佳实践检测软件和方法。

　　综上所述，当前的相关研究对虚假评论治理涉及的相关主体、信息管控措施、技术手段及法律规章等已经有了一定的探索，然而，当前研究存在的不足主要包括：第一，已有的虚假评论治理更加侧重于从技术角度提出虚假评论识别方法，而从综合管理的角度对虚假评论进行治理的相关研究较少。同时，现有研究中已提出的虚假评论治理策略大多从平台、用户及政府等不同主体出发，针对不同主体分别提出虚假评论治理措施，但缺乏一套更为系统的虚假评论治理框架。第二，当前虚假评论治理的相关研究侧重于治理策略的提出，但是针对虚假评论治理涉及的更多相关要素以及治理过程背后的作用机制分析不够彻底，一定程度上缺乏科学理论指导下的虚假评论治理框架。第三，当前已有的虚假评论治理研究大多仅针对一般互联网环境下的虚假评论，其发布主体是一般平台用户或者各种机械的评论生成工具，而在 AIGC 环境下，虚假评论的生成主体大多为生成式 AI 工具，其具备更加拟人化、更不容易被识别等特征，然而，当前的虚假评论治理相关研究尚未聚焦于 AIGC 视域下的虚假评论治理综合方案。因此，为了弥补上述研究不足，本章研究针对 AIGC 视域下虚假评论治理呈现出的新特征，通过引入信息生态理论，为系统分析 AIGC 视域下虚假评论的治理提供理论指引，在此基础上系统分析虚假评论治理的相关要素，提出一套系统的虚假评论治理方案，为当前的虚假评论治理提供理论借鉴与实践路径参考。

8.3　AIGC 视域下虚假评论治理信息生态要素分析

8.3.1　信息生态理论

信息生态理论源于信息科学理论与生态学理论的深度融合。1978 年，Horton[19]首次提出"信息生态"概念，他将生态学原理应用于信息管理，强调信息在组织内部的相互作用和影响。Davenport 和 Prusak[20]在 1997 年进一步拓展了该理论，将社会学理论引入信息学，强调信息人、信息、信息技术和信息环境之间相互作用与影响，从而形成了一个有机整体，旨在达到信息生态平衡、满足信息需求。在此基础上，Nardi 和 O'Day[21]将信息生态系统界定为一个涵盖信息质量、管理实践、产品特性和价值创造的复合体系。信息生态学被广泛视为一种全面的方法论，用于探究组织内部信息应用的复杂性[22]。随着理论的深化，研究重点转向了对信息生态系统本身的细致考察[23]，关注信息如何适应用户需求、与组织目标协调，并在社会和技术环境中演化[24]。

信息生态系统是一个多维度的概念，可以从多个角度进行理论解构[25]，在信息生态理论不断发展完善的过程中，关于信息生态系统的构成要素发展出不同的观点。本书采取信息生态系统四要素说，即信息生态系统主要由信息人、信息、信息技术、信息环境四个核心要素构成。其中，信息人是主体，推动和主导整个信息活动进程和信息流动的方向[26]，根据职能的不同，信息人可以分为信息生产者、信息传递者、信息接收者和信息监管者[27]；信息是独立存在的客体，不受个体意志的左右，具有客观性和传递性[28,29]；信息技术充当信息传递的媒介和工具[28]；信息环境则是信息人与信息相互作用的环境，为信息的生成、传播和利用提供了必要的条件和背景[30,31]。信息生态理论提供了一种系统性视角，有助于全面把握和深入理解信息现象产生的整体性、动态性和复杂性，帮助更有效地分析信息生态中存在的问题，识别信息生态要素之间的相互作用、潜在的协同效应及其演化发展。

虚假评论作为一种异常的信息现象，涉及信息的生产、传播、接收和解释，是一种在特定信息环境中产生的扭曲性信息行为，其中信息人、信息、信息技术、信息环境均扮演着重要角色。首先，虚假评论涉及信息人行为的自由性，意味着信息人发表评论的行为通常是自发的、不受严格限制的，不同的信息人在虚假评论生成、传播和接收中均扮演着重要角色；其次，虚假评论作为一种信息形式，其本质是对真实信息的扭曲和伪造，在 AIGC 视域下，AI 生成的虚假评论加剧了这一现象的复杂性；此外，信息技术要素在虚假评论治理中主要对应生成、处理、传输和管理信息的工具和系统[21]，不仅包括硬件和软件平台，还涵盖了自动化和智能化的处理手段；信息环境要素则是指对虚假评论产生影响的各种因素的总和，包括外部环境和内部环境。

在虚假评论治理中，信息生态系统为理解虚假评论现象提供了一种全面系统的视角，从而为制定更为全面和有效的治理策略提供依据。具体而言，信息生态理论认为信息流动是由一系列相互依存的参与者共同推动的复杂过程[32]，该过程中参与角色的互动和决策共同影响了信息的生成和共享；其次，通过强调信息与其所处环境的互动，信息生态理论使我们能够深入探讨虚假评论产生的社会文化背景、技术平台特性以及法律法规等因素；此外，该理论倡导追求信息生态的动态平衡[33]，强调信息的真实性、多样性和公正性，为维护网络评论的诚信度提供依据；同时，该理论具备跨学科特性，融合了生态学、社会学、信息技术等领域的理论和方法[34]，为虚假评论治理提供了丰富的视角和工具；最后，信息生态理论作为一个全面的研究框架，能够广泛覆盖 AIGC 从生成到传播、再到被社会接受的各个阶段，并且深入分析了它对社会、文化和技术环境的深远影响[35]。总体而言，信息生态理论为虚假评论治理提供了一种系统视角和全面分析框架，强调考虑各关键生态要素之间的相互作用，通过解构虚假评论治理的信息生态因子，可以提出更加系统化、动态化和协同化的治理措施，从而建立开放与安全并重的评论信息生态，促进真实、有价值的评论信息的传播和共享。

8.3.2 AIGC 视域下虚假评论治理的信息生态因子分析

8.3.2.1 信息人

信息人是指在信息生态系统中主动地创造、传播、获取和利用信息的个体或群体[21]，其通过与信息资源和环境的互动，参与信息的生产、传播和应用过程。信息人能够通过信息技术的支持，利用实践活动与所处的信息环境进行信息交流，从而表达自身价值、实现自身目的[36]。信息人主要包含信息的生产者、传递者、消费者和监管者。在虚假评论语境中，生产者是指生成或创造虚假评论的主体，可能是个体用户、商家，甚至是平台本身，他们通过编写和发布虚假评论来达到特定目的。传递者负责将评论发布到合适的平台和渠道，确保目标受众能够看到这些评论，传递者主要包括平台、商家和用户，通过传递虚假评论达到特定目的、增强虚假评论影响。消费者是指接收并利用评论信息进行决策的主体，主要为普通用户，他们在购物或选择服务时，会依赖评论作为决策参考，虚假评论会影响他们对产品或服务的判断，从而影响购买决策。信息监管者是指负责监督和管理虚假评论的主体，主要包括政府监管部门和平台监管机构，政府监管部门通过制定和执行相关法律法规、对虚假评论行为进行监管和处罚等方式，维护市场的健康发展；平台监管机构主要负责监控和审核评论内容，确保其符合平台规定，并及时处理违规内容，以保障平台的诚信和用户的信任。

随着 AIGC 技术的发展，传统信息人在信息生态系统中发挥的功能和影响随之变化。具体而言，对信息生产者来说，AIGC 技术强大的自动化能力使得大规模内容生成变得容易，利益相关方出于自身利益考虑，操纵 AI 系统特别是大模型自动生成并发布大量虚假评论来误导用户；对信息传递者来说，其往往通过基于用户行为和偏好的推荐系统来传递信息，AIGC 技术生成的内容可能会被错误地标记为高相关性从而被推荐给更多用户，这使得虚假评论更容易获得曝光；对信息消费者来说，由于 AIGC 能够模仿真实评论者的写作风格生成虚假评论，用户在评估产品或服务时越来越难以区分哪些评论是真实的用户体验，哪些是人为制造的虚假信息，这种不确定性削弱了用户对评论的信任度；对信息监管者来说，目前的监管策略和技术可能不再适应 AIGC 技术快速发展带来的改变，同时，当前的相关法律法规也可能不适用 AIGC 的相关应用场景，需要更新现有的法律法规以适应 AIGC 带来的新挑战。

虚假评论的生成和传播受到信息人行为的重要影响。首先，信息人具有多种动机，这些动机驱动他们有意制造不实评论，以达成自身目的。例如，用户在商品优惠或奖励的驱动下，可能会发表虚假评论；商家为了提升商品口碑和销量，可能故意制造虚假评论；平台则可能通过虚假评论来影响市场舆论，以增强自身竞争力。信息人不仅主动创造虚假信息，还可能利用社交网络、论坛等渠道大规模传播这些信息，以最大化其影响力。在 AIGC 背景下，信息人的动机变得更加复杂多样，可能出于对 AI 技术的兴趣、对网络影响力的追求，或者是为了进行社会实验等来发布虚假评论，信息人还可能同时追求多个目标，这些对虚假评论的治理提出了新的挑战。

其次，信息人的认知偏差，即在处理信息时的系统性错误，会显著影响他们对信息的接收、解释和分享行为。例如，确认偏误使得信息人更倾向于接受和传播与自己已有观点一致或与预期相符的虚假评论；可得性启发则让信息人更容易记住和传播那些易于获取或印象深刻的虚假评论；而群体思维会让信息人在社会压力或寻求群体认同的需求下接受群体中的主流观点。认知偏差不仅影响了虚假评论的生成，还使得其传播具有更大的力量和影响范围。在 AIGC 背景下，AI 可以生成与信息人观点一致的评论，更加精准地迎合信息人的预期和信念，导致其更有可能被接受和传播；AIGC 技术通过快速生成和发布大量评论，使得某些虚假评论变得非常"可得"，这种易获得性可能会让虚假评论更容易被注意到；同时，AIGC 可以通过生成大量看似来自不同个体的评论来创造一种虚假的共识，从而加强群体思维现象。

最后，信息人的信息素养，即他们获取、分析、评估和使用信息的能力，直接影响了他们识别和处理虚假评论的能力。信息素养不足和缺乏批判性思维的信息人可能由于无法准确识别评论内容的真伪而无意中成为虚假信息的传播者；信息素养较高的用户虽然具备一定的辨别能力，但如果缺乏合适的工具和资源，他们仍可能被复杂的虚假评论误导。这种信息素养的差异导致了虚假评论在不同信息人群体中的传播速度和范围存在显著差异。在 AIGC 技术的帮助下，虚假评论的生成变得更加精细和逼真，可能包含更多细节和情感，这使得评估评论的真实性变得更加困难，因此对信息人的信息素养和批判性思维也提出了更高的要求。

信息人的个人动机、认知偏差以及信息素养水平共同作用于虚假评论的生成和传播，他们既可能成为问题的制造者，也可能成为解决方案的一部分，因而深入分析信息人在虚假评论中的重要作用，有望制定相应的虚假评论治理策略，为构建一个更加健康和可持续的信息生态环境提供支持。

8.3.2.2　信息

信息是构成信息生态系统的基础要素，在社会互动和技术平台中不断流动和演变，其质量和可靠性是维持系统健康与平衡的关键。评论，作为一种特殊形式的信息，其生成与传播对信息生态系统的稳定和健康至关重要。在虚假评论治理中，虚假评论被视为一种信息污染，其生成、获取和传递均会对健康的评论生态造成破坏。信息过载、信息操控以及信息溯源困难共同作用于虚假评论的生成和传播，这些因素在 AIGC 技术背景下进一步破坏信息生态系统的平衡，进而影响用户决策和市场公平性。本节将深入分析这些机制，以期为制定有效的虚假评论治理策略提供理论支持和实践指导。

信息过载是指用户在面临大量信息时难以有效筛选和处理。在信息过载环境中，信息人的注意力资源被高度分散，从而采取选择性注意路径，更倾向于依赖简单、直观的评论来快速做出决策。虚假评论通常包含设计简单、吸引眼球的内容，从而容易获取信息人的注意力，信息人往往只关注信息的表面特征，如评论的标题或前几行文字，而缺乏对信息的深入分析和验证，因而虚假评论可以轻易地混入大量真实评论之中并误导用户。AIGC 的自动化和算法驱动能力使得生成内容的数量和质量大幅提升，对 AIGC 技术的不当使用可能导致虚假评论大规模生成和自动化分发，加剧虚假评论的负面影响。

信息操控是指通过控制信息的流动和展示方式来影响用户认知和决策。在信息操纵环境中，少数利益集团或平台管理者可以选择性地展示或隐藏特定的信息，塑造公众的认知框架。虚假评论是信息操纵的重要工具之一，它们通常被精心设计，目的是引导用户的观点和情感。信息操纵者通过算法或人工干预，优先展示支持特定立场的虚假评论，同时压制或删除与其立场相反的真实评论，由此制造一种虚假的舆论氛围,使用户在获取信息时只能接触到特定角度的评论,从而被误导。AIGC 技术的应用进一步增强了信息操纵的效果,AIGC 能够自动生成大量语言流畅、风格多样的虚假评论,这些评论被编排成一种看似真实、多元的意见表达,使用户更难以察觉其中的操控痕迹。信息操纵者可以利用 AIGC 技术在短时间内生成并分发大规模的虚假评论,掩盖真实评论的声音,使得用户难以获得全面和客观的信息。

信息溯源困难是指在网络环境中,追踪和验证信息的来源变得复杂且费时。在信息溯源困难的环境中,信息的真实来源往往被模糊化,用户难以分辨评论背后的真实意图和动机。虚假评论发布者通常会利用信息溯源的困难,通过匿名或伪装身份的方式,隐藏自己的真实意图,由于溯源困难,用户和平台在识别这些虚假评论时面临挑战;此外,信息溯源困难还助长了虚假评论的重复传播和循环引用,在无法有效追踪评论来源的情况下,虚假评论可能被其他用户或平台转载和引用,随着虚假评论在多个平台和渠道上的传播,信息的来源和原始意图变得更加难以辨别,使得虚假信息的影响范围不断扩大。AIGC 技术的应用进一步加剧了信息溯源的困难。通过 AIGC 技术生成的虚假评论往往具有高度的语言自然性和多样性,使其更难与真实评论区分开来。在信息溯源困难的环境中,AIGC 生成的虚假评论更加隐蔽,使得用户和平台在追踪评论来源时面临更大的挑战。

由此可见,虚假评论受到信息过载、信息操控和信息溯源困难的共同影响,其中,信息过载使用户更易依赖表面特征,信息操控引导特定观点,信息溯源困难增加了追踪难度,AIGC 技术则使虚假评论生成和传播变得更为隐蔽且难以治理。然而,信息既可能是虚假评论问题的制造者,也可能成为解决方案的一部分,信息质量和可靠性直接影响着信息生态系统的健康。因此,从信息生成、质量控制和溯源入手,提升信息透明度和可追溯性,是治理虚假评论、维护信息生态平衡的关键。

8.3.2.3　信息技术

信息技术是指用于生成、处理、传输和管理信息的工具和系统[21]。这些技术不仅包括硬件和软件平台,还涉及各种自动化和智能化的处理手段,在数据创建、收集、存储、分析和传播等环节中均发挥着关键作用,具备推动自动化和精细化内容生成、加速信息流动、扩大信息传播范围等能力。然而,技术的逻辑可塑性带来了其与社会深度融合过程中的强烈不确定性,信息技术的算法驱动性、算法复杂性和不透明性等特性及技术滥用也为虚假评论生成与扩散提供了更加便捷的条件与工具,使虚假评论的负面影响力更为深远,加剧了虚假评论对信息生态系统的破坏。如果对信息技术在虚假评论生成与传播中的作用认识不全面,将导致技术应用的"科林格里奇困境"。因此,本节拟深入理解信息技术的特性及其在虚假评论生成与传播中的作用，在研判和规避技术带来的潜在风险的基础上，为制定更有效的技术手段和治理策略以解决虚假评论问题提供见解。

算法驱动性带来了虚假评论识别与治理挑战。算法驱动性是指信息技术在各种应用中依赖算法来实现其核心功能和操作。通过这些算法，信息技术应用带来最大化用户参与度和平台收益、优化交互以提高用户留存率和活跃度的潜力，但也会无意中促进虚假评论的生成和传播。例如，依托算法的自动化、规模化能力，大量虚假评论能够在短时间内被快速生成并投入市场；推荐算法在信息分发和推荐中的作用日益显著，通常优先展示那些能够引发较高互动的内容，虽然能提升平台的活跃度，但也无意中放大了具有煽动性和争议性的虚假评论传播。这种现象不仅影响了信息的真实性，还可能扭曲公众对信息的认知，降低了信息传播的公正性。

算法的复杂性和不透明性增加了虚假评论治理难度。算法的复杂性指的是算法在设计、结构和运作过程中涉及的多层次、多维度的技术细节，这种复杂性使得算法的行为难以预测，即使开发者也难以全面掌控算法在不同情况下的反应；算法的不透明性是指算法的内部工作原理对于外部观察者，甚至对于算法的开发者而言，都是难以理解和解释的。复杂性使得虚假评论生成算法能够模拟出极为逼真的内容，增加了这些评论被识别和过滤的难度。不透明性则使得用户和平台管理者无法清楚地掌握算法是如何筛选和推荐内容的，很难判断这些评论的真实性以及追踪其来源，这种信息不对称使得虚假评论的识别和处理变得更加困难；同时也使得在面对虚假评论时可能难以做出快速和准确的调整，导致虚假评论治理措施难以有效实施，从而进一步恶化信息生态环境中的问题。

技术滥用在一定程度上使得虚假评论的生成与传播更加精准有效，导致其治理难度上升。技术滥用指的是将技术用于其预期目的之外的不当或恶意行为，这种行为通常会导致负面后果或违反道德、法律规范。例如，数据挖掘技术和用户画像分析技术的滥用使得虚假评论的定制化程度越来越高，这种高度个性化的评论往往更具欺骗性，更能诱导目标用户相信其内容的真实性；以生成式人工智能为代表的新一代人工智能技术进步使得能够基于互动内容生成虚假评论，以符合目标用户的偏好和行为，并能够与受众进行互动；算法推荐技术的滥用推动了虚假评论精准投放，使其对特定用户群体的影响力显著增强；此外，身份伪造、虚拟 IP 等技术滥用还使得虚假评论的发布过程更加隐蔽，增加了追踪和识别的难度，从而对评论信息的整体可信度造成了较大威胁。

尽管存在风险，信息技术的强大能力也为提升信息处理效率、确保信息准确传递、优化信息管理和治理提供了技术工具；此外，信息技术在信息安全、数据质量监控以及虚假信息识别方面发挥着重要作用，其正确应用有助于保障信息生态系统的稳定性、可靠性和健康发展[37]。AIGC 时代的虚假评论识别与治理依赖多种先进信息技术手段，例如，利用深度学习算法，通过建立复杂的模型能够识别评论中的异常模式和不符合正常行为的数据点，提高识别准确性[38]；通过引入区块链技术，利用区块链的不可篡改性和透明度能够使每条评论的生成和修改过程都可以被追溯和验证，增强了评论内容的透明度和可信度[39]；通过优化推荐算法，优先展示经过验证的评论，能够减少虚假评论的能见度，增强平台对信息质量的控制能力[40]。尽管现有技术手段为虚假评论治理提供了有效支持，但技术的不断进步仍对虚假评论治理提出了挑战，未来的虚假评论治理技术方案需要进一步提升技术的创新性和适应性，以应对虚假评论生成手段的不断升级和多样化。

8.3.2.4　信息环境

信息环境指信息生成、传输和管理的整体背景和条件，包括信息流动的空间、结构和规则，涵盖了信息的来源和传播渠道，以及信息的存储、处理和使用方式。一个健康的信息环境要求各类信息技术和系统有效地协同工作，以确保信息的准确性、可靠性和及时性。信息环境中的资源、技术、社会与文化、法规与政策等因素都不同程度地影响着虚假评论的生成与传播。本节着眼于信息环境中的信息不对称、社会规范与群体行为、信任机制，探讨其影响虚假评论的深层机制，从宏观维度揭示信息生态系统中虚假评论问题的根源和传播路径，从而为制定虚假评论治理方案提供依据。

信息环境中的信息不对称性是导致虚假评论产生和传播的重要因素。信息不对称指的是信息的提供者和接收者之间存在信息差距，消费者在决策过程中往往无法获取完整或准确的信息。由于现实中往往缺乏直接的信息来源，消费者不得不依赖他人提供的信息，如在线评论、评分等。当信息生产者和接收者之间存在信息不对称时，虚假评论通常能够利用这种差距进行操控，误导用户的认知和判断[41]。在现实环境中，一些商家可能雇佣虚假评论员来撰写积极的评论或给竞争对手打低分，旨在操控消费者购买决策。信息不对称则加剧了虚假评论的效果，使得虚假评论的影响力得以放大。此外，信息不对称还会导致消费者对信息的过度依赖，从而进一步强化其认知偏差。虚假评论不仅可能误导消费者的购买决策，还可能影响他们对品牌或产品的长期看法，一旦虚假评论被广泛接受，消费者对产品或服务的认知就会受到持续的偏差影响，从而影响市场的公平性和透明度[42]。

信息环境中的社会规范和群体行为也影响虚假评论的生成和传播。社会规范指的是群体内成员普遍遵循的行为准则和价值观，这些规范通过无形的影响力，引导和约束着个体的行为选择，它们在很大程度上塑造了人们的社会互动方式，并影响着信息的传播和接受。当社会规范中渗透了容忍甚至支持虚假评论的倾向时，个体更容易参与或忽视虚假评论的生成和传播[43]。这种现象在某些竞争激烈的行业或市场中尤为明显，虚假评论被视为一种常见的商业策略，得到了群体的默许甚至推动，从而进一步强化了虚假评论的蔓延。在竞争压力大的环境中，企业和个人可能为了获取更大的市场份额或提高知名度，选择发布虚假评论，以此来塑造虚假的市场形象或打压竞争对手。成员们看到他人使用虚假评论获益时，可能会更加倾向于采用同样的策略，进一步加剧虚假评论的生成和传播。

群体行为同样在虚假评论的扩散中起着关键作用。人类作为社会性动物，往往受到群体意见和行为的影响。当一个群体内的多数成员认可或分享某一虚假评论时，个体更容易受到群体压力或从众心理的驱使，即使他们在个人层面上可能对此存有疑虑。群体内的意见领袖或具有较大影响力的成员在这方面尤为重要，他们的态度和行为可以显著影响其他成员的看法和选择[44]。虚假评论通过社交媒体、论坛和电子商务平台等渠道快速传播，逐渐渗透到更广泛的受众群体中，当更多的人开始接触到这些虚假评论时，群体行为的传染效应进一步放大了虚假评论的影响力，许多人在面对大量相似或一致的评论时，会倾向于相信它们的真实性，认为群体的判断是可靠的。这种心理机制使得虚假评论得以在更大范围内传播，对信息环境造成更深远的影响。

信息环境中的信任机制，如信誉评分、用户等级等，通常用于帮助消费者辨别信息可信度。然而，这些机制可能被滥用或操控，从而导致虚假评论的生成和传播变得更加容易。信任机制的有效性在于其能为用户提供透明且可靠的参考，从而减少信息不对称带来的问题[45]。比如，用户可以通过查看评论者的信誉评分或历史评论来判断评论的可靠性[46]。根据平衡理论，信息环境中的虚假评论问题往往形成一个自我强化的循环。这种循环不仅加剧了虚假评论的传播，还可能对信息环境的健康发展造成长期的负面影响[47]。虚假评论的存在和传播往往会导致信息环境的失真，使得消费者的认知和决策过程受到干扰。虚假评论一旦被广泛接受，就可能引发更多的虚假评论，从而形成一个恶性循环。这种循环可能使得虚假信息在信息环境中变得越来越普遍，影响到整个信息生态系统的稳定性。

综上所述，信息环境对虚假评论的生成和传播有着深远的影响。信息不对称使得消费者更容易受到虚假评论的误导，社会规范和群体行为促进了虚假评论的扩散，而信任机制的滥用则使得虚假评论更加难以被识别。要有效治理虚假评论问题，需要综合考虑信息环境中的各种因素，并采取针对性的措施来提升信息环境的健康性和透明度。

8.4　基于信息生态理论的虚假评论治理策略

在 AIGC 技术推动下，虚假评论的生成与传播呈现出新的特征与挑战，对现有网络信息治理体系提出更高要求。基于信息生态理论，综合考量信息人、信息、信息技术与信息环境四个生态因子，本节构建了一个系统化、多元化的虚假评论治理框架，旨在实现对虚假评论的有效管理与控制，提升网络评论的真实性、可靠性与透明度，维护网络空间的诚信与秩序。首先，完善多元参与，构建协同高效治理格局，通过强化不同信息人在虚假评论治理中的共同责任与协作，建立多方参与的治理机制，提高治理效率与效果；其次，优化信息流管理，建立快捷响应机制，通过把关评论信息的生成、审核与传播等阶段，建立快速响应机制，保障评论信息质量；再次，规范技术要素管理，实现技术赋能精准高效治理，通过利用先进信息技术，规范其合理使用，使技术在治理过程中发挥积极作用；最后，引导正向社会规范，推动网络空间社会共治，通过塑造积极的社会规范与价值观，引导用户与平台共同维护网络空间的诚信，形成自我约束与自我净化的网络环境。在虚假评论生态四要素相互支撑、相互促进下，构成一个全面而系统的虚假评论治理方案。本节将详细阐述治理方案的具体内容与实施策略，为 AIGC 时代网络信息治理提供理论参考与指导，从而有效遏制虚假评论泛滥现象，保护消费者权益，促进电子商务健康发展，持续优化信息生态系统。

8.4.1　完善多元参与，构建协同高效治理格局

虚假评论语境中的多元主体通过多元化互动及行为模式，共同构成了复杂多变的虚假评论生态。各类信息人通过发布评论、传播观点或者参与治理，对虚假评论的演化产生直接或间接影响。本节针对信息人要素，提出要完善多元参与，构建协同高效治理格局，通过将政府、平台、商家、公众等多元主体纳入治理格局，强调主体责任和公共精神，增强治理的全面性、协调性和高效性，在更广泛的社会范围内形成虚假评论共治共管的意识。

政府因具有高度的影响力和权威性，是协调不同信息人利益的关键主体，能够通过法律、行政和经济手段提高虚假评论生成和传播成本，遏制信息人虚假评论行为。具体而言，政府应通过制定和完善相关法律法规，明确发布虚假评论的法律后果，确保人工或使用 AI 生成虚假评论的行为受到严格处罚；在 AIGC 背景下，政府还应制定生成式人工智能服务安全要求相关法规，为 AIGC 服务提供者及监管部门的合规和监管标准提供明确参考。其次，政府可通过加强行政监管和执法力度，通过建立专门的监管机构，负责对虚假评论进行日常监测和审查，

并及时采取行动处理违规行为，包括对重点平台的定期检查、对重大违规事件的严肃处理，以及对恶意发布虚假评论的主体进行曝光和处罚等；此外，政府可通过设立经济激励和惩罚机制进行治理，促进诚信经营的同时推动自我监管。

平台作为虚假评论的主要传播媒介，可作为治理的执行者和监督者，承担虚假评论治理的直接责任。具体而言，平台应加强制度建设与提升自律规范，通过制定严格的社区规范和使用条款，明确禁止虚假评论行为，并对违规者实施处罚，通过建立用户举报和反馈机制，鼓励用户参与监督，确保虚假评论能够被及时发现和处理；此外，加强监管责任落实，对发布虚假评论的商家采取警告、罚款，甚至暂停或终止其经营资格等措施，确保商家的奖励和优惠政策透明合规，也防止其通过购买水军或使用 AI 批量制造虚假评论的行为；平台还需对影响力大的内容创作者进行额外监管，对滥用影响力发布虚假评论用户进行公开曝光、限流、停更等处罚。通过抑制不当激励、增强商家合规性和保障内容创作者诚信，能有效保障平台稳定运营，促进良性互动环境，从而在虚假评论治理中起协同作用，规范网络评论空间。

商家作为信息发布的责任主体，应加强诚信经营与自我监管，配合虚假评论治理与合作共治。具体而言，商家应避免利用虚假评论误导消费者，并建立内部审核机制，对发布的评论内容进行真实性验证，杜绝虚假评论的出现；其次，积极配合平台的治理措施，及时处理平台或用户反馈的虚假评论问题；同时，商家还应参与行业自律，倡导同行遵守商业道德，共同抵制虚假评论的生成和传播；此外，商家可以通过正向激励措施，如鼓励真实用户发布优质评论，并通过适当的奖励机制激励用户参与，形成真实评价的良性循环，提升自身品牌的公信力。

公众作为消费和监督的主动参与者，应增强共治共管意识，认识到虚假评论治理对整体网络生态健康的重要性，自觉遵守平台规则，发布符合主流价值观、正向真实的评论，推动形成良好的社会风气；其次，应提高评论鉴别能力，提高自身信息素养与批判性思维能力，重视评论质量，理性对待评论信息，不盲目相信或传播未经验证的内容；同时用户应考虑群体利益，主动参与社区监督及利用平台举报功能，提高整个社区对虚假评论的警觉性，共同抵制虚假评论。

8.4.2　优化信息流管理，建立快捷响应机制

虚假评论本质上是对信息真实性的侵蚀，其扩散会扭曲消费者认知，扰乱市场秩序，破坏信息的客观性和公正性。信息过载、信息操控以及信息溯源困难共同作用于虚假评论的生成和传播，信息过载导致用户在面对海量评论时难以做出有效判断；信息操控和溯源困难则加剧了虚假评论的隐蔽性，使得用户难以辨别评论的真实性。因此，本节提出优化信息流管理，建立快捷响应机制，以期达到信息的有序传递和合理分布，减轻用户面对信息过载时的认知负担，强化信息的

透明性和可追溯性，减少信息操控行为的发生，提升虚假评论整体的治理效率，从而构建一个更加健康、透明的网络评论环境。

全过程信息流管理是一种综合性的治理策略，旨在从信息的生成、传播、接收到监管的每一个环节，系统性地识别和解决虚假评论带来的问题，形成一个动态的、闭环的管理过程。具体而言，在虚假评论生成阶段，全过程信息流管理要求对评论内容的来源进行严格审核，利用自然语言处理技术，结合机器学习模型，自动识别和过滤可疑的虚假评论；同时，强化用户注册和评论提交的认证机制，确保评论者身份的真实性，减少虚假评论的产生。在虚假评论传播阶段，全过程信息流管理强调优化算法推荐系统，通过制定明确的评论可信度分级体系，利用算法对平台上的评论进行可信度分级，优先给用户推荐可信度评级较高的高质量评论，同时降低可信度评级较低的评论曝光率。在虚假评论接收阶段，全过程信息流管理可以开发智能提示系统，该系统根据用户的个人偏好、历史行为和实时反馈定制化地提供信息警示服务，比如，当用户在浏览评论时，系统能够实时地辨识出与用户偏好不符或存在可疑的评论，并主动提供提示信息，引导用户注意可能的误导性内容，降低信息操控的影响。在虚假评论监管阶段，全过程信息流管理要求建立快速响应机制，一旦发现信息过载和信息操控等现象，相关主体应立即采取措施予以纠正，如删除虚假内容、警告或封禁违规账户；同时，相关监管机构应加强合作，共同构建虚假评论快速响应机制，在短时间内最大程度上遏制虚假评论的扩散，降低虚假评论的影响。

针对来源真实性问题，应完善虚假评论溯源审核机制，强化源头遏制。溯源审核机制旨在通过确立严格的信息来源审核流程和早期干预措施，确保信息的真实性和准确性，从而在源头上预防虚假评论的产生和传播。具体而言，在溯源方面，可通过使用区块链和时间戳技术对可疑评论进行追踪溯源，确保整个评论系统的透明度和可信度。区块链技术能够记录评论的历史变化，追溯和验证每条评论的生成和修改过程，增强评论内容透明度和可信度的同时，也为平台验证评论真实性提供可靠的数据来源；时间戳技术会为每条评论或数据记录分配一个精确的时间标记来确保信息的发布顺序和创建时间的准确性，并且每条评论被赋予一个独一无二的标识符，确保评论内容一旦被创建和记录，就无法被更改或否认，时间戳不仅提供了一个可验证的、不可篡改的记录，而且有助于构建一个按时间顺序排列的评论历史链，使得用户和监管者能够追踪评论的演变过程。在审核方面，自动审核系统通过应用预设的规则和先进的算法模型，对所有发布的评论进行快速的初步筛选，识别出包含特定关键词、情感倾向极端负面或不真实的可疑评论，在自动审核系统筛选的基础上，人工审核团队对标记为可疑的评论进行进一步细致检查，纠正自动审核系统的误判，同时处理那些更为复杂和隐蔽的虚假评论情况，将自动审核和人工审核相结合，实现双重保障的效果。

8.4.3 规范技术要素管理,实现技术赋能精准高效治理

信息技术的不断发展为虚假评论识别与治理提供了丰富的技术手段。尽管算法驱动性、复杂性、不透明性等特性以及技术滥用等信息技术问题共同作用于虚假评论的生成和传播,增加了虚假评论治理难度,但通过规范技术要素管理,确保技术进步服务于虚假评论治理,有助于减少算法驱动下虚假评论的生成和传播,增强技术在识别和打击虚假信息方面的效能,从而实现技术赋能精准高效治理。

针对算法驱动性、复杂性、不透明性问题,可采用算法治理策略,即通过强化公平性、实施审计机制、提升透明度以优化算法,弥补其驱动性、复杂性和不透明性的缺陷,从而更好地利用信息技术精准赋能虚假评论治理。具体而言,在强化公平性方面,由于算法可能被设计来优化某些指标而天然的带有驱动性,强化算法公平性可以尽量平衡不同利益相关者的需求,确保算法能优化指标的同时考虑内容的质量和诚信度,避免过度优化特定指标而忽视内容的真实性和公正性,开发者在算法设计阶段需要考虑并解决潜在的偏见问题,使用代表性的数据集进行训练,并在算法部署前后进行持续的公平性测试,从而减少虚假评论的产生;在实施审计机制方面,算法审计作为一种关键的质量控制机制,涉及对算法进行全面的审查和评估,以确保其在实际应用中的表现符合设计标准和伦理要求,通常由独立的第三方专家运用一系列定量和定性的方法来测试算法的相关性能,审计过程中,专家可以识别算法中复杂的决策路径和数据处理方式,提出简化和优化建议,使算法更加直观和易于管理,降低算法复杂度,帮助相关人员更好地理解算法的工作原理和潜在影响;在提升透明度方面,不透明的算法会让用户和监管者难以判断算法是如何筛选和推荐内容的,从而增加虚假评论治理难度,可以通过提供详尽的算法文档和用户指南来增加其可解释性,让用户和监管者能够理解算法的工作原理和决策过程,同时,建立有效的用户反馈和参与机制,让用户能够对算法结果提出质疑和建议,确保算法的持续优化和公平性,从而构建一个更加开放、可理解、可验证的算法生态系统。

针对技术滥用问题,需要完善立法和伦理审查,规范技术要素管理,即通过法律和道德规范来引导和约束技术的应用,确保技术发展与使用符合社会利益和伦理标准,从而有效遏制技术滥用现象。具体而言,在完善立法方面,主要涉及制定和更新更加全面、适应性强的法律法规,以明确界定技术滥用的行为范畴,确立相应的法律责任和处罚机制,包括但不限于对数据滥用、算法操纵、身份伪造等行为的法律约束,确保技术应用在法律框架内进行;此外,立法工作还应包括对新技术发展的前瞻性考量,预防潜在的滥用风险,确保立法与技术进步同步,有效维护网络空间的安全和信息的真实性,通过不断完善立法,为技术的健

康、有序发展提供坚实的法律保障，同时为打击技术滥用行为提供有力的法律武器。在伦理审查方面，伦理审查是一种系统性的评估过程，旨在确保技术的开发和应用遵循伦理原则和社会价值观，涉及对技术可能带来的个人隐私侵犯、数据滥用、算法偏见等伦理问题进行预判、分析和监督。实施伦理审查通常需要建立一个由多学科专家组成的审查委员会，通过定期的审查会议、伦理培训以及与技术开发团队密切合作来制定审查标准、进行风险评估、提出改进建议，并监督技术应用的伦理合规性，通过伦理审查，提前识别和解决技术应用中可能引发的伦理风险，减少对社会和个人造成的负面影响，同时帮助企业建立良好的社会形象，提升公众对企业的信任，是确保技术进步与社会伦理相协调的重要机制，对于构建健康、公正的技术生态系统具有重要意义。

8.4.4　引导正向社会规范，推动网络空间社会共治

信息环境中的资源、技术、社会与文化、法规与政策等因素都不同程度地影响着虚假评论的生成与传播。通过引导正向社会规范，推动网络空间社会共治，有利于将社会效益放在首位，在宏观环境中注入正面情感价值，有效塑造共同体语境，在全社会范围内形成诚信氛围，为遏制虚假评论生成与传播、构建更健康可信的网络信息生态提供支撑。

在引导正向社会规范方面，可从优化评论信息公开与完善信任机制两方面展开。一方面，优化评论信息公开有利于提升评论信息透明度，使消费者能够全面了解评论背景信息，帮助消费者理性决策。具体而言，平台可通过明确界定虚假评论、定期更新规则、提高平台透明度等措施优化评论信息公开问题；通过引入多层次的验证步骤与 AI 技术自动检测进一步完善信任机制，防止虚假评论的侵害。平台明确界定虚假评论的标准，包括误导性陈述、虚假评价和商业欺诈等行为，对发布虚假信息的用户或机构采取相应的处罚措施，如限制账号功能、封禁账号、删除违规内容等；随着网络环境和技术的发展，平台开展定期审查和更新其规则及惩罚机制，有助于有效打击虚假评论对用户的误导；通过展示与评论相关的详细数据，如购买历史、用户评级趋势，甚至是相关的第三方评价和行业标准，有助于丰富用户的认知，并减少信息不对称带来的误导，从而达到提高平台透明度、优化评论信息公开环境的效果。另一方面，完善平台信任机制旨在提升评论信息真实性，引导用户遵循诚信原则，塑造诚信共同体语境，从而推动形成以真实信息为导向的社会规范。具体而言，平台可引入多层验证步骤提高评论的可信度，例如，要求评论者提供购买凭证或使用证据，确保只有真实的用户才能发布评论；还可以在评论发布后进行随机抽查，对可疑评论进行二次审核，进一步确保评论的真实性。此外，利用 AI 技术进行自动检测可以进一步提升信任机制的可靠性，AI 技术通过学习历史数据来识别异常的评论模式或行为，据此快

速检测平台信息是否为虚假评论信息，对于检测出的可疑评论，平台可以标记并降低其曝光率，或是在必要时将其删除。同时，政府与平台相互合作，推动建立国家或行业级的评论真实性验证系统，以整合不同平台的用户数据和评论信息，形成跨平台的用户信誉评分体系，通过自动评估评论者历史行为，标记可能的异常行为，不仅提升单个平台的信任机制，还能在行业范围内形成评论控制机制，有效防止虚假评论的跨平台传播。

　　社会规范与群体行为对虚假评论的传播有着深远的影响，推动网络空间社会共治有利于调动各方资源和力量，在社会各界形成良性互动，实现多方参与抵制虚假评论、共同维护网络诚信与健康环境的社会共识。具体而言，平台应采取建立社区行为准则、推动用户参与社区治理，以及设立虚假评论监管奖励机制等系统化的治理措施，塑造积极健康的平台环境，为用户提供清晰的行为指导，激励用户参与抵制虚假评论行动的能动性和积极性，引导正向的群体行为。此外，政府可通过制定和执行相关法律法规、与平台合作建立全国性举报系统，以及开展公众教育和宣传活动等措施来强化治理效果。通过制定和严格执行相关法律法规，明确虚假评论者所需承担的法律责任，对故意制造和传播虚假信息的个人和企业进行严厉惩处，不仅能够有效震慑潜在的违规者，还能为平台的治理措施提供坚实的法律支持，使治理工作更加有力和规范；其次，政府应积极与各大平台合作，形成虚假评论治理合力，推动建立全国性的虚假信息举报和审查系统，帮助快速识别和处理虚假评论，提升虚假信息的发现和处置效率，进一步强化对虚假评论的打击力度，确保治理措施的全面覆盖和高效执行；此外，通过公众教育和宣传活动，提高社会对虚假评论危害的认识，倡导诚信和透明的信息环境，增强公众对虚假评论的辨识能力和抵制意识，推动公众在维护信息真实性中的积极参与。通过实施综合治理措施，塑造强调真实性和诚信的社会语境，减少从众心理对虚假评论传播的助推作用，当用户感受到社会对真实信息的重视、认识到法律的威慑力时，他们将更倾向于发表和支持真实的信息，并更加独立和理性地进行信息判断和决策，从而形成一个良性循环，使虚假评论难以存身，网络空间的诚信度和用户信任感将得到显著提升。

参 考 文 献

[1] https://www.gov.cn/xinwen/2022-11/16/content_5727349.htm, 2022.

[2] 陈瑞义, 刘梦茹, 姜丽宁. 基于多方演化博弈的网络消费虚假评论行为治理策略研究. 软件工程, 2021, 24(11): 2-6, 23.

[3] Chatterjee S, Chaudhuri R, Kumar A, et al. Impacts of consumer cognitive process to ascertain online fake review: a cognitive dissonance theory approach. Journal of Business Research, 2023, 154: 113370.

[4] Liu J, Song M, Fu G. Intervention analysis for fake news diffusion: an evolutionary game theory perspective. Nonlinear Dynamics, 2024: 1-19.

[5] 张文, 王强, 马振中, 等. 在线商品虚假评论发布动机及形成机理研究. 中国管理科学, 2022, 30(7): 176-188.

[6] 杨孝景. 多主体参与下在线虚假评论治理演化博弈分析. 中国集体经济, 2020, (34): 111-113.

[7] 钱辰. 诱导评论行为治理困境及对策. 经济研究导刊, 2023, (22): 41-43.

[8] Kim J M, Park K K, Mariani M, et al. Investigating reviewers' intentions to post fake vs. authentic reviews based on behavioral linguistic features. Technological Forecasting and Social Change, 2024, 198: 122971.

[9] 王宁, 宋嘉莹, 杨学成. C2C 电商平台中在线评论偏离真实性的诱因及应对策略. 软科学, 2017, 31(4): 4.

[10] 韩孟洁, 曹怡. 网络口碑真实性对消费者购买决策的影响. 中国市场, 2024, (3): 136-139.

[11] Plotkina D, Munzel A, Pallud J. Illusions of truth: experimental insights into human and algorithmic detections of fake online reviews. Journal of Business Research, 2020, 109: 511-523.

[12] 陈燕方, 谭立辉. 在线商品虚假评论信息治理策略研究. 现代情报, 2015, 35(2): 150-153.

[13] 吴佳芬, 马费成. 产品虚假评论文本识别方法研究述评. 数据分析与知识发现, 2019, 3(9): 1-15.

[14] 王乐, 张紫琼, 崔雪莹. 虚假评论的识别与过滤: 现状与展望. 电子科技大学学报(社科版), 2022, 24(1):31-41.

[15] 邓胜利, 汪奋奋. 互联网治理视角下网络虚假评论信息识别的研究进展. 信息资源管理学报, 2019, 9(3): 73-81.

[16] 常宝莲. 自媒体网站上虚假客户评论法律规制的困境与克服——基于美国的经验及启示. 河南财经政法大学学报, 2014, 29(6): 97-107.

[17] Martínez O J M. Fake reviews on online platforms: perspectives from the US, UK and EU legislations. SN Social Sciences, 2021, 1(7): 181.

[18] Hunt K M. Gaming the system: fake online reviews v. consumer law. Computer Law & Security Review, 2015, 31(1): 3-25.

[19] Horton F W. Information ecology. Journal of Systems Management, 1978, 29(9): 32-36.

[20] Davenport T H, Prusak L. Information Ecology: Mastering The Information and Knowledge Environment. Oxford: Oxford University Press, 1997.

[21] Nardi B A, O'Day V. Information ecologies. Reference & User Services Quarterly, 1998, 38(1): 49.

[22] 张潇. 教育类网络信息生态的指标评价体系研究. 北京: 北京交通大学, 2012.

[23] Yang, Y J, Yuan Q J. The application and prospects of information ecology theory in the field of information systems research. Modern Information, 2022, 42(5): 140-148.

[24] García-Marco F J. Libraries in the digital ecology: reflections and trends. The Electronic Library, 2011, 29(1): 105-120.

[25] 蒋录全. 信息生态与社会可持续发展. 北京图书馆, 2003: 150-158.

[26] Wang X W, Zhang C L, Han X W, et al. Evaluation of network community information interaction effect from the perspective of information ecology. Information Study of Theory Application, 2018, 41: 83-88.

[27] 娄策群, 杨小溪, 周承聪. 论信息生态系统中信息人的相互作用. 图书情报工作, 2010, (20): 23-27.

[28] 娄策群. 信息生态系统理论及其应用研究. 北京: 中国社会科学出版社, 2014.

[29] Jiang Z Y, Cao D, Xie W Y. Research on influencing factors of users' information sharing behaviors in online health communities from the perspective of information ecology. Research in Library Science, 2020, 21: 32-44.

[30] 宋丹, 周晓英, 郭敏. 网络健康信息生态系统构成要素分析. 图书与情报, 2015, (4): 11-18.

[31] 栾春玉, 霍明奎, 卢才. 网络信息生态链组成要素及相互关系. 情报科学, 2014, 32(11): 30-35.

[32] 柯平, 高洁. 信息管理概论.北京: 科学出版社, 2002.

[33] 杨现民, 余胜泉. 生态学视角下的泛在学习环境设计. 教育研究, 2013, 3(98): 105.

[34] 娄策群. 信息生态位理论探讨. 图书情报知识, 2006, (5): 23-27.

[35] 郝抗, 冯楠, 郝强. 信息生态视角下 AIGC 技术对开源情报工作的影响及解决对策. 中阿科技论坛. 2023, (12): 107-111.

[36] Zeng F, Lee S H N, Lo C K Y. The role of information systems in the sustainable development of enterprises: a systematic literature network analysis. Sustainability, 2020, 12(8): 3337.

[37] 杨雨娇, 袁勤俭. 信息生态理论其在信息系统研究领域的应用及展望. 现代情报, 2022: 140-148.

[38] 卓琳, 赵厚宇, 詹思延. 异常检测方法及其应用综述. 计算机应用研究, 2020, 37(S1): 9-15.

[39] 张蕴娣, 于宁, 赵闯. 国内图情领域区块链研究热点与展望. 情报科学, 2022, 40(10): 187-192.

[40] 朱冬亮, 文奕, 万子琛. 基于知识图谱的推荐系统研究综述. 数据分析与知识发现, 2021, 5(12): 1-13.

[41] Mishra D P, Heide J B, Cort S G. Information asymmetry and levels of agency relationships. Journal of Marketing Research, 1998, 35(3): 277-295.

[42] Afzal W, Roland D, Al-Squri M N. Information asymmetry and product valuation: an exploratory study. Journal of Information Science, 2009, 35(2): 192-203.

[43] 谢娟, 王铮. 命令性社会规范对社交媒体虚假信息纠正效果的影响研究. 图书情报工作, 2024, 68(7): 102-112.

[44] 张静, 赵玲, 王欢. 微博用户群体行为复杂性分析的实证研究. 情报杂志, 2014, 33(10): 52-58, 95.

[45] 闫慧丽, 彭正银. 嵌入视角下社交电商平台信任机制研究——基于扎根理论的探索.科学决策, 2019, (3): 47-72.

[46] 张瑞, 唐旭丽, 赵栋祥, 等. 社交媒体用户群体行为形成机理及实证分析——基于手段目的链视角. 现代情报, 2019, 39(4): 86-93.

[47] Heider. F The psychology of interpersonal relations. American Sociological Review, 1958, 23(6):170.

第 9 章　总结与展望

9.1　研　究　总　结

本书系统地探讨了 AIGC 视域下虚假评论的识别、感知与治理问题，从理论研究与实证研究两个维度展开深入研究，旨在为应对虚假评论带来的挑战提供科学有效的解决方案。

在理论研究方面，通过综述虚假评论产生原因、影响及危害、识别方法、监管体系等相关研究现状，全面梳理了 AIGC 背景下虚假评论的现状，同时通过系统梳理虚假评论传播与治理的相关理论以及虚假评论识别的技术基础，为探讨虚假评论的识别与后续治理问题奠定基础。在此基础上，本书进一步从技术视角和用户感知双元视角出发，全面分析了虚假评论客观特征与主观感知行为，探讨构建融合主客观特征的虚假评论特征体系。

在实证研究方面，本书从虚假评论识别技术模型开发与用户虚假评论感知与行为两个角度出发，为探讨虚假评论的识别与治理提供实证基础。在虚假评论识别技术模型方面，本书将对比学习思想引入虚假评论检测领域，以有监督的对比学习框架 SimCSE 构建虚假评论检测模型；基于上下文学习方法，探索了基于大语言模型上下文学习的虚假评论识别方法；最后，提出了融合多模态上下文信息的虚假评论意图识别任务，进一步识别虚假评论内容背后的评论动机。在用户虚假评论感知与行为方面，借鉴启发-系统式模型和信息采纳模型，构建了人工智能生成评论采纳的认知模型，进而探讨了用户如何理解人工智能生成的评论以及对其感知决策有何影响。

最后，基于一系列理论与实践基础，本书提出了 AIGC 背景下虚假评论治理的综合路径，依据信息生态理论，从信息人、信息、信息技术和信息环境四个关键要素出发，通过系统梳理信息生态关键要素在虚假评论治理语境中的影响机制和路径，进而提出一套系统化、动态化、协同化的虚假评论治理策略。本书通过系统的理论分析和实证研究，为理解和解决虚假评论问题提供了全面的视角和实用的策略，对营造风清气正的网络环境、创建健康的营商环境以及促进社会和谐与稳定具有重要的理论意义和现实价值。

9.2　未来展望

(1) 完善虚假评论主客观特征体系。

本书通过梳理总结虚假评论的客观特征与主观感知特征，构建了一套融合主客观特征的虚假评论特征体系，为后续的虚假评论识别模型开发与治理路径探索奠定了基础。然而，当前的特征框架在虚假评论的客观特征方面更为全面和完善，而对用户的心理感知、情感反应等主观特征的挖掘还不够深入，未来的研究将进一步挖掘虚假评论的用户主观特征，构建更为全面、完整的虚假评论主客观特征体系。此外，虚假评论的特征在不同时间和情境下可能会有所变化，现有的研究在捕捉这些动态特征方面能力有限。亟须探索一套更为灵活、能够适应虚假评论特征变化的虚假评论特征体系，同时更多地探索基于文本、图像、音频、视频等多模态数据的虚假评论特征体系，全面捕捉虚假评论的多维特征。最后，当前的虚假评论主客观特征框架在与虚假评论识别模型开发与治理路径探索层面的衔接仍然存在一定不足，未来将通过进一步的理论与实践探索，将虚假评论主客观特征体系与 AIGC 背景下虚假评论的识别与治理实践更好地结合起来。

(2) 构建准确与轻量化的虚假评论检测模型。

本书使用对比学习、上下文学习、多模态融合等技术方法，针对虚假评论检测中存在的精确度不高、数据不平衡、分类粒度过粗等问题提供了行之有效的解决方案。然而，当前的虚假评论检测模型仍存在诸多不足之处，特别是在充分利用多模态信息方面。现有模型大多依赖单一模态或少数几种模态的信息，而未能充分整合文本、图像、音频和视频等多种数据源。此外，在 AIGC 快速发展的背景下，虚假评论的特征也在不断演变，呈现出许多新的特点和形式。这些新型特征尚未得到充分的研究与应用，使得现有模型在识别 AI 生成的虚假评论时仍存在一定的局限性。为进一步提升虚假评论识别的准确性，未来的研究可以结合 AI 生成内容的内在机制，如语言生成模型的自回归特性，更有效地区分人工评论和 AI 生成评论。此外，未来研究可以进一步探索更多模态数据的融合，如结合文本、图像、音频、视频等多种数据源，开发更为高效且轻量化的虚假评论检测模型。

(3) 深入虚假评论用户群体的调研与分析。

本书在用户研究方面通过开展用户问卷调研、分析用户行为与心理等方式探讨了用户视角下如何对虚假评论进行感知、辨别并影响他们的行为决策，揭示了用户在面对虚假评论时的心理反应、判断标准以及行为倾向。然而，当前的用户调研在用户的年龄、地区、互联网使用经验等方面仍旧存在广泛性不足的问题。

为了进一步提升研究的广泛性和深度，未来的研究可以进一步扩大用户调研，结合更多的数据来源，如社交媒体平台、在线论坛等，获取更为全面的用户反馈。此外，可以通过长时间的追踪调查，观察用户对虚假评论的长期态度变化，了解虚假评论对用户行为的深远影响。在实地调研的基础上，进一步采取用户实验等多样化、定量分析的方式，收集用户的行为、眼动追踪、脑电数据等多维度的用户行为与心理数据，全面揭示用户在阅读虚假评论时的感知心理与行为状态。最后，通过采取更加广泛的虚假评论用户调研，全面了解用户在虚假评论面前的真实反应，进而开发准确性更高的虚假评论识别技术、制定更加有效的虚假评论治理策略。

9.3　结　束　语

总体而言，当前针对 AIGC 视域下的虚假评论识别与治理研究仍处于初步阶段，构建更为准确的虚假评论识别模型和探索更为科学的治理路径任重道远。为此，亟须进一步探索 AIGC 视域下更高效的虚假评论识别模型，深化用户对虚假评论的感知研究，并构建虚假评论的多元共治体系。只有通过不断的技术创新、管理升级和多方协同努力，才能实现虚假评论治理的长效久治，为构建健康、透明、公正的网络环境奠定坚实基础。

彩　　图

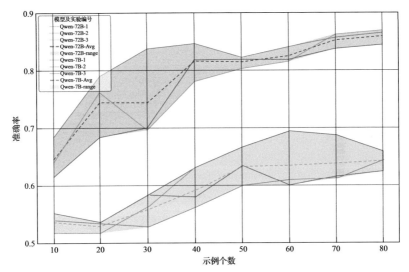

图 5.1　不同示例个数下模型上下文学习的性能

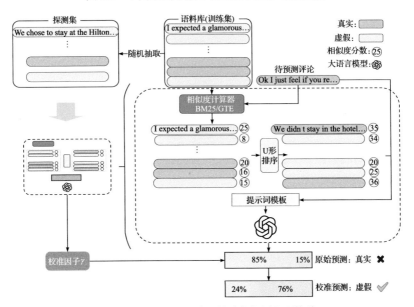

图 5.2　基于上下文学习的虚假评论识别框架

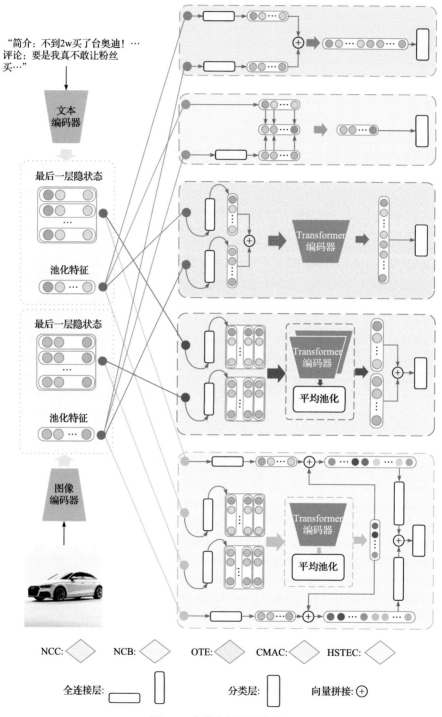

"简介：不到2w买了台奥迪！…
评论：要是我真不敢让粉丝
买…"

文本编码器

最后一层隐状态

池化特征

最后一层隐状态

池化特征

图像编码器

NCC: ◇ NCB: ◇ OTE: ◇ CMAC: ◇ HSTEC: ◇

全连接层: ▭ ▯ 分类层: ▯ 向量拼接: ⊕

Transformer编码器

平均池化

图 6.4　多模态框架示意图